ドリル256問付き!

中山清喬／飯田理恵子・著
株式会社フレアリンク・監修

SQL入門 第4版

インプレス

●読者特典ダウンロードデータの入手について

「付録C 特訓ドリル」の解答例は、本書のWebページでダウンロードできます。データはPDF形式（印刷可）となっています。

特典は、以下のURLで提供しています。なお、特典入手時にお手元に本書をお持ちでない場合は、特典の入手ができませんのでご注意ください。

ダウンロードURL：https://book.impress.co.jp/books/1123101107

※ ダウンロードには、無料の読者会員システム「CLUB Impress」への登録が必要となります。
※ 本特典のご利用は、書籍をご購入いただいた方に限ります。
※ 特典の提供期間は、本書発売より4年間です。

● dokoQL ご利用上の注意事項

・dokoQLは、本書著者の所属企業（株式会社フレアリンク）が運営するサービスです。正式利用にはユーザー登録が必要になります。
・dokoQLは新刊販売による収益で維持・運用されているサービスです。古書店やネットオークション等、新刊以外を購入された場合、一部の機能はご利用いただけません。あらかじめご了承ください。
・dokoQLでは個人の方による独学での利用を前提に無料プランが提供されています。研修や学校等での利用や商用利用に関する専用プランについては、株式会社フレアリンクへお問い合わせください（専用プランの契約なく、商用利用や研修等による多人数同時アクセスが発生した場合、個人学習者の利用環境を保護するため、予告なくアクセスを制限させていただく場合があります）。
・dokoQLへのアクセスは、セキュリティ及び国際プライバシー保護法令上の理由から、日本国内のみに限定しています。海外のネットワークからはご利用いただけません。

インプレスの書籍ホームページ

書籍の新刊や正誤表など最新情報を随時更新しております。

https://book.impress.co.jp/

はじめに

　ITの世界にはさまざまなプログラミング言語が存在しますが、SQLほど共通性があり、可能性を広げてくれる言語はほかにないでしょう。ほとんどのシステム構築において、データベースとの会話にはSQLが欠かせないからです。

　著者らは、これまで若手技術者の育成やシステム開発の現場で培ってきた経験をベースに、次の3点を特に意識して本書を上梓しました。

1. シンプルだけれど奥深いSQLの世界が楽しく「わかる」

　『スッキリわかるJava入門』や『スッキリわかるC言語入門』でも好評の解説メソッドでSQLの世界を紹介しています。副問い合わせや結合、正規化といった初心者がつまずきやすい分野も、楽しくマスターできるでしょう。

2. つまずくことなく、今すぐに、何度でも「試せる」

　SQLの学習環境を整えるためには、データベース製品のセットアップや、データの準備といった専門的な作業が要求されますが、その段階でつまずく方も少なくありません。そこで本書では、PCやスマートフォンのブラウザがあれば今すぐにSQLを実行できるクラウドサービス「dokoQL」を提供しています。

3. 自信がつくまで繰り返し「練習できる」

　SQLをマスターするには、とにかく手を動かして何度もSQL文を書いてみるのが近道だと、多くの先輩が口を揃えます。たくさん書き、たくさん実行し、SQL文と実行結果の因果関係を繰り返し体感することで理解が深まっていくでしょう。ぜひ、付録の特訓ドリルを積極的に活用してみてください。

　第4版では、最新DBMS製品に対応したほか、新付録として「SQLによるデータ分析入門」を追加しました。RDBやSQLが、近年注目を集めるデータ活用とAIの世界にも繋がっていることを実感してみてください。本書を通して、単純な命令をパズルのように組み合わせて、驚くほど柔軟で高度なデータ処理を実現できるSQL特有の深さとおもしろさに出会っていただけたら大変嬉しく思います。

著者

【謝辞】
イラストの高田先生、DTPのシーグレープ様、デザイナーの米倉様、編集の小宮様・片元様、シリーズ立ち上げに尽力いただいた樋田様、教え方を教えてくれた教え子のみなさん、SQLの腕を磨く機会を与えてくれた各現場をはじめとして、この本に直接的・間接的に関わったすべてのみなさまに心より感謝申し上げます。

dokoQLの使い方

どこキューエル

1 dokoQLとは

　dokoQLとは、PCやモバイル端末のブラウザだけでSQL文の作成と実行ができるクラウドサービスです。手間のかかるDBMSの導入や設定作業をすることなく、今すぐSQLを体験できます。dokoQLを利用するには、下記のURLにアクセスしてください。

ブラウザ画面
SQL文の編集
SELECT * …
実行結果

クラウド上で実行

※「dokoQL」は株式会社フレアリンクが提供するサービスです。「dokoQL」に関するご質問につきましては、株式会社フレアリンク（https://flairlink.jp）へお問い合わせください。

dokoQLへのアクセス

https://dokoql.jp/

2 dokoQLの機能

　dokoQLでは、次の操作ができます。

- **SQL文の編集**
- **実行と実行結果の確認**
- **本書掲載SQL文の読み込み（ライブラリ）**
- **サインイン、ヘルプ**

※一部機能の利用には、ユーザー登録や購入者登録、サインインが必要です。また、技術的制約により、SQL文の内容によっては実行できない場合があります。

3 困ったときは

　dokoQLの利用で困ったときは、画面左下にある⑦をクリックしてヘルプを参照してください。また、メンテナンスなどでサービスが停止中の場合は、しばらく時間をあけて再度アクセスしてみてください。

sukkiri.jp について

sukkiri.jpは、「スッキリわかる入門シリーズ」の著者や制作陣が中心となって運営している本シリーズのWebサイトです。書籍に掲載したソースコード（一部）がダウンロードできるほか、開発環境の導入手順や操作方法を掲載しています。また、プログラミングの学び方など、学び手のみなさんのお役に立てる情報をお届けしています。

『スッキリわかる SQL 入門 第4版』のページ

https://sukkiri.jp/books/sukkiri_sql4

最新の情報を確認できるから、安心ね！

---

column

スッキリわかる入門シリーズ

本書『スッキリわかるSQL入門』をはじめとした、プログラミング言語の入門書シリーズ。今後も続刊予定です。

『スッキリわかるJava入門』 『スッキリわかるJava入門 実践編』

『スッキリわかるC言語入門』 『スッキリわかるPython入門』

『スッキリわかるサーブレット＆JSP入門』 『スッキリわかるPythonによる機械学習入門』

本書の見方

　本書には、理解の助けとなるさまざまな用意があります。押さえるべき重要なポイントや覚えておくと便利なトピックなどを、要所要所に楽しいデザインで盛り込みました。読み進める際にぜひ活用してください。

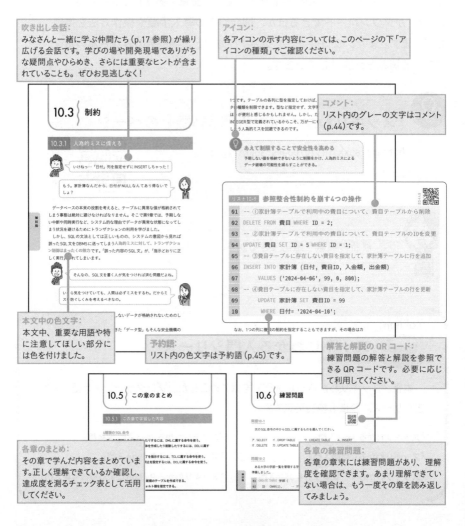

吹き出し会話:
みなさんと一緒に学ぶ仲間たち(p.17参照)が繰り広げる会話です。学びの場や開発現場でありがちな疑問点やひらめき、さらには重要なヒントが含まれていることも。ぜひお見逃しなく!

アイコン:
各アイコンの示す内容については、このページの下「アイコンの種類」でご確認ください。

コメント:
リスト内のグレーの文字はコメント(p.44)です。

本文中の色文字:
本文中、重要な用語や特に注意してほしい部分には色を付けました。

予約語:
リスト内の色文字は予約語(p.45)です。

解答と解説のQRコード:
練習問題の解答と解説を参照できるQRコードです。必要に応じて利用してください。

各章のまとめ:
その章で学んだ内容をまとめています。正しく理解できているか確認し、達成度を測るチェック表として活用してください。

各章の練習問題:
各章の章末には練習問題があり、理解度を確認できます。あまり理解できていない場合は、もう一度その章を読み返してみましょう。

アイコンの種類

 構文紹介と文法上の留意点:
SQLで定められている構文の記述ルール、および文法上の留意点などを紹介します。

ポイント紹介:
本文における解説で、特に重要なポイントをまとめています。

 column **コラム:**
本書では詳細に取り上げないものの、知っておくと重宝する補足知識やトリビアなどを紹介します。

表の種類

本書には次の4種類の「表」が登場します。

一般的な表

関連のある事柄を一般的な表形式で紹介した表です。

表1-1 代表的なRDBMS

分類	RDBMS製品名	提供元
商用製品	Oracle Database※	オラクル社
	Db2	IBM社
	SQL Server	マイクロソフト社

テーブル定義の表

解説や問題に登場するテーブルが持つ列名、データ型、各列の使い方などを紹介した表です。

都道府県テーブル

列名	データ型	備考
コード	CHAR(2)	'01'～'47'の都道府県コー
地域	VARCHAR(10)	'関東'や'九州'など
都道府県名	VARCHAR(10)	'千葉'や'兵庫'など

実データの表

テーブルに登録されている実際のデータや、処理対象のデータを紹介した表です。

テーブル1-1 dokoQLに準備されている家計簿テーブル

日付	費目	メモ	入金額
2024-02-03	食費	コーヒーを購入	0
2024-02-10	給料	1月の給料	280000
2024-02-11	教養娯楽費	書籍を購入	0

結果表

SQL文を実行して得られる結果を表した表です。

リスト1-2の結果表

日付	費目	メモ	入金額
2024-02-03	食費	コーヒーを購入	0
2024-02-10	給料	1月の給料	280000
2024-02-11	教養娯楽費	書籍を購入	0

前提とするDBMSとバージョン

本書で紹介する機能やSQL構文は、次のDBMSを前提としています。

- Oracle Database 23c
- SQL Server 2022
- Db2 11.5
- MySQL 8.1
- MariaDB 11.2
- PostgreSQL 16.0
- SQLite 3.43
- H2 Database 2.2.224

※構文や互換性に関する事項は、上記バージョン時点でのものであるため、今後変更になる可能性があります。

contents 目次

第**III**部　データベースの知識を深めよう

第**IV**部　データベースで実現しよう

column

chapter 0
SQLを
学ぶにあたって

私たちが日常的に利用するインターネット検索やSNSはもちろん、
物流や金融といった社会基盤の多くが情報システムに
支えられています。
その中枢で必ず使われているのが「データベース」と「SQL」です。
本書では、現代社会と情報システムに欠かせない存在である
データベースとそれを操作する言葉であるSQLについて
学んでいきます。
まずはその全体像とロードマップを眺めてみましょう。

contents

0.1 〉SQLを学ぼう

0.1.1 データベースとSQL

　ATMで預金を引き出す、旅行やコンサートのためにチケットを予約する、インターネットで検索や買い物をする、オンラインゲームを楽しむ…。近年、私たちの生活はますますITなしには成り立たなくなっています。そうしたしくみのほぼすべての中枢で活躍しているのが、さまざまな情報を集積したデータベースです（図0-1）。

　データベースに格納されている情報は、外部からのアクセスによって検索したり書き換えたりできますが、そのためにはデータベースを操作するための専用の言葉であるSQLを利用するのが一般的です。JavaやCなどのプログラミング言語で開発されたシステムやアプリケーションも、データベースへのアクセスにSQLを使います。

　数多くのシステムで使われているSQLをマスターして自由自在にデータベースと情報のやりとりができたら、私たちの世界もさらに広がるでしょう。本書は、SQLやデータベースに初めて触れる人でも、スッキリ理解できて楽

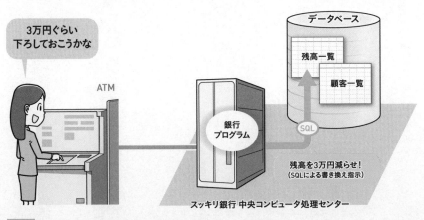

図0-1 情報システムの中枢ではデータベースが活躍

しく読み進められるよう、たくさんのコツを盛り込みつつ、わかりやすい言葉で解説しています。また、SQLは、実際に手を動かしてたくさんのSQL文を書き、実行してみるのが上達への近道です。本書の付録として、256問の充実した特訓ドリルと、インターネットにつながるPCやモバイル端末があれば今すぐSQLを体験できるしくみ「dokoQL」(p.4) を準備しましたので、ぜひ活用してください。

0.1.2　一緒に学ぶ仲間たち

この本でみなさんと一緒にSQLとデータベースを学ぶ3人を紹介します。

立花 いずみ(29)
データベースの専門家として日々活躍する、湊と朝香の先輩。2人にデータベースの世界を案内していく。湊の実姉で、最近、職場結婚したばかり。

朝香 あゆみ(24)
湊の同期でしっかり者。社会人生活にも少しずつ慣れてきたので、仕事で学んだデータベースを使って、家計簿を付けていきたいと考えている。

湊 雄輔(22)
銀行のシステム開発プロジェクトに配属された新入社員。これまでプログラミングを少し学んだものの、データベースははじめて。姉のいずみとはケンカしつつも仲良し。

　これから私たちは、湊くんと朝香さんの2人と一緒に、全4部12章を通して SQLとデータベースについて学んでいきます。ここで、各部の内容を眺めて みましょう。

　第 I 部「SQLを始めよう」では、まずはデータベースの基礎に触れ、実際 に SQL でデータベースを操作して、SQL とはどのようなものかを体験します。 その上で、SQL の基本構造や基礎知識をしっかりと学びましょう。

　第 II 部「SQLを使いこなそう」では、SQL を使って、データベースからさ

まざまな形式のデータが取り出せることを学びます。また、結合という機能を使って、より複雑で高度なデータ抽出の方法を学びます。これらを活用すれば、SQLやデータベース利用の可能性がぐっと広がるはずです。

第III部「データベースの知識を深めよう」では、データベース自体に焦点を当てます。データベースに格納されたデータの操作だけでなく、SQLでデータベースそのものを操作する方法を学び、データベースシステムが備えるさまざまなしくみについての知識を深めます。

第IV部「データベースで実現しよう」では、正確かつ効率的に情報を取り扱うためのデータの構造設計について学びます。データベース技術やそれを扱うみなさんが担う大きな役割を実感できるでしょう。

第 I 部

SQL を始めよう

承ります
・検索
・更新
・削除
・追加

データベースと会話しよう

データベースって難しそうでちょっと不安だけど、教えてくれる先輩、どんな人なのかな？

大事な情報を入れるのがデータベースだろ？　それをバリバリ使う人ってことは、けっこう几帳面なんじゃないかなぁ。

あら。あなたと比べたら、たいていの人は几帳面よ。

うわっ、急に…って、姉ちゃんが！？

不安な人もおおざっぱな人も大丈夫。データベースに触れているうちに、すぐに楽しくなるわよ。準備はいいかしら？

はい！

　データベースは高度で難しい技術という印象を持つ人もいるかもしれません。実際、データベースはITシステムの中枢で極めて重要な役割を果たします。しかし、実は「データベースと話をするための言葉」を少し覚えるだけで、驚くほど簡単にその中枢を操れると知ったら、わくわくしませんか。はじめの一歩となるこの第1部では、まず、データベースと簡単な会話をすることから始めましょう。

chapter 1
はじめての
SQL

ようこそ、SQLの世界へ！
第1章では、データベースの概要を紹介します。読み進めながら、
みなさんも頭の中におおまかなイメージを描いてみてください。
また、面倒なインストールなしでどこでもSQLが体験できる
dokoQLを使って、簡単な命令を実行してみます。
SQLでどのようなことができるのか、
まずは手を動かして体験してみましょう。

contents

1.1 データベースとは

「データベース」という言葉自体、よく耳にするかもしれない
けど、けっこう広い意味で使われている言葉なの。

　データベースというと、たくさんのデータが入ったコンピュータやシステ
ムをイメージするかもしれません。しかし、狭い意味で**データベース**（DB：
database）という場合、検索や書き換え、分析などのデータ管理を目的とし
て蓄積された、さまざまな情報そのものを指します。電話帳や会員名簿のよ
うに紙に記録されているものも一種のデータベースといえますが、特にITの
世界では、電子的な媒体にファイルなどの形式で保存したものをいいます。
　データをどのような形で保存し、管理するかによって、データベースはい
くつかの種類に分類できます。現在、分野を問わず広く用いられているのが、
複数の表の形式でデータを管理する**リレーショナルデータベース**（RDB：
relational database）です（図1-1）。
　RDBの内部は、次のような基本構造をしています。

社員情報データベース

社員テーブル

社員番号	氏名	年齢
0101	菅原拓真	31
0104	大江岳人	30
0108	立花いずみ	29
⋮		

部署テーブル

...

役職テーブル

...

図1-1　RDBは複数の表の形式でデータを管理する

RDBの基本構造

・RDBには複数の表が入っており、それぞれの表を**テーブル**（table）という。
・個々のテーブルには名前が付いており、その名前をテーブル名という。
・テーブルは**行**（row）と**列**（column）で構成される。
・1つの行が1件のデータに対応する。列はそのデータの要素に対応する。

※ 行をレコード、列をカラムやフィールドと呼ぶこともある。

　たとえば、「社員」という名前が付いているテーブルには、通常、社員の情報が格納されています。このテーブルには社員番号や名前といった社員に関する要素が列として存在し、社員1人ひとりに関する情報が1行ずつ格納されています。

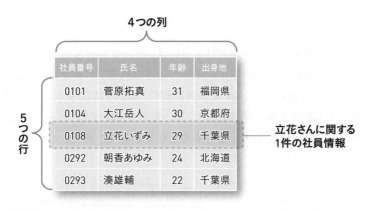

4つの列

社員番号	氏名	年齢	出身地
0101	菅原拓真	31	福岡県
0104	大江岳人	30	京都府
0108	立花いずみ	29	千葉県
0292	朝香あゆみ	24	北海道
0293	湊雄輔	22	千葉県

5つの行

立花さんに関する1件の社員情報

図1-2 テーブルは列と行で構成されている

　なんだかエクセルみたいだね！

　そうね。でも、表計算ソフトと違って、SQLを使えばデータを思いどおりに読んだり書いたりできるのよ。

私たちは、SQLというデータベースを操作する専用の言語で命令を書いて、これらのテーブルから特定の列や行のデータを自由に取り出したり、書き換えたりできます。

1.1.2 データベース管理システム（DBMS）

図1-1で、RDBは「複数の表形式の情報を格納したもの」と紹介しましたが、その実体はただのファイルです。表計算ソフトのファイルとは異なる独自の形式で、RDBが持つ表と、表が持つ行と列の情報が書き込まれています。

> ただのファイルにSQLを送ると、書かれているデータが書き換わるんですか？

> 実は、データベースファイルそのものにSQLを送るわけではないのよ。

データベースの中のデータを操作するには、データベース管理システム（DBMS：database management system）と呼ばれるプログラムに対して、SQLで書かれた命令文（SQL文）を送信します。DBMSはコンピュータ内で常に稼働してSQL文を待ち受けており、届いた命令に従って、データベースファイルの内容を検索したり、書き換えたりする処理を実行してくれます（図1-3）。

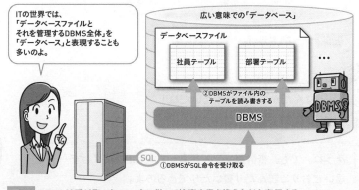

図1-3　DBMSは受け取ったSQL文に従って検索や書き換えなどを実行する

1.1.3 代表的なRDBMS製品

DBMSのうち、複数の表の形式でデータを取り扱うものを特にRDBMS（relational database management system）といいます。RDBMSは各社からソフトウェア製品として発売されているほか、オープンソースソフトウェア（OSS）として無償で公開されているものもあります。

表1-1 代表的なRDBMS

分類	RDBMS 製品名	提供元
商用製品	Oracle Database※	オラクル社
	Db2	IBM 社
	SQL Server	マイクロソフト社
OSS	MySQL	オラクル社
	MariaDB	MariaDB Corporation
	PostgreSQL	PostgreSQL Global Development Group
	SQLite	D. Richard Hipp
	H2 Database	Thomas Mueller

※ 本書ではOracle DBと表記する。

　表1-1のようにさまざまなDBMS製品が存在しますが、実は、製品によって使用できるSQLの命令や記述方法には違いがあります。しかし、基本的な構文や考え方は同じですので、安心してください。本書では、基本的にANSI（American National Standards Institute：米国国家規格協会）とISO（International Organization for Standardization：国際標準化機構）で定められた標準構文に基づいて解説していますが、より詳細な文法については利用するDBMSのマニュアルを参照してください。

1.1.4 データベースにSQL文を送るには

早くDBMSにSQL文を送ってみたいな！　でも、さすがにメールみたいに送れるわけじゃないよね？

通常、DBMSに対しては、各データベースが定める特有の手順や形式に従ってネットワーク経由でSQL文を送ります。各製品は、DBMSと通信を行うための専用ソフトウェア（ドライバといいます）を提供していますので、JavaやC言語でプログラムを作り、その中からドライバの命令を呼び出せば、DBMSに対してSQL文を送信できます（図1-4）。

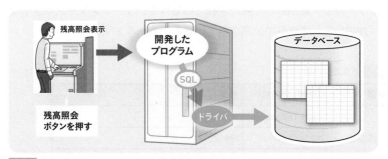

図1-4 開発プログラムからSQL文を送信する（方法①）

えっ？ ただSQL文を送りたいだけなのに、プログラムを書かないといけないの？

湊くんのように不安に感じた人もいるかもしれませんが、ほとんどの製品には「入力されたSQL文をそのままDBMSに送るだけ」の単純なソフトウェア（一般的には「SQLクライアント」と呼ばれています）が標準で付属しています。このソフトウェアを使えば、プログラムを作成することなく手軽にSQL文をDBMSに送信できます（図1-5）。

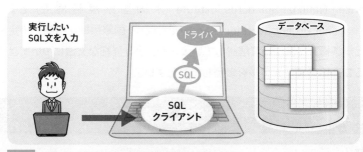

図1-5 SQLクライアントからSQL文を送信する（方法②）

1.2 はじめてのSQL

1.2.1 SQLを体験してみよう

> 専用のソフトウェアを使えばSQL文を送れるのはわかりました。
> でも、DBMSをどこかにインストールする必要がありますよね。

　DBMSに付属しているSQLクライアントでSQL文を送れば、データベースを操作できることは前節で解説しました。さっそくSQLを使ってデータを操作してみたいところですが、送信先となるDBMSの準備がまだできていません。

　私たちがSQLを学んでいくためには、朝香さんが言うように、コンピュータにDBMS製品をインストールしたり、データベースにサンプルデータを作ったりといった事前準備が必要になります。

　しかし、これらの事前準備にはある程度の時間や前提知識が要求されます。初心者の私たちがこの段階で多くの時間をとられないように、本書ではブラウザ経由で手軽にDBMSにアクセスできるしくみを用意しました。それが「どこでもSQL実行環境」、略してdokoQLです。次のWebサイトにPCやスマートフォンのブラウザからアクセスすると、すぐにSQL文を入力して実行できます。

dokoQLへのアクセス

```
https://dokoql.jp/
```

　dokoQLの使い方についてはp.4でも紹介していますので、そちらも参考にしてみてください。

もちろん、少し手間はかかるけれど、自分のPCにDBMSをインストールして準備する方法でもかまわないわ。その場合は、sukkiri.jp（p.5）で紹介している手順を参考にしてみてね。

　さて、dokoQLのデータベースには、あらかじめ次のような家計簿テーブルが準備されています（テーブル1-1）。このテーブルには、収入または支出の行為が1行ごとに記録されています。食費や交際費などの支出の記録の場合、支払った額は出金額に登録され、入金額は0です。逆に、給料などの収入の記録では、出金額は0です。

テーブル1-1　dokoQLに準備されている家計簿テーブル

日付	費目	メモ	入金額	出金額
2024-02-03	食費	コーヒーを購入	0	380
2024-02-10	給料	1月の給料	280000	0
2024-02-11	教養娯楽費	書籍を購入	0	2800
2024-02-14	交際費	同期会の会費	0	5000
2024-02-18	水道光熱費	1月の電気代	0	7560

1.2.2　検索してみよう

じゃあさっそく始めましょう。文法や意味は後で詳しく紹介するから、いまは理屈抜きでマネて動かして楽しんでね。

　それではまず、次のSQL文を入力して、実行してみましょう。

リスト1-1　はじめての検索

```
01  SELECT 出金額
02    FROM 家計簿
```

あれ？　エラーになっちゃった。「syntax error at or near
"SELECT　出金額"」って、何のことだろう？

「syntax error」、日本語で言えば「構文エラー」ね。これは、入
力したSQL文はSQLのルールに違反しているので実行できませ
ん、という意味のエラーなの。

　ここで構文エラーが発生してしまった場合には、入力したSQL文とリスト
1-1に違いがないか、1文字ずつよく見比べてみましょう。よくあるのは、全
角の空白を入力してしまっているという間違いです。「出金額」や「家計簿」
の前後に全角の空白が入っていないか、確認してみてください。

よく見たら、SELECTの後ろが全角の空白になってたよ！　半
角に直して実行したら、こんな結果が表示されたよ。

リスト1-1の結果表

出金額
380
0
2800
5000
7560

　家計簿テーブル（p.30のテーブル1-1）のうち、出金額の列だけが表示さ
れました。次に、次ページのリスト1-2を実行してみましょう。リストの1行
目で、列の名前の後ろに書かれた記号は半角のカンマ（,）です。
　実行すると、リスト1-2の結果表が表示されます。

リスト1-2 すべての列を検索する

```
01  SELECT 日付, 費目, メモ, 入金額, 出金額
02  FROM 家計簿
```

リスト1-2の結果表

日付	費目	メモ	入金額	出金額
2024-02-03	食費	コーヒーを購入	0	380
2024-02-10	給料	1月の給料	280000	0
2024-02-11	教養娯楽費	書籍を購入	0	2800
2024-02-14	交際費	同期会の会費	0	5000
2024-02-18	水道光熱費	1月の電気代	0	7560

テーブル1-1に示した家計簿テーブルとまったく同じものが結果として返ってきましたね。

ここまでで、何かわかったことある？

SELECTの後ろに、検索したい列の名前を書くんだね。

それに、FROMの後ろに、検索したいテーブルの名前を書くみたい。

2人が発見したように、SELECT には目的とする列名を、FROM には検索したいテーブル名を記述します。リスト1-2のように、SELECTの後ろにテーブルのすべての列名を記述すれば、すべての列の内容を表示することができます。

でも、列の名前を全部書かなきゃいけないなんて面倒だなぁ…。

そういうときに便利な書き方もあるのよ。

リスト1-3 すべての列を取得する（簡略記法）

```
01  SELECT *
02    FROM 家計簿
```

　リスト1-3を実行すると、結果表はリスト1-2と同じになります。列の指定に記述された * （アスタリスク）は、「すべての列」を意味するからです。

1.2.3　条件付きの検索

 「検索」っていうからには、何かの条件に当てはまるデータだけを表示することもできるんですよね。

もちろんよ。

ホ エ ア
WHERE で始まる記述を加えて実行してみましょう。

リスト1-4 出金額が3,000円を超える行だけを取得する

```
01  SELECT 日付, 費目, 出金額
02    FROM 家計簿
03   WHERE 出金額 > 3000   ── この行を追加
```

リスト1-4を実行すると、次のような結果になります。

リスト1-4の結果表

日付	費目	出金額
2024-02-14	交際費	5000
2024-02-18	水道光熱費	7560

WHEREから始まる検索条件を指定したおかげで、出金額が3,000円より多い行だけが取得できました（図1-5）。

図1-5 WHEREによる検索

なお、不等号 > は数式に用いる大小比較の記号と同じものです。= などのほかの記号とも併せて、詳しくは第2章で解説します。

ふむふむ…。「1000円より多い」行とか、「2000円より少ない」行を検索するSQL文も書けそうな気がしてきた！

1.2.4 データを追加してみよう

では次に、テーブルにデータを追加してみましょう。

リスト1-5 3月の家賃の支払いを行として追加する

```
01  INSERT INTO 家計簿
02      VALUES ('2024-02-25', '居住費', '3月の家賃', 0, 85000)
```

リスト1-5を実行した後、もう一度リスト1-3の全検索（ SELECT * FROM 家計簿 ）を実行してみましょう。リスト1-5の結果表のように、データが1行追加されて、6行に増えているのが確認できるはずです。

リスト1-5の結果表

日付	費目	メモ	入金額	出金額
2024-02-03	食費	コーヒーを購入	0	380
2024-02-10	給料	1月の給料	280000	0
2024-02-11	教養娯楽費	書籍を購入	0	2800
2024-02-14	交際費	同期会の会費	0	5000
2024-02-18	水道光熱費	1月の電気代	0	7560
2024-02-25	居住費	3月の家賃	0	85000

リスト1-5の1行目にある INSERT INTO で追加先のテーブルを、2行目の VALUES で追加するデータを指定していたのがわかりますね。

1.2.5 データを更新してみよう

続いて、先ほど追加したデータを書き換えてみます。追加したばかりの「3月の家賃」の居住費は、実は85,000円ではなく正しくは90,000円だったとしましょう。データを修正するには、次ページのリスト1-6のようなSQL文を実行します。

リスト1-6 「2024年2月25日の出金額」を90,000円に更新

```
01  UPDATE 家計簿
02    SET 出金額 = 90000
03  WHERE 日付 = '2024-02-25'
```

このSQL文を実行した後、`SELECT * FROM 家計簿`で全検索を実行すると、次のような結果が得られます。

リスト1-6の結果表

日付	費目	メモ	入金額	出金額
2024-02-03	食費	コーヒーを購入	0	380
2024-02-10	給料	1月の給料	280000	0
2024-02-11	教養娯楽費	書籍を購入	0	2800
2024-02-14	交際費	同期会の会費	0	5000
2024-02-18	水道光熱費	1月の電気代	0	7560
2024-02-25	居住費	3月の家賃	0	90000

なるほど、それなら1月の給料を280万円に修正するには…むふっ、むふふ…。

1.2.6 データを削除してみよう

それでは最後に、「3月の家賃」の行を削除してみましょう。

リスト1-7 3月の家賃（日付が「2024年2月25日」）の行を削除

```
01  DELETE FROM 家計簿
02  WHERE 日付 = '2024-02-25'
```

DELETEやUPDATEで始まる文（リスト1-6、1-7）って、なんだかSELECTの文（リスト1-4）と似てますね。どれにも同じようにWHEREを書くとか…。

さすがあゆみちゃん。その3つの文が似ているのには、ちゃんと理由があるのよ。

　ここまで紹介した4つの文のうち、SELECT、UPDATE、DELETEで始まる文の動作は、次のように整理することができます。

3命令の動作

SELECT　ある条件を満たす行を探す ⇒ その行の内容を取得する
UPDATE　ある条件を満たす行を探す ⇒ その行の内容を書き換える
DELETE　ある条件を満たす行を探す ⇒ その行を削除する

　これら3つの命令は、「目的の行に対する処理内容」はそれぞれ異なるものの、「目的のデータを探し当てるまで」はまったく同じ動作をします。ですから、目的の行を探すためのWHEREは、まったく同じように書けるのです。

なんだかパズルを組み立てるみたいで面白くなってきたぞ！

実は私、パソコンでお金の管理をしたいんです。SQLをうまく使えばいろんなことができそうな気がしてきました！

それはいいアイデアね。次の章からは、あゆみちゃんの家計簿データベースを題材に、SQLを学んでいきましょう。

column

テーブル名・列名の表記ルール

テーブルや列の名前の表記には、組織やプロジェクトによって、次の3つのいずれかのルールが定められているのが一般的です。

日本語　（例）家計簿、費目
ローマ字　（例）KAKEIBO、HIMOKU
英語　（例）HOUSEKEEPING_BOOK、EXPENSE_ITEM

いずれの方法にも長短があります。ルールが定められていない場合、判読性や利用するDBMSの動作保証などを考慮して決めましょう。

本書では読みやすさを優先して日本語名を使っていますが、実際の開発現場では、DBMSの動作安定性を優先して日本語名を避けるケースも多くあります。また、Oracle DBなど、日本語名であるテーブル名や列名はダブルクォーテーション（二重引用符）でくくる必要のあるDBMSもありますので注意してください。

なお、本書に掲載した一部のSQL文については、アルファベット表記のテーブル名や列名をdokoQLで利用できます。詳細はdokoQLのヘルプを参照してください。

1.3 この章のまとめ

1.3.1 この章で学習した内容

データベースの概要

- データベースとは、管理や分析を目的としてさまざまなデータを蓄積したもの。
- ITにおけるデータベースの実体は、通常、ファイルである。
- データベースはデータベース管理システム（DBMS）によって管理される。
- 現在、さまざまなDBMSがソフトウェア製品として公開されている。
- 複数のテーブルの形式でデータを管理するものをリレーショナルデータベースという。
- テーブルには名前が付いており、行と列から構成される。
- 1つの行が1件のデータ、1つの列がデータの1要素に対応している。

SQLの概要

- SQLは、データベースやデータを操作するための専用言語である。
- SQLで書かれた命令（SQL文）をDBMSに送信すると、データの検索・追加・更新・削除などを行うことができる。
- SQLを送信するには、DBMS製品が提供するドライバを用いたプログラムを新しく開発するか、DBMS製品に付属するソフトウェア（SQLクライアント）を利用する。
- SQLの文法は利用するDBMS製品によって少しずつ異なるが、基本的な部分は同じである。

1.4 練習問題

次の文章の空欄A～Fに当てはまる適切な言葉を答えてください。

　データベースとは、データ分析や管理を目的としてさまざまな情報を収集・蓄積したものですが、その実体は A です。これは、 B と呼ばれるソフトウェアによって管理され、私たちはこれに C を送信してデータを操作することができます。また、表形式でデータを管理するデータベースを特に D といい、表はデータの要素となる E と、1つのデータに対応する F から成り立ちます。

　日常的に私たちが接するもので、実際にデータベースが使用されていると推測できるものを挙げてください。また、そのデータベースに収集されている情報の主な対象を併記してください。

例) 図書館の貸し出しシステム　→　本、CD、DVD

　テーブル1-1（p.30）の家計簿テーブルに対して、次のような操作をしたい場合、どのようなSQL文を記述すればよいと考えられますか。

1. 入金額が50,000円に等しい行を検索してすべての列を表示する。
2. 出金額が4,000円を超える行をすべて削除する。
3. 2024年2月3日のメモを「カフェラテを購入」に変更する。

chapter 2
基本文法と
4大命令

この章では、まずSQL文を書くための基本的なルールについて
紹介します。
そして、前章での体験を踏まえて、データを操作する4つの命令、
SELECT、UPDATE、DELETE、INSERTの全体を俯瞰したうえで、
個々について詳しく見ていきましょう。

contents

2.1 SQLの基本ルール

2.1.1 記述形式に関するルール

いよいよ、SQLの本格的な学習スタートだね！

ええ。まずはいくつか基本的な書き方のルールを紹介するね。

　第1章では家計簿テーブルを題材にした体験を通して、みなさんにSQLの雰囲気をつかんでもらいました。この章ではいよいよ文法の学習を進めていきますが、構文の解説をする前に、まずはどのようなDBMS製品にも共通する、SQL文を書くための基本的なルールを押さえておきましょう。

SQL 基本ルール（1）

・文の途中に改行を入れることができる。
・行の先頭や行の途中に半角の空白を入れることができる。

　SQLでは文の途中で改行することが許されています。また、行の先頭や行の途中に半角の空白を入れることも可能です。これらのルールを活用して、読みやすく整形されたSQL文の記述を心がけましょう。
　たとえば、次に掲げるリスト2-1と2-2は同じ内容ですが、後者のほうがより構造を理解しやすいと感じるはずです。ぜひ、今のうちから、自分ではもちろん、ほかの人が見ても理解しやすいSQL文を書く習慣を身に付けておきましょう。

リスト2-1 1行で記述されたSELECT文

```
01  SELECT 費目, 出金額 FROM 家計簿 WHERE 出金額 > 3000
```

リスト2-2 整形されたSELECT文

```
01  SELECT 費目, 出金額
02    FROM 家計簿
03   WHERE 出金額 > 3000
```

> どのキーワードに何が書いてあるか、一目瞭然ですね。

> 複雑で長いSQL文を扱うようになれば、見やすく整形されていることが作業効率にも大いに影響してくるはずよ。

---

column

末尾のセミコロンで文の終了を表す

　文中に改行を含むことができるSQLの特性は、わかりやすいSQL文を書くためにはとても重宝します。一方で、複数のSQL文を続けて記述する場合には、どこに文の区切りがあるのかがわかりにくいというデメリットがあります。そこで、1つのSQL文の終わりにセミコロン記号（;）を付けて、文の区切りを明示できます。

```
SELECT *
  FROM 家計簿;          ここまででSELECT文が終了
DELETE FROM 家計簿;      ここまででDELETE文が終了
```

　本書では、複数のSQL文を1つのリストとして掲載する場合のみ、セミコロンを付けています。

2.1.2 コメントに関する2つのルール

SQL文が長くなると、整形していても意味がわかりにくいん
じゃないかなぁ。メモが書けると便利なんだけど…。

安心して。コメントも書き込めるのよ。

　JavaやPythonなどのプログラミング言語では、プログラムの各所に日本
語で解説（コメントといいます）を記入して意味をわかりやすくできます。
SQLでも同様に、解説などのコメントを書き込むことができます。コメント
の記述方法には、次の2つのルールがあります。

SQL 基本ルール（2）

・ハイフン2つ（--）から行末まではコメントとして扱われる。
・/*から*/まではコメントとして扱われる。

リスト2-3　コメントを記述する

01	/*入出金表示用SQL　バージョン0.1
02	作成者：朝香あゆみ　作成日：2024-02-01 */
03	SELECT 入金額,出金額　　-- 金額関連の列のみ表示
04	FROM 家計簿

　改行や空白による整形とコメントによる解説を併せて活用すれば、後から
見返したり、チームで共有したりする場合にもわかりやすいSQL文を記述で
きるでしょう。

2.1.3 予約語に関するルール

あとは、SQL文に記述する命令語についての基本ルールも知っておきましょう。

SQL基本ルール（3）

- SELECTやWHEREなどの命令に使う単語は、SQLとして特別な意味を持つ「予約語」である。
- 予約語は、大文字と小文字のどちらで記述してもよい。
- テーブル名や列名に予約語を利用することはできない。

　SELECTやWHEREなどの一部の単語は、SQLの機能として特別な意味を持つため、列名などに使うことはできません。これを予約語（keyword）といいます。

　SQLの文中では、予約語を大文字と小文字のどちらで書いても同じ意味になります。たとえば、 select * FROM 家計簿 でも Select * froM 家計簿 でも同じように動作しますが、できるだけほかの語句とは判別しやすい書き方をおすすめします。すでに組織やプロジェクトでルールが定められていればそれに従うとよいでしょう。

　なお、列名やテーブル名が大文字と小文字を区別するかどうかは、DBMSやOS、設定などによって異なります。

2.2 データ型とリテラル

2.2.1 リテラルの種類

記述ルールといえば、INSERT文にたくさん出てきた記号（'）が気になったんだ。

シングルクォーテーション（一重引用符）ね。それはデータの種類を示すための記法なのよ。

> **リスト2-4** 3月の家賃の支払いを行として追加する

```
01  INSERT INTO 家計簿
02      VALUES ('2024-02-25', '居住費', '3月の家賃', 0, 85000)
```

　　　　引用符あり　　　　　　　　　　　　　　　　　　　引用符なし

　第1章で紹介したリスト1-5のINSERT文を再び見てみましょう。2行目には、家計簿テーブルの各列に格納する5つのデータが記述されています。このように、SQL文の中に書き込まれた具体的なデータそのものを特に**リテラル**（literal）といいます。

そうそう、最初の3つはシングルクォーテーションが付いているのに、最後の2つは付いてないのはどうしてなのかな？

これは、次のリテラルの記述に関するルールによるものです。

> **リテラルの記述に関するルール**
>
> ・シングルクォーテーションでくくらずに記述されたリテラルは、
>   数値情報として扱われる。
> ・シングルクォーテーションでくくられたリテラルは、基本的に文
>   字列情報として扱われる。
> ・シングルクォーテーションでくくられ、かつ'2024-02-25'のよう
>   な一定の形式で記述されたリテラルは、日付情報として扱われる。

　たとえば、 123 と '123' では意味が異なります。前者は123（ひゃくに
じゅうさん）という数量を表す数値データであるのに対して、後者は123（い
ち・に・さん）という3つの文字の並びを表す文字列データです。

　なお、プログラミング言語で文字列を表すダブルクォーテーション（"）は、
SQLの文字列リテラルとして用いることはできません。

2.2.2 列とデータ型

　リスト2-4では、最後の2つのデータ（入金額と出金額）に ' を付けず、0
と85000という数値のデータを指定しました。しかし、誤って文字列情報と
して指定してしまったらどうなるでしょうか（リスト2-5）。

リスト2-5 入金額と出金額を文字列情報として指定したら…

```
01  INSERT INTO 家計簿
02      VALUES ('2024-02-25', '居住費', '3月の家賃', '0', '85000')
```

　もし、このまま0や85000が文字列として家計簿テーブルに格納されてし
まったら大変です。文字列では、統計などの計算に使うこともできません。

　このような誤ったデータ形式で格納されないように、データベースには安
全装置が備わっています。リスト2-5のSQL文を実行すると、DBMSは、入
金額や出金額に指定された値が数値ではないと判断して処理を中断するか、
受け取った文字列を強制的に数値に変換して格納しようとします。

入金額と出金額は数値であるべきって、どうしてDBMSはわかるんだろう？

その2つの列は、そもそも「数値しか入れられない」ように設定されているからよ。

1.1.1項で紹介したように、データベースの中には複数のテーブルがあり、テーブルは行と列から成り立っています。それぞれの列には名前が付いていますが、それに加えて、列ごとに格納できるデータの種類を表す**データ型**（data type）を定めています（図2-1）。

データ型の設定	DATE（日付型）	VARCHAR(20)（可変長文字列、最大20バイト）	VARCHAR(80)（可変長文字列、最大80バイト）	INTEGER（整数）	INTEGER（整数）
列名	日付	費目	メモ	入金額	出金額
	2024-02-03	食費	コーヒーを購入	0	380
	2024-02-10	給料	1月の給料	280000	0
	2024-02-11	教育娯楽費	書籍を購入	0	3800

図2-1 家計簿テーブルに設定されているデータ型の指定

たとえば、入金額と出金額の列にはあらかじめ「INTEGER」という数値のデータ型が設定されているので、格納できるデータは数値のみに制限されているというわけです。

主なデータ型を表2-1にまとめました。

表2-1 代表的なデータ型

データ種別	区分	代表的なデータ型名
数値	整数	INTEGER 型、INT 型
	小数	DECIMAL 型、NUMERIC 型、FLOAT 型、DOUBLE 型、REAL 型
文字列	固定長	CHAR 型
	可変長	VARCHAR 型
日付と時刻	―	TIMESTAMP 型※、DATETIME 型、DATE 型、TIME 型

※ TIMESTAMP型は日付と時刻の両方を持つ。

　利用可能なデータ型はDBMSによって異なりますが、数値型、文字列型、日付と時刻の型は基本的に必ず用意されています。しかし、型の名称や、それぞれの型で取り扱い可能な桁数の範囲、フォーマット形式などは製品により細かく異なるので注意が必要です（より詳細な情報は、付録や各DBMSのマニュアルを参照してください）。

データ型

・テーブルの各列には、データ型が指定されている。
・列には、データ型で指定された種類の情報のみ格納できる。
・利用可能なデータ型は、DBMS製品によって異なる。

　なお、図2-1にあるように、VARCHAR型には、通常、最大長（最大桁数）を指定します。DBMSによっては、同様に、CHAR型や数値を扱う型でも桁数を指定できる場合があります。

2.2.3 固定長と可変長

　表2-1によると、文字列の型にはCHARとVARCHARがあるみたいですが、どう違うんですか？

　あらかじめ用意した箱のサイズに合わせて中身を入れるか、箱を中身のサイズに合わせて用意するかの違いなの。

　CHAR型は固定長の文字列を扱うデータ型です。たとえば、CHAR(10)と指定されている列では、あらかじめ10バイトの領域が確保されており、格納するデータは常に10バイトになります。格納しようとする文字列が10バイトに満たない場合は、文字列の後ろに空白が追加され、10バイトぴったりに調整されてから格納されます。
　一方、可変長であるVARCHAR型を指定された列は、格納する文字列の長さを勝手に調整することはありません。たとえば、VARCHAR(10)と指定され

た列に3バイトや7バイトの文字列を登録した場合、それに合わせた領域が確保されるため、そのままの長さで格納されます。ただし、最大長として10が指定してあるため、11バイト以上の文字列は格納できません（図2-2）。

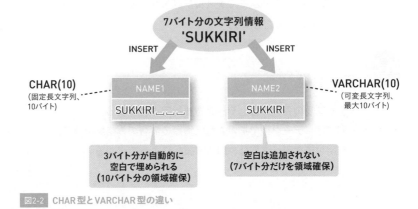

図2-2　CHAR型とVARCHAR型の違い

　CHAR型は郵便番号や社員番号など、格納するデータの桁数が一定のものを、VARCHAR型は氏名や書籍名など、格納するデータの桁数が定まっていないものを格納するのに向いたデータ型といえます。

　実際に列にデータ型を設定する方法については第10章で紹介します。

column

日付の取り扱いはDBMSに依存しやすい

　日付の取り扱いに関しては、DBMSによる違いが比較的大きい点に注意が必要です。主に、次のような点が異なっています。

・**データ型の名前や精度**
・**タイムゾーン（共通の標準時を採用している地域）情報の有無**
・**リテラルの書式**
・**日付に関して利用できる命令（関数）の種類**

　本書で紹介する内容は、多くのDBMSで共通して利用できるものですが、より詳細な機能を利用したい場合は、各製品のマニュアルを参照してください。

2.3 SQLの命令体系

2.3.1 4つの重要な命令

第1章では「SELECT」から始まるSQL文を何度も実行したけど、これが命令なのかな？　ほかにもたくさんあるなら、覚えるのが大変だ…。

実は、第1章で体験した4つの命令で足りてしまうのよ。

　JavaやC言語のようなプログラミング言語には、数千から数万種類もの命令が用意されています。一方、データを操作する言語であるSQLには、数えるほどしか命令がありません。

　ほとんどのデータ操作は、すでに体験したSELECT、UPDATE、DELETE、INSERTのたった4つの命令で実現できてしまいます。これら4つのSQL命令は、DML（Data Manipulation Language）と総称されています。本書では、これらを4大命令と呼ぶことにします。

SQLの命令体系

SQLでは、4大命令だけでほとんどの処理を実現できるため、命令をたくさん覚える必要はない。

なんだ、4つ覚えればいいだけなんて、楽勝すぎる！

　SQLで頻繁に利用するのはたった4つの命令だけですが、だからといって単純な処理しかできないわけではありません。4つの命令にさまざまな修飾語を付加して、非常に複雑なデータ操作を実現できるのが、SQLという言語の特徴なのです。

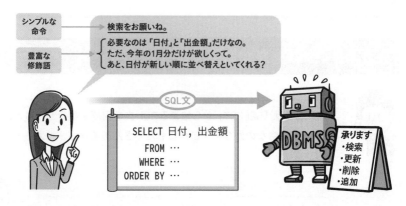

図2-3　SQL命令体系の特徴

2.3.2　4大命令の全体像を俯瞰する

> 土台はシンプルだけど、そこにいろいろな飾り付けができるんですね。結局複雑になるなら、ちょっと不安…。

　朝香さんが心配しているように、この「命令の数は少なくてシンプルだが、複雑に修飾できる」というSQLの特徴が、初心者を混乱させる原因となるのも事実です。入門したての頃はもちろん、ある程度慣れた技術者であっても、しばらくSQLを使っていないと記憶があやふやになって次のように迷ってしまいがちです。

「FROMっていろんな命令で書けた気がするけど、どれに使えるんだっけ?」
「WHEREはどの命令にも付けていいんだっけ?」
「4つの命令の文法、一見似てるのに細部が違っていて、頭の中でゴチャゴチャになってきた…」

　でも安心してください。4つの命令の文法をスッキリとマスターするには、

これから紹介する3つのコツをつかんでおけば大丈夫です。まずは最初の1つ
をここで紹介しましょう。残りの2つはこの章の最後にお伝えします。

4大命令をスッキリ学ぶコツ（1）

4大命令の構造と修飾語の全体像をしっかり把握する。

　1つ目のコツを実践するために、4大命令とその修飾語たちの関係を整理し
た図2-4をご覧にいれましょう。

命令	各命令で固有の部分 （第2章）	対象行の 絞り込み （第3章）	検索結果 の加工 （第4章）
SELECT	列名… FROM テーブル名　2.4節		その他 修飾
UPDATE	テーブル名 SET 列名 = 値…　2.5節	WHERE ～	
DELETE	FROM テーブル名　2.6節		
INSERT	INTO テーブル名 (列名…) VALUES (値…)　2.7節		

図2-4 SQLの体系図

　4つの命令で共通している部分と異なる部分があるんだね。

　そのとおりよ。次の節から、まずは4大命令それぞれに固有の
部分にフォーカスして紹介していくね。それ以外の図の右側部
分は、次章以降で解説するわ。

2.4 SELECT文 ─ データの検索

2.4.1 SELECT文の基本構文

第1章でも体験したように、データベースとデータのやり取りをするにあたって、最も頻繁に使われる命令がSELECT文です。テーブルから目的のデータを取得するのがその役割です。

📖 SELECT文の基本構文

```
SELECT 列名…          ─── 取得しなさい
                           ─── この列のデータを
    FROM テーブル名
    （WHERE修飾）       ─── このテーブルから
    （その他の修飾）
```

※ 修飾の部分は必要に応じて指定する。

1行目のSELECTの後ろには、取得したい列の名前をカンマで区切って記述します。また、第1章でも紹介したアスタリスク（*）を記述すれば、すべての列を指定するのと同様の効果が得られます。

2行目はFROM句といい、取得するデータが格納されているテーブルを必ず指定します。

以降の行には、必要に応じて、WHEREによる修飾やその他の修飾を続けて記述します。

なお、1つのSQL文として完成している一連の命令文を、命令の種類に応じて「SELECT文」「UPDATE文」のように言い表します。また、SQL文を構成する、FROMやWHEREなどの予約語に続けて指定された部分（FROM テーブル名 など）を「FROM句」「WHERE句」などと呼びます。

家計簿テーブルを使って、SELECT文の例をもう一度確認して
おきましょう。リスト2-6と結果表を見てね。

リスト2-6 複数の列を取得するSELECT文

```
01  SELECT 費目, 入金額, 出金額
02    FROM 家計簿
```

リスト2-6の結果表

費目	入金額	出金額
食費	0	380
給料	280000	0
教養娯楽費	0	2800
交際費	0	5000
水道光熱費	0	7560

2.4.2 ASによる別名の定義

SELECT文における列名やテーブル名の指定では、それぞれの記述の後ろ
にAS（アズ）と任意のキーワードを付けて、別名を定義できます。リスト2-6の結果
表の列名にASを用いて別名を付けたのが、リスト2-7とその結果表です。

リスト2-7 ASを用いて別名を定義したSELECT文

```
01  SELECT 費目 AS ITEM, 入金額 AS RECEIVE, 出金額 AS PAY
02    FROM 家計簿 AS MONEYBOOK    [Oracle DBでは付けない]
03   WHERE 費目 = '給料'
```

リスト2-7の結果表

ITEM	RECEIVE	PAY
給料	280000	0

Oracle DBやSQL Server、Db2などの多くの製品では **AS** の記述を省略できます。また、Oracle DBでは、テーブルの別名を付ける場合には **AS** を記述してはならないルールとなっています。

 列を別の名前で表示できるのはわかったけど、なんでわざわざこんなことするの？

列に別名を付けると、次のようなメリットがあります。

列に別名を付けるメリット

・状況に応じて、結果表のタイトル列を任意の内容で表示できる。
・英語名などの一見わかりにくい列名や長い列名でも、わかりやすく短い別名を付けてSQL文の中で利用できる。

テーブル名に別名を付けるメリットもほぼ同様ですが、詳細は、その効果が実感できる第8章にて紹介します。

column
「SELECT * FROM ～」の乱用にご用心

アスタリスクによる全列検索は便利ですが、データベースの設計変更などで列が増えたり減ったりすると、検索結果も変化してしまいます。そのため、データベースを検索するアプリケーションプログラムでこの記述をしていると、予期しないバグの原因になる可能性があります。本書では紙面の都合でアスタリスクを使用する場面もありますが、実際の開発では極力使用を避けるか、使う場合でも十分な検討が必要です。

2.5 〈 UPDATE文 —データの更新

2.5.1 UPDATE文の基本構文

UPDATE文は、すでにテーブルに存在するデータを書き換えるための命令です。

- -

 UPDATE文の基本構文

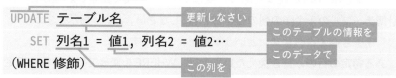

UPDATE テーブル名 ← 更新しなさい
SET 列名1 = 値1, 列名2 = 値2… ← このテーブルの情報を
（WHERE 修飾） ← このデータで
 ← この列を

- -

1行目のUPDATEの直後には、更新したいデータが存在するテーブル名を記述します。また、2行目をSET句といい、更新したい列名と、その列に書き込むデータをイコール記号（=）で対応させて記述します。

> では、p.30の家計簿テーブルのデータを使って、UPDATE文を実行してみるわね。

リスト2-8 1つの列を更新する UPDATE文

```
01 UPDATE 家計簿
02     SET 入金額 = 99999
```

実行後に家計簿テーブルを全件検索すると、次ページの結果表が得られます。

リスト2-8の結果表

日付	費目	メモ	入金額	出金額
2024-02-03	食費	コーヒーを購入	99999	380
2024-02-10	給料	1月の給料	99999	0
2024-02-11	教養娯楽費	書籍を購入	99999	2800
2024-02-14	交際費	同期会の会費	99999	5000
2024-02-18	水道光熱費	1月の電気代	99999	7560

あれれ、全部の行が同じ値になっちゃった！

　リスト2-8のUPDATE文をもう一度よく眺めてみてください。確かに「家計簿テーブルの入金額の列の値を99999にしなさい」という指示ですが、「どの行を書き換えるべきか」という指定がないのです。

　ある特定の行のみ書き換えたい場合は、WHEREを使って目的の行を指定しなければなりません。たとえば、2024年2月3日の入金額だけを99999に書き換えるSQL文は、次のリスト2-9のようになります。

リスト2-9 条件付きのUPDATE文

```
01  UPDATE 家計簿
02    SET 入金額 = 99999
03  WHERE 日付 = '2024-02-03'
```

　すべての行の値を同一のものに書き換える処理は実務上まれですから、「WHEREを伴わないUPDATE文」は、ほとんど使う機会がないでしょう。

WHEREのないUPDATE文は全件更新！

WHEREで対象行を指定しないと、UPDATE文はすべての行を書き換えてしまう。

2.6 DELETE文 ─データの削除

2.6.1 | DELETE文の基本構文

DELETE文は、すでにテーブルに存在する行を削除するための命令です。既存のデータに対する操作という点では、これまでに登場したSELECT文やUPDATE文と同じですが、行をまるごと削除する機能であるため、特定の列だけを指定することはできません。

 DELETE文の基本構文

DELETE 〈 削除しなさい
FROM テーブル名 〈 このテーブルの情報を
（WHERE修飾）

DELETE文では列名を指定する必要がないため、1行目のDELETEの後ろには何も記述しません。続けて記述するFROM句にテーブル名を指定するのはSELECT文と同様です。

> それじゃさっそく、DELETE文で家計簿テーブルのデータを削除してみましょう。リスト2-10を見てね。

リスト2-10 シンプルなDELETE文

```
01  DELETE FROM 家計簿
```

これを実行すればいいんだね。

湊！　ちょっと待って！　それを実行しちゃダメっ！

あらあら。せっかく面白いことになると思ったのに。

　リスト2-10を実行するとどのようなことが起きるか、みなさんは想像できましたか？

　さきほどリスト2-8のUPDATE文を実行したときには、WHEREを指定しなかったために、すべての行が書き換えられてしまいました。同様に、DELETE文においてもWHEREを付けなければ、すべての行が削除対象となってしまいます。

　WHEREなしのDELETE文は「データを全消去する」指示にほかなりません。見かけたら、本能的に実行をためらう感覚を身に付けてください。

WHEREのないDELETE命令は全件削除！

WHEREで対象行を指定しないDELETE文は、全データを削除してしまう。

2.7 〉 INSERT文 ─ データの追加

2.7.1 INSERT文の基本構文

> 最後はINSERT文ですね。これでデータの追加ができるんですよね。

> なんか、コイツだけがほかの3つと雰囲気が違うんだよな…。

INSERT文は、テーブルに新しいデータを1行だけ追加する命令です。湊くんの言うように、これまでに紹介した3つの命令とは少し異なった形をしていますので、注意深く見てみましょう。

目的の行を指定する必要はないため、INSERT文にWHERE句は書けません。その代わりに、どの列に、どのような値を追加するのか、1つひとつ具体的に指定する構造になっています。

Ⓐ **INSERT文の基本構文**

```
INSERT INTO テーブル名                    このテーブルに
          (列名1, 列名2, 列名3…)          この列に        追加しなさい
     VALUES (値1, 値2, 値3…)              このデータを
```

1行目のINSERTには、INTOのキーワードに続けて、データを追加するテーブル名を記述します。さらにテーブル名の後ろに、カッコでくくってデータを追加する列名を指定します。ただし、そのテーブルのすべての列に値を指定する場合には、2行目をまるごと省略可能です。

3行目はVALUES句といい、2行目に記述した列名に対応するデータの値を指定します。列名をまるごと省略した場合は、テーブルのすべての列について、値を指定する必要があります。

INSERT文を使って家計簿テーブルにデータを追加してみましょう。リスト2-11を見てね。

リスト2-11　列を指定して追加するINSERT文

```
01   INSERT INTO 家計簿
02              (費目, 日付, 出金額)
03       VALUES ('通信費', '2024-02-20', 6200)
```
→ 2行目に対応して記述

このINSERT文の実行後に、家計簿テーブルを全件検索すると、次の結果表が得られます。

リスト2-11の実行後にテーブルを全件検索した結果表

日付	費目	メモ	入金額	出金額
2024-02-03	食費	コーヒーを購入	0	380
2024-02-10	給料	1月の給料	280000	0
2024-02-11	教養娯楽費	書籍を購入	0	2800
2024-02-14	交際費	同期会の会費	0	5000
2024-02-18	水道光熱費	1月の電気代	0	7560
2024-02-20	通信費			6200

リスト2-11では費目、日付、出金額という3つの列に対してのみ格納すべき値を指定しています。そのため、メモや入金額の列には値は何も格納されません。

また、今回のように2行目で明示的に列を指定する場合、その指定順序は自由です。ただし、指定した列に対応するように、3行目で列挙する値も同じ順番で並べる必要があります。

VALUES句の値を記述するときは、順序、数、データ型のすべてを2行目に記述した列指定とぴったり対応させてあげてね。

一方、2行目の列指定を丸ごと省略した場合、3行目に記述する値は、テーブルにおける列の順序（ `SELECT * FROM ～` を実行して表示される順）と同じでなければなりません。

リスト2-12 全列に追加するINSERT文

```
01  INSERT INTO 家計簿
02      VALUES ('2024-02-20', '通信費', '携帯電話料金', 0, 6200)
```

家計簿テーブルの列の順と同じく、必ず日付、費目、メモ、入金額、出金額の順番で指定

2.8 4大命令をスッキリ学ぶコツ

2.8.1 4大命令を振り返って

> 4大命令をひととおりマスターしたぞ！ …でも、混乱しないかやっぱり少し心配だなぁ。

> では4大命令を振り返りながら、スッキリと学ぶコツの残りを伝授するわね。

　ここまででSQLの4大命令に関する基本的な解説は終了です。本を見ながらであれば、さまざまなSQL文を書けるようになったと自信を持った人も多いでしょう。

　一方、「本などのリファレンスがないと混乱してしまうかもしれない」という不安を感じる人も多いはずです。FROM、WHERE、AS、INTO、VALUESなど、さまざまな予約語が登場しましたので、無理もありません。

　そこで、この章の最後に、2.3節で1つだけ紹介した「4大命令をスッキリと学ぶコツ」について、残りの2つも含めて紹介します。

4大命令をスッキリ学ぶ3つのコツ

(1) 4大命令の構造と修飾語の全体像をしっかり把握する。
(2) 4大命令の2通りの分類方法を理解する。
(3) 4大命令に共通するテーブル指定を先に書く。

　コツ（1）については2.3節で紹介したとおりです。4大命令を個別に学び終えた今、図2-4（p.53）のSQL体系図をもう一度見直しておくとよいでしょ

う。混乱したら、いつでもこの図に戻ってください。

続いて、コツ（2）の「2通りの分類方法」について説明しましょう。

2.8.2 4大命令の2通りの分類を理解する

> 4大命令をいくつかの観点で分類すると、いろんな法則が見えてくるのよ。

　SELECT、UPDATE、DELETE、INSERTの4つを2つのグループに分類するとしたら、みなさんはどのように考えますか？　まず多くの人が思いつくのが、データベースに対する処理の違いによる次のような分類です。

4大命令の分類方法（1）　検索系と更新系

検索系　SELECT
更新系　UPDATE、DELETE、INSERT

　検索系の命令はデータベースのデータを書き換えることはありません。また、実行結果は表の形になります。一方、更新系の命令はデータベースのデータを書き換えるのが仕事です。実行結果は基本的に「成功」か「失敗」かの2つに1つであり、表などが返されることはありません。

　ここで注目してほしいのが、図2-4（p.53）の右端にある「検索結果の加工」に関する修飾についてです。詳細は第4章で紹介しますが、たとえば「ORDER BY」という修飾語を使うと、検索結果の表の行を並べ替えることができます。しかし、この修飾は検索結果表に対する処理を指示するものですので、当然、実行結果が表ではないUPDATEやDELETE、INSERTには指定できないのです。

> なるほど…そう考えると、SELECTにしか指定できなくて当然よね。間違えようがないわ。

そして、4大命令にはもう1つ重要な分類方法があります。

4大命令の分類方法（2） 既存系と新規系

既存系 SELECT、UPDATE、DELETE
新規系 INSERT

既存系の命令は、すでにデータベースに存在するデータに対してなんらかの処理を行うためのものです。一方、新規系の命令は、まだデータベースに存在しないデータについての指定をします。

ここで、図2-4 (p.53) の右から2番目にある「対象行の絞り込み」（WHERE句）に着目してください。検索や更新、そして削除は既存のデータに対して行う処理ですから、その対象行を指定するための共通した文法としてWHERE句が利用可能です。一方、既存のデータに対する処理ではないINSERT文では、WHERE句の利用はできません。

意味をちゃんと理解しておけば、丸暗記しなくてもそれぞれの予約語を書くべき命令がわかるんだね。

2.8.3 テーブル指定を先に記述する

でも本当に混乱しやすいのは、WHEREの前の部分よね。どれも似ているのに微妙に違っていて…。

大丈夫。ちゃんとルールがあるのよ。

図2-4のWHERE句より前の部分について、より踏み込んで整理してみましょう。4つの命令に共通する、次のようなルールに気づくはずです。これが、4大命令をスッキリ学ぶコツの3つ目です。

4大命令のすべてに共通すること

処理対象とするテーブル名を必ず指定する必要がある。

この観点に着目して、図2-4の体系図のうち、この章で学んだ部分を整理し直したものが次の図2-5です。

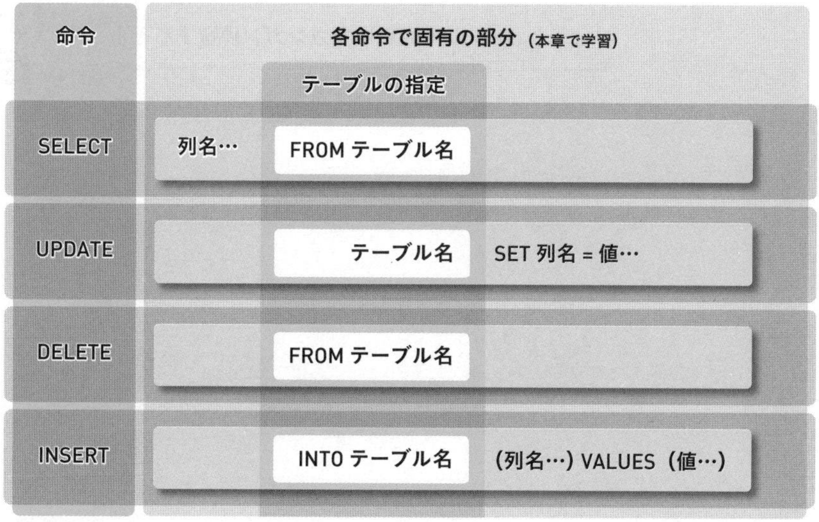

命令	各命令で固有の部分 (本章で学習)		
	テーブルの指定		
SELECT	列名…	FROM テーブル名	
UPDATE		テーブル名	SET 列名 = 値…
DELETE		FROM テーブル名	
INSERT		INTO テーブル名	(列名…) VALUES (値…)

図2-5 各命令で固有の部分を再整理した図

そして、入門者であるうちは、ぜひ実践してほしい習慣があります。それは、次の順序でSQL文を記述することです。

スッキリ書ける SQL

（1）まず、命令（SELECT・UPDATE・DELETE・INSERT）を記述する。
（2）次に、テーブル指定の部分を記述する。
（3）テーブル指定より後ろの部分を記述する。
（4）テーブル指定より前の部分を記述する（SELECT文のみ）。

　特に（1）〜（2）を考え込まずにできるよう訓練しておくと、どの命令にどのキーワードを書けばよいのかが自然に身に付くため、スムーズにSQL文を書けるようになるでしょう。

> このあたりは、練習量がモノを言うわね。いろんなSQL文を繰り返し書いてみることが近道かな。

> よし、dokoQLで通勤中もガンガン練習するぞ！

2.9 この章のまとめ

2.9.1 この章で学習した内容

SQLの基本ルール

- 記述の途中で改行したり、半角の空白を入れたりしてもよい。
- 予約語は大文字、小文字が区別されない。また、列名などに利用できない。
- 文中にコメントを記述することができる。

データ型とリテラル

- SQL文の中に直接記述される具体的な値をリテラルという。
- 数値、文字列、日付など、データの種類に応じてリテラルの記述方法は異なる。
- テーブルの各列にはデータ型が指定されている。
- 列に指定された種類のデータのみ、その列に格納することができる。

SQLの体系

- SELECT、UPDATE、DELETE、INSERTの4つの命令を利用する。
- 各命令をどのように実行するかを指示する修飾が豊富に用意されており、組み合わせることによって多様な命令を実現できる。
- 4つの命令は、操作内容から見た検索系と更新系、対象とするデータから見た既存系と新規系に分類できる。

4大命令をスッキリ学ぶコツ

- 4大命令の構造と修飾語の全体像をしっかり把握する。
- 4大命令の2通りの分類方法を理解する。
- SQL文を作成するときは、4大命令に共通するテーブル指定を先に書く。

2.9.2 この章でできるようになったこと

家計簿の内容をすべて表示したい。

※ QRコードは、この項のリストすべてに共通です。

```
01  SELECT * FROM 家計簿
```

2000円より大きな金額を使った日を知りたい。

```
01  SELECT 日付 FROM 家計簿 WHERE 出金額 > 2000
```

3月1日に1800円で映画を見た記録を追加したい。

```
01  INSERT INTO 家計簿
02      VALUES ('2024-03-01', '娯楽費', '映画を見た', 0, 1800)
```

3月1日の映画は1500円の誤りだったので修正したい。

```
01  UPDATE 家計簿 SET 出金額 = 1500 WHERE 日付= '2024-03-01'
```

全データを消去したい。

```
01  DELETE FROM 家計簿
```

2.10 練習問題

問題2-1

次の表の空欄A～Fに入る適切なSQLの予約語を答えてください。

操作	検索	更新	削除	追加
命令	(A)	(B)	(C)	(D)
テーブルの指定	(E)	なし	(F)	(G)
条件の指定	(H)			なし

問題2-2

次の情報を格納するための適切なデータ型を、下の一覧から選択してください。

(1) 30000（金額）
(2) スッキリわかるSQL入門（書籍名）
(3) 2024-02-20（日付）
(4) 1.41421356（小数）
(5) 10時35分（時間）
(6) 125,358,854（大きな数）
(7) 101-0051（郵便番号）

INTEGER型　DECIMAL型　CHAR型　VARCHAR型　DATE型　TIME型

問題2-3

次のような列を持つ都道府県テーブルがあります。

都道府県テーブル

列名	データ型	内容
コード	CHAR(2)	'01' 〜 '47' の都道府県コード
地域	VARCHAR(10)	'関東' や '九州' など
都道府県名	VARCHAR(10)	'千葉' や '兵庫' など
県庁所在地	VARCHAR(20)	'千葉' や '神戸' など
面積	INTEGER	都道府県の面積（㎢）

このテーブルについて、次の検索を行うSQL文をそれぞれ作成してください。

1. すべての列名を明示的に指定して、すべての行を取得する。
2. 列名の指定を省略して、1と同様の結果を取得する。
3. 「地域」「都道府県名」の列について、「area」と「pref」という別名を付けて すべての行を取得する。

問題2-4

問題2-3の都道府県テーブルについて、次のような3つのデータを追加するSQL 文をそれぞれ作成してください。ただし、コード37のデータの追加では、SQL文 中に列名を指定しない方法を採ってください。なお、表中で空欄となっている部 分の値は指定しません。

	コード	地域	都道府県名	県庁所在地	面積（㎢）
1.	26	近畿	京都		4613
2.	37	四国	香川	高松	1876
3.	40		福岡	福岡	

問題2-5

　問題2-4でデータが追加された都道府県テーブルについて、表中で空白だった箇所に次の値を格納するSQL文を作成してください。

1. コード26の県庁所在地に「京都」を格納する。
2. コード40の地域に「九州」、面積に4,976を格納する。

問題2-6

　問題2-4で追加したコード26のデータを都道府県テーブルから削除するSQL文を作成してください。対象行はコード番号で指定してください。

chapter 3
操作する行の
絞り込み

SQLを用いて思いどおりにデータを操るには、
「どの行を対象として、どのように操作するか」を
DBMSに的確に伝えなければなりません。
特にWHERE句による対象行の指定は、
SQL文のキーポイントです。
この章では、WHERE句での絞り込みに関する
さまざまな文法を学びます。
処理対象とする行を柔軟に指定できると、
SQLの学習がいっそう楽しくなるでしょう。

contents

3.1 WHERE句による絞り込み

3.1.1 WHERE句の大切さ

WHEREはINSERT以外のSQL文を書くときに登場するんだったわね（p.66）。

WHEREって、SELECTやDELETEの命令に「オマケ」みたいに付けられるイメージだなぁ。

これまでの章で見てきたとおり、WHEREを使って処理対象となる行の絞り込みができます。このWHEREキーワードから始まる一連の記述をWHERE句といいます。

SQLを学び始めて間もない頃は、WHERE句をSELECTやDELETEのちょっとした付属品のように思いがちですが、ここでSQLという言語自体の特徴（2.3.1項）を思い出してください。

SQLの言語としての特徴

命令自体は単純で、数も少ない（主に使うものは4つ）。しかし、さまざまな修飾語を付けると、複雑な処理が可能になる。

その修飾語の中でも最もよく使われるものが、この章で扱うWHERE句です。データを検索するにしても、更新や削除をするにしても、多くの場合、WHERE句を用いて「テーブルのどの行を処理したいのか」を指定します。むしろ、すべての行を更新したり削除したりする機会はあまりないため、WHERE句を伴わないSQL文を使う場面のほうが少ないでしょう。

私たちはWHERE句を自由自在に使えてはじめて、データを自由自在に操作することができるのです。

まずは、WHERE句の3つの基本を押さえてね。

WHERE句の基本

（1）処理対象行の絞り込みに用いる
　　⇒ WHEREを指定しないと「すべての行」が処理対象になる。
（2）SELECT、UPDATE、DELETE文で使用可能
　　⇒ 新しい行を追加するINSERT文では使用できない。
（3）WHEREの後ろには条件式を記述する
　　⇒ 絞り込み条件に沿った「正しい条件式」を記述する。

（1）と（2）については第2章で紹介しました。残る（3）については、WHERE句の基本構文で確認しましょう。

　WHERE句の基本構文

WHERE　条件式

構文自体はとてもシンプルですが、ポイントは「WHERE」の後ろに記述する条件式と呼ばれる部分です。次節からは、条件式の記述法とルールについて見ていきましょう。

3.2 条件式

3.2.1 真と偽

条件式とは、その結果が必ず真（TRUE）か偽（FALSE）になる式をいいます。真や偽というコンピュータ用語が難しく感じるならば、私たちの日常生活における「YesとNo」のようなものと考えても差し支えありません。

たとえば、 **出金額 < 10000** という式は、出金額の列に格納されている値が10000未満の場合は式の意味が正しいので真、10000以上の場合は式の意味が正しくないため偽と判定されます。

では、 **出金額 + 10000** という式ではどうでしょうか。出金額は一般的に数値です。仮に5000だとすると、この式の結果は15000という数値になります。このように、結果が数値や文字列、日付などになる式は、WHERE句に記述することはできません。

WHERE句に書けるもの

結果が必ず真（TRUE）または偽（FALSE）となる条件式

3.2.2 WHERE句のしくみ

でも、どうして「真か偽になる式」しか書いちゃダメなの？

それは、WHERE句を処理するDBMSの気持ちになれば、すぐわかると思うわよ。

実際に、DBMSがどのようにWHERE句を処理するか、そのしくみを見てみましょう。いつもの家計簿テーブルにリスト3-1のDELETE文を実行する場面を考えます。

リスト3-1　1円以上の出金のあった行をすべて削除する

```
01  DELETE FROM 家計簿 WHERE 出金額 > 0
```

このときのDBMS内部の様子を表したものが、次の図3-1です。

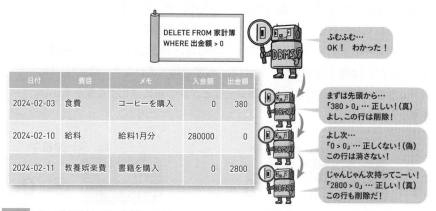

図3-1　WHERE句による条件式処理のしくみ

1行ずつ順番に、条件に合うかどうかをチェックするから、「真か偽になる式」しか書いちゃダメなんだね。

WHERE句を含むSQL文を受け取ったDBMSは、テーブル内のすべての行について条件式が真になるかをそれぞれ調べます。そして、真になった行についてのみ、SELECTやUPDATE、DELETEなどの処理を行うのです。

3.3 さまざまな比較演算子

3.3.1 基本の比較演算子

　前節で紹介したように、条件式は、=（等号）や＜（不等号）のような記号を含んだ式になることがほとんどです。これらの記号は比較演算子といい、その記号の左右にある値を比較して、記号の意味が正しければ真（TRUE）、正しくなければ偽（FALSE）に「化ける」役割を持っています（図3-2）。「化ける」とは、SQLの実行によって演算子などが別の値に変化する様子をいいます。

図3-2　演算子が「化ける」様子

条件式で使う比較演算子は、ほかにもたくさんあるんですか？

そうね、まずは基本の6種類を覚えておきましょう。

　SQLで利用できる比較演算子にはほかにもたくさんの種類があります。なかでも次の表3-1に挙げる6つはもっとも基本的なものです。

表3-1　基本の比較演算子

比較演算子	意味
=	左右の値が等しい
<	左辺は右辺より小さい
>	左辺は右辺より大きい
<=	左辺は右辺の値以下
>=	左辺は右辺の値以上
<>	左右の値が等しくない

決まりごとだから、=>のようにイコールを先に書かないように注意してね。

3.3.2 NULLの判定

　テーブル内のデータは、380や「食費」のような具体的な値ではなく、「どのような値も格納されていない」状態を意味するNULLという特別なものになることがあります。一部がNULLとなっている家計簿テーブルを見てみましょう（テーブル3-1）。

テーブル3-1　NULLのある家計簿

日付	費目	メモ	入金額	出金額
2024-02-03	食費	(NULL)	(NULL)	380
2024-02-10	給料	1月の給料	280000	(NULL)
2024-02-11	教養娯楽費	書籍を購入	(NULL)	2800
2024-02-14	交際費	同期会の会費	(NULL)	5000
2024-02-18	水道光熱費	1月の電気代	(NULL)	7560

※ ここではNULLを明記しているが、実際のテーブルでは空欄で表示される。

なんとなく想像できるかもしれないけれど、「NULLが意味するもの」には2種類あるの。

　2月3日の行に注目してください。まず、メモがNULLとなっていますが、これは380円で買ったものを忘れてしまい、メモに何と登録すればよいのかわからないのかもしれません。NULLの1つ目の意味は、このような格納すべきデータが不明（unknown）な状態です。

　また、同じ2月3日の入金額もNULLになっています。この行は、何かを購入して食費に計上した行なのですから、通常、入金は発生しません。NULLの2つ目の意味は、このようなデータの格納自体が無意味（N/A：not applicable）な状態です。

> なるほど。その他の行の入金額や出金額がNULLなのも、それぞれ入金と出金のどちらかしかありえないからなのね。

> これまで、0が入ってた入金額や出金額がNULLになったんだね。ま、似たようなものじゃない？

　これまでの家計簿テーブルでも「入金額は発生していない」という意味で0を用いてきましたが、入金額が0とNULLでは、厳密には次のように意味が異なります。

・入金額が0の場合
　2月3日にコーヒー（食費）を購入。380円を出金し、入金は0円だった。
・入金額がNULLの場合
　2月3日にコーヒー（食費）を購入。380円を出金した（そもそも入金は無関係）。

NULLとは

・そこに何も値が格納されていない状態を意味する、特別なもの。
・数値のゼロや空白文字、長さゼロの文字列とも異なる存在である。
・格納データが「不明」や「無意味」である状況を示す意図で用いられる。

なお、NULL自体はゼロや空白などの具体的な「値」とは異なる別の存在であるとされていますが、データがNULLである状態を、便宜上、「NULLが格納されている」と表現することがあります。

> そして、条件式でNULLを使うときには注意が必要なの。

　NULLかどうかを判定する目的では、＝演算子や<>演算子を利用できません。たとえば、**SELECT * FROM 家計簿 WHERE 出金額 = NULL** という記述では、正しく判定されません。

　NULLであることを判定するためには IS NULL 演算子、NULLでないことを判定するためには IS NOT NULL 演算子を使います。

 NULL の判定

　・NULLであることを判定する。

　　式 IS NULL

　・NULLでないことを判定する。

　　式 IS NOT NULL

リスト3-2 正しいNULLの判定方法

```
01  SELECT *
02    FROM 家計簿
03   WHERE 出金額 IS NULL  ─── 出金額が NULL である行を指定
```

　NULLであるかの判定をすべきところに通常の比較演算子を使ってしまうという誤りは、SQLを学び始めて間もない頃によくある代表的なミスです。初めのうちは、意識して注意するようにしましょう。

NULLは＝で判定できない！

NULLは＝や<>では判定できない。必ずIS NULLやIS NOT NULL
を使って条件式を作る必要がある。

column

比較演算子の＝でNULLかどうかを
判定してはいけない理由―3値論理

　＝などの比較演算子ではNULLの判定ができない理由が気になる人のために、少
し踏み込んでしくみを紹介しましょう。

　この章では、条件式の結果は常に真（TRUE）か偽（FALSE）になると説明し
ました。しかし、SQLの条件式は、これら2つ以外にも、UNKNOWN（不明、計
算不能）という3つ目の結果になり得る3値論理と呼ばれるしくみを採用していま
す。このUNKNOWNにまつわる次の2つの事項を理解すると、謎が解けるのでは
ないでしょうか。

(1) ＝や<>などの通常の比較演算子は、もともと値と値を比較するためのもの。
　　「NULLは値ですらない」ため、通常の値とNULLとを比較すると、不明な結
　　果であるUNKNOWNになる。

(2) WHERE句による絞り込みは、条件式が真（TRUE）となる行だけが選ばれる。
　　条件式が偽（FALSE）やUNKNOWNとなる行は処理対象にならない。

3.3.3　LIKE演算子

家計簿テーブルから「1月」という文字が含まれる行を取り出
したいんですけど、いい方法はありませんか？

それなら、LIKE演算子を使うといいわ。

文字列があるパターンに合致しているかのチェックを**パターンマッチング**といいます。SQLではパターンマッチングに**LIKE演算子**を使います。パターンマッチングを行うと、部分一致の検索（たとえば、「1月」という文字列を一部に含むかどうかの判定）が簡単にできます。

 LIKE演算子によるパターンマッチング

　式　LIKE　パターン文字列

　パターン文字列に用いると特別な意味を持つ文字には、主に次のようなものがあります。

表3-2　LIKE演算子に使えるパターン文字

パターン文字	意味
%	任意の0文字以上の文字列
_（アンダースコア）	任意の1文字

　では実際にLIKE演算子を使って、家計簿テーブルからメモ列に「1月」という文字列を含む行を取り出してみましょう。

リスト3-3　**1月に関連する行を取得するSELECT文**

```
01  SELECT * FROM 家計簿
02    WHERE メモ LIKE '%1月%'
```
「1月」の前後に任意の0文字以上の文字列が付いてもよい

リスト3-3の結果表

日付	費目	メモ	入金額	出金額
2024-02-10	給料	1月の給料	280000	0
2024-02-18	水道光熱費	1月の電気代	0	7560

　%は0文字以上の任意の文字列を意味する記号ですから、**%1月%**は「1月」の前後に0文字以上の文字が付いている文字列、つまり「1月」を含む文字列を意味します。

同様に、%1月 は、「1月」で終わる文字列を意味し、1月_ は「1月」で始まり、その後ろに任意の1文字がある文字列を意味します。

column

％や＿を含む文字列をLIKEで探したい

「100％」という文字で終わるかを判定したい場合のように、％や＿の文字そのものを含む文字列を部分一致検索したいときには、少し工夫が必要です。なぜなら、そのまま記述すると、％はパターン文字として扱われてしまうからです。

```
SELECT * FROM 家計簿 WHERE メモ LIKE '%100%'
```
「100」を含む文字列を意味する

パターン文字列の中で、単なる文字として％や＿を使うには、ESCAPE句を併用します。

```
SELECT * FROM 家計簿 WHERE メモ LIKE '%100$%' ESCAPE '$'
```

ESCAPE句で指定した文字（上の例では$）をエスケープ文字といい、この文字に続く％や＿は、パターン文字ではなくただの文字として扱われます。

3.3.4 BETWEEN演算子

家計簿テーブルから、出金額が500〜900円の行を取り出したいんですが、どういう条件式を書けばいいですか？

その条件で判定する書き方はいろいろあるけど、ここではBETWEEN演算子を紹介するわね。

BETWEEN演算子は、ある範囲内に値が収まっているかを判定します。

BETWEEN演算子による範囲判定

> 式 BETWEEN 値1 AND 値2

BETWEEN演算子では、データが「値1以上かつ値2以下」の場合に真になります。データがちょうど値1や値2のときも真になる点に注意してください。

朝香さんの要望をかなえるために、出金額が500円以上900円以下の範囲にある行を検索するには、次のようなSQL文を記述します（リスト3-4）。

リスト3-4 **500〜900円の出費を取得するSELECT文**

```
01  SELECT *
02    FROM 家計簿
03   WHERE 出金額 BETWEEN 500 AND 900
```

> 次節に登場する論理演算子を使っても同じ判定が可能よ。状況にもよるけどBETWEENのほうが処理性能が悪い場合があるから、注意してね。

3.3.5 IN ／ NOT IN 演算子

IN演算子は、カッコ内に列挙した複数の値（値リスト）のいずれかにデータが合致するかを判定する演算子です。＝演算子では、1つの値との比較しかできませんが、IN演算子を使えば、一度にたくさんの値との比較が可能です。

IN演算子による複数値との比較

> 式 IN （値1，値2，値3…）

　次のリスト3-5では、費目の列が「食費」または「交際費」に合致する行のみを検索しています。

リスト3-5 　食費・交際費を取得する SELECT文

```
01   SELECT *
02     FROM 家計簿
03    WHERE 費目 IN ('食費', '交際費')          値リスト
```

　逆に、カッコ内に列挙した値のどれとも合致しないことを判定するには、NOT IN演算子を使います。次のリスト3-6は、費目の列が「食費」でも「交際費」でもない行が抽出対象となります。

リスト3-6 　食費でも交際費でもない行を取得する SELECT文

```
01   SELECT *
02     FROM 家計簿
03    WHERE 費目 NOT IN ('食費', '交際費')
```

いっぺんにたくさんの値と比較できちゃうなんて便利だね！

3.3.6　ANY／ALL 演算子

最後に、さっき紹介したINと少し似ている比較演算子を紹介しておくわ。

　前項のIN演算子は、データが複数の値のどれかと「等しいか」を判定するものでした。もし、複数の値と「大小」を比較したい場合には、ANY演算子やALL演算子を利用します。ANYやALLは、必ずその直前に基本の比較演算子を付けて、どのような比較を行うのかを指定します（図3-3）。

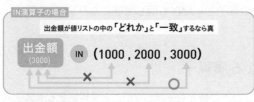

IN演算子の場合

出金額が値リストの中の「どれか」と「一致」するなら真

出金額(3000) **IN** (1000 , 2000 , 3000)

出金額(3000)はINの右辺にある3000と一致するので式の値は真

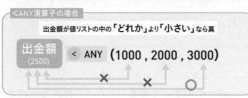

＜ANY演算子の場合

出金額が値リストの中の「どれか」より「小さい」なら真

出金額(2500) **< ANY** (1000 , 2000 , 3000)

出金額(2500)はANYの右辺にある3000より小さいので式の値は真

＜ALL演算子の場合

出金額が値リストの中の「すべて」より「小さい」なら真

出金額(1000) **< ALL** (1000 , 2000 , 3000)

出金額(1000)はALLの右辺にある2000と3000より小さいが、1000より小さくないので式の値は偽

図3-3　IN・ANY・ALLの違い

 ANY／ALL演算子による複数値との比較

・値リストのそれぞれと比較して、いずれかが真なら真

　式　基本比較演算子 ANY （値1，値2，値3…）

・値リストのそれぞれと比較して、すべて真なら真

　式　基本比較演算子 ALL （値1，値2，値3…）

※ 基本比較演算子は表3-1 (p.81) の6つの演算子を指す。

あれ？　よく考えてみると、さっき出てきた NOT IN と <> ALL って同じ意味になるんじゃない？

　NOT IN演算子は、右辺に列挙された値のどれとも一致しない場合に真となります。<> ALL も、右辺のどの値とも一致しない場合には、同じく真となります。したがって、湊くんが気づいたように、この2つはまったく同じ働

きをします。同様に、IN演算子と = ANY も同じ意味になります。

同じ意味になる演算子

・NOT IN と <> ALL はどの値とも一致しないことを判定する演算子
・IN と = ANY はいずれかの値と一致することを判定する演算子

それはそうと、ANYやALLって要るかしら？　普通に比較演算子を使えばいいんじゃない？

いいところに気づいたわね。ANYとALLには「使いどころ」があるのよ。

　図3-3（p.89）のANYやALLの例を見てみると、これらの演算子の存在価値に疑問を感じるかもしれません。朝香さんが言うように、わざわざANYを使って「1000と2000と3000のどれかより小さい」という複雑な条件を書かなくても、はじめから **出金額 < 3000** と書けばよいからです。

　実は、この項で紹介したANYやALLといった演算子は、単体で利用してもあまりメリットはなく、第II部で学習する「計算式」や「副問い合わせ」などの道具と組み合わせてはじめて、その真価を発揮します。また、DBMSによっては、そのような道具との組み合わせないと使えない場合もあります。この章では、まずはANYやALLの構文としくみをしっかりとマスターしておいてください。

3.4 〉複数の条件式を組み合わせる

3.4.1 論理演算子

WHERE句には条件式を記述しますが、1つの条件式ではうまく目的の行を絞り込めない状況もあります。その場合は、論理演算子を用いて、複数の条件式を組み合わせましょう。

代表的な論理演算子には、AND演算子とOR演算子があります。

 AND演算子とOR演算子

・2つの条件式の両方が真の場合だけ、真となる（AかつB）。

条件式1 AND 条件式2

・2つの条件式のどちらかが真ならば、真となる（AまたはB）。

条件式1 OR 条件式2

たとえば、次のテーブル3-2は、湊くんがお店を調査して、欲しいものをピックアップした買い物リストです。このテーブルについて、販売店Bの「スッキリ勇者クエスト」の価格を6,200円に更新する方法を考えてみましょう。

テーブル3-2 湊くんの買い物リスト

カテゴリ	名称	販売店	価格
ゲーム	スッキリ勇者クエスト	B	7140
ゲーム	スッキリ勇者クエスト	Y	6850
書籍	魔王征伐日記	A	1200
DVD	スッキリわかるマンモスの倒し方	A	5250
DVD	スッキリわかるマンモスの倒し方	B	7140

WHERE句を使って、「『名称がスッキリ勇者クエスト』かつ『販売店がB』」という条件を指定すれば、目的のデータだけを更新できそうですね。

リスト3-7 2つの条件式を組み合わせる

```
01  UPDATE 湊くんの買い物リスト
02    SET 価格 = 6200
03  WHERE 名称 = 'スッキリ勇者クエスト'
04    AND 販売店 = 'B'
```

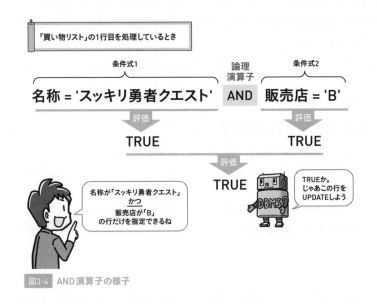

図3-4 AND演算子の様子

このように、ANDとORは、右辺と左辺の両方に条件式を必要とする演算子です。一方、右辺しか必要としないNOT演算子も存在します。NOT演算子は、条件式の結果について、真は偽に、偽は真に逆転させる性質を持っています。

NOT演算子による真偽値の逆転

NOT 条件式

たとえば、`WHERE NOT 販売店 = 'B'` という記述で、「販売店がB以外の行」を取り出すことができます。

> `WHERE 販売店 <> 'B'` って書くのと同じ意味なのね。

3.4.2 論理演算子の優先度

論理演算子で条件式を組み合わせるときは、演算子が評価される優先順位に注意を払う必要があります。複数の論理演算子が使われている場合、NOT→AND→ORの優先順位に従って処理されていきます。

特に、ANDとORの優先順位についてはしっかり覚えておきましょう。

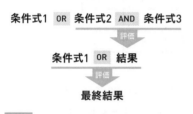

図3-5 ANDとORの優先順位

たとえば、テーブル3-2の買い物リスト（p.91）から「販売店AかBで売っている、ゲームかDVD」を検索したいとしましょう。このとき、リスト3-8を実行すると、意図に反して2行目以外のすべての行が返されてしまいます。

リスト3-8 複数の論理演算子を使ったSELECT文

```
01  SELECT * FROM 湊くんの買い物リスト
02    WHERE 販売店 = 'A'          /* 条件式1 */
03      OR 販売店 = 'B'          /* 条件式2 */
04    AND カテゴリ = 'ゲーム'      /* 条件式3 */
05      OR カテゴリ = 'DVD'       /* 条件式4 */
```

これは、ORよりもANDの優先順位が高いため、DBMSがまず条件式2と3を先に評価し、その結果と条件式1と4をORで評価してしまったためです。

このようなときは、次のリスト3-9のように条件式にカッコを付けると、その評価の優先順位を引き上げることができます。

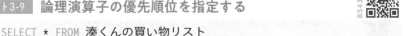

リスト3-9 論理演算子の優先順位を指定する

```
01  SELECT * FROM 湊くんの買い物リスト
02    WHERE ( 販売店 = 'A'           /* 条件式1 */
03      OR    販売店 = 'B')          /* 条件式2 */
04    AND ( カテゴリ = 'ゲーム'       /* 条件式3 */
05      OR   カテゴリ = 'DVD')        /* 条件式4 */
```

リスト3-9の結果表

カテゴリ	名称	販売店	価格
ゲーム	スッキリ勇者クエスト	B	7140
DVD	スッキリわかるマンモスの倒し方	A	5250
DVD	スッキリわかるマンモスの倒し方	B	7140

　DBMSは、カッコでくくられた条件式1と2、3と4をそれぞれORで処理し、最後にその結果をANDで評価します。これで目的どおり、結果表のように「販売店AかBで売っている、ゲームかDVD」の行を得ることができます。

カッコによる優先順位の引き上げ

条件式をカッコでくくると、評価の優先順位が上がる。

3.5 主キーとその必要性

3.5.1 思いどおりに削除できない！？

> う～ん……やっぱりダメだ！ どうしても上の行だけをDELETE できない！

> 困ったわね。でも、この家計簿テーブルの作りなら仕方ないかもね。

湊くんが悩んでいるのは、テーブル3-3のような状態の家計簿テーブルです。

テーブル3-3 チョコレートの購入が同じ日に2回ある家計簿

日付	費目	メモ	入金額	出金額
2024-03-03	食費	チョコレートを購入	0	100
2024-03-03	食費	チョコレートを購入	0	100
2024-03-06	教養娯楽費	月刊SQLを購入	0	1280

このテーブルには、3月3日にチョコレートの購入記録が2件あります。出勤前にチョコレートを買ったあと、仕事帰りにどうしてもまた同じ商品を食べたくなって買ってしまったのかもしれません。

ここで、このテーブルの1行目だけを削除する方法を考えてみましょう。しかし、いざDELETE文を書こうとすると、湊くんのように、WHERE句に条件式を書こうとするところで手が止まってしまうはずです。たとえば、`DELETE FROM 家計簿 WHERE 日付 = '2024-03-03' AND 出金額 = 100` としても、1行目と2行目の両方が削除されてしまいます。

WHERE に「上の行を」って指定したいだけなのよね…。

　紙面では「上の行」「下の行」などと表現できますが、データとしてはこの2つの行はまったく同じものであり、それぞれを区別する手段がありません。そして、行を区別できなければ、ある特定の行だけを指定して操作することができない状況を意味します。

重複した行がもたらす問題

内容が完全に重複した行が存在すると、そのうちのある行だけを識別することはできない。従って、ある行だけを操作することもできない。

　このような理由から、よほど特殊なケースを除いて、テーブルの中に重複した行が格納される状況は避けるべきとされています。家計簿テーブルの場合、さきほどのように、1日に何度もまったく同じ内容の買い物をすると、どうしても重複した行を記録せざるを得ないため、そもそもテーブルの構造自体に問題があるといえます。

3.5.2　特定の行を識別する方法

絶対に行が重複しないテーブルならいいんだね。

そうよ。決して行が重複しないテーブルの例を見てみましょう。

　ここで、ある会社の社員情報を格納している社員テーブルを見てみましょう。

テーブル3-4 社員テーブル

社員番号	年齢	性別	名前
2005031	45	1	ヨシダ　シゲル
2005032	45	1	ヨシダ　シゲル
2015011	31	1	スガワラ　タクマ
2022001	22	1	ミナト　ユウスケ
2022002	24	2	アサカ　アユミ

　この会社には、「ヨシダ　シゲル」さんという同姓同名で年齢も性別も同じ社員が2名在籍しています。しかし、次のようにして「上の行」のヨシダシゲルさんだけを削除することができます。

リスト3-10　**上のヨシダシゲルさんだけを削除する**

```
01  DELETE FROM 社員
02    WHERE 社員番号 = '2005031' /* 社員番号で対象行を特定*/
```

　同姓同名にもかかわらず、削除したい行を正しく識別できるのは、このテーブルが「社員番号」という列を持っているおかげです。加えて、この「社員番号」が、次のような特殊な条件を満たす情報である点も非常に重要です。

 「社員番号」が備える特殊な性質

・社員番号を持たない社員は存在しない。
・同じ社員番号が、異なる社員に割り振られることはない。

 ということは…「社員テーブルで行が重複する状況はありえない」のね！

　社員テーブルにおける社員番号のように、「この値を指定すれば、ある1行を完全に特定できる」役割を担う列を、特に主キー（primary key）といいます。主キーとなる列は、次のような特性を持っています。

主キーとなる列が持つべき特性

・必ず何らかのデータが格納される（NULLではない）。
・ほかの行と値が重複しない。
・一度決めた値は変化しない。

　私たちがデータベースで情報を管理する場合、ある特定の行を削除したり更新したりする操作は頻繁に発生します。従って、あらゆる行をいつでも自由にWHERE句で特定できるためにも、**すべてのテーブルは主キーとなる列を必ず持つべき**なのです。

3.5.3 主キー列を作り出す

> でも、家計簿テーブルにはそんな列はないみたい…。

> なければ作ってあげればいいのよ。というより、作るべきなの。

　社員情報を管理するために社員テーブルを作ろうと考える過程で、「名前」や「性別」などに加えて、「社員番号」という列も自然に思いつくでしょう。自然に登場し、主キーの役割を果たすことのできる「社員番号」のような列は、**自然キー**(natural key) と呼ばれます。
　一方、家計簿テーブルの場合、「日付」「出金額」「入金額」など思いつくままに列を作っていっても、主キーの役割を果たせる列は登場しません。このような場面では、特定の行を識別可能にするために、**主キーの役割を担う列を無理矢理作ってしまう**のが一般的です。家計簿テーブルの場合、「1回の入出金行為」それぞれに連番で番号を振り、「入出金ID」のような列として管理するとよいでしょう。

朝チョコを買った行為	夕方チョコを買った行為	翌日給料をもらった行為
入出金ID: 102	入出金ID: 103	入出金ID: 104
出金 ¥100	出金 ¥100	入金 ¥250,000

図3-6 入出金行為ごとに番号を振って、管理する

「入出金ID」列のように、管理目的のためだけに人為的に追加された列を、自然キーに対して人工キー（artificial key）や代替キー（surrogate key）といいます。

よし！　さっそく家計簿テーブルにも主キーを追加しようよ！

…と言いたいところだけど、実際にテーブルに列を追加する方法は、第Ⅲ部で紹介するわ。それまでは、主キー列なしの家計簿テーブルを使っていきましょう。

3.5.4　複数の列で行を識別する

これまで解説してきたように、内容が重複する可能性のある列は主キーとして利用できません。しかし、単独では重複の可能性がある列でも、複数の列を組み合わせれば重複する可能性が実質的になくなる場合があります。

次ページの図3-7の場合、氏名、住所、生年月日の3つの列を組み合わせれば主キーとして扱えます。このように、複数の列を1つの主キーとするものを複合主キー（composite key）といいます。

各列は、単独では重複する可能性があり「主キー」の役割を果たせない

氏名	住所	生年月日	コメント
タナカ イチロウ	東京都千代田区X-X-X	1980-12-01	従兄弟
タナカ ハナコ	東京都千代田区X-X-X	2000-03-05	イチロウさんの長女
タナカ ハナコ	福岡県福岡市X-X-X	1980-12-01	大学時代の友人

これら3つの列で1つの主キーを構成
（複合主キー）

図3-7 複数列を組み合わせれば、実質的に重複しない

「カッコよくて」、「最高で」、「SQL男子な」湊は、この世にただ1人ってことかな？

column

もう1つの代替キー

　すでにテーブルに自然キーが存在するにも関わらず、管理上の理由などからあえて人工キーの列が追加されることがあります。どちらの列も一意に行を識別できるため主キーの役割を担うことができ、**候補キー**（candidate key）といわれます。最終的には、どちらかを主キーに選んで行の識別に用います。選ばれなかった候補キーを**代替キー**（alternative key）と呼ぶ場合がありますが、代替キー（surrogate key、p.99）とは日本語訳が偶然重複したに過ぎず、意味も概念も異なるため注意してください。

3.6 { この章のまとめ

3.6.1 この章で学習した内容

WHERE句

- WHERE句は、SELECT、UPDATE、DELETE文で使うことができる。
- WHERE句に記述した条件式によって、対象データを絞り込むことができる。
- 条件式で真に評価されるデータが処理の対象となる。

演算子

- 条件式には比較演算子と論理演算子を記述できる。
- 論理演算子は、NOT、AND、ORの順で優先度が高く、先に評価される。

NULL

- NULLは、値が不明または無意味であるためにデータが格納されていない状態を表す。
- NULLを判定するには、イコール記号ではなく、IS NULLとIS NOT NULLを用いる。

主キー

- 主キーによって、テーブル内の1つひとつの行が識別可能になる。
- 主キーとなる列には、重複しない値が必ず格納される必要がある。
- 自然キーが存在しない場合は、人工キーを追加して識別可能にする。
- 複数の列を組み合わせて複合主キーを構成し、行を識別できる。

3.6.2 この章でできるようになったこと

3月1日に支払った食費の内容を知りたい。

※ QR コードは、この項のリストすべてに共通です。

```
01  SELECT * FROM 家計簿
02   WHERE 日付 = '2024-03-01' AND 費目 = '食費'
```

BS43a

支出に関係のない行を取り出したい。

```
01  SELECT * FROM 家計簿
02   WHERE 出金額 IS NULL
```

メモに「購入」を含む支払いを調べたい。

```
01  SELECT * FROM 家計簿
02   WHERE メモ LIKE '%購入%' AND 出金額 > 0
```

住居費（家賃、電気代、水道代）の支払いを調べたい。

```
01  SELECT * FROM 家計簿
02   WHERE 費目 IN ('家賃', '電気代', '水道代')
```

3月の行だけを取り出したい。

```
01  SELECT * FROM 家計簿
02   WHERE 日付 BETWEEN '2024-03-01' AND '2024-03-31'
```

3.7 練習問題

問題3-1

　ある都市の1年間の毎月の気象データを記録した気象観測テーブルがあります。このテーブルについて、次に挙げるデータを取得するSQL文を作成してください。

気象観測テーブルの定義

列名	データ型	備考
月	INTEGER	1～12のいずれかの値
降水量	INTEGER	観測データがない場合はNULL
最高気温	INTEGER	観測データがない場合はNULL
最低気温	INTEGER	観測データがない場合はNULL
湿度	INTEGER	観測データがない場合はNULL

1. 6月のデータ
2. 6月以外のデータ
3. 降水量が100未満のデータ
4. 降水量が200より多いデータ
5. 最高気温が30以上のデータ
6. 最低気温が0以下のデータ
7. 3月、5月、7月のデータ※
8. 3月、5月、7月以外のデータ※
9. 降水量が100以下で、湿度が50より低いデータ
10. 最低気温が5未満か、最高気温が35より高いデータ
11. 湿度が60～79の範囲にあるデータ※
12. 観測データのない列のある月のデータ

※ 7、8、11については2種類の記述方法があります。

問題3-2

　問題2-3（p.72）で用いた都道府県テーブルについて、次のデータを取得するSQL文を作成してください。

1. 都道府県名が「川」で終わる都道府県名
2. 都道府県名に「島」が含まれる都道府県名
3. 都道府県名が「愛」で始まる都道府県名
4. 都道府県名と県庁所在地が一致するデータ
5. 都道府県名と県庁所在地が一致しないデータ

問題3-3

　学生ごとに各科目の成績を登録する成績表テーブルがあります。このテーブルについて、以下の1〜6の設問で指示された動作をするSQL文を作成してください。なお、設問1〜6で作成するSQL文は、順に実行することを前提とします。

成績表テーブルの定義

列名	データ型	備考
学籍番号	CHAR(4)	学生の学籍番号
学生名	VARCHAR(20)	学生の名前
法学	INTEGER	法学の点数
経済学	INTEGER	経済学の点数
哲学	INTEGER	哲学の点数
情報理論	INTEGER	情報理論の点数
外国語	INTEGER	外国語の点数
総合成績	CHAR(1)	総合評価

1. 登録されている全データを取得し、テーブルの内容を確認する。
2. 次の表にある学生の成績データを追加する。

学籍番号	学生名	法学	経済学	哲学	情報理論	外国語	総合成績
S001	織田　信長	77	55	80	75	93	(NULL)
A002	豊臣　秀吉	64	69	70	0	59	(NULL)
E003	徳川　家康	80	83	85	90	79	(NULL)

3. 学籍番号S001の学生の法学を85、哲学を67に修正する。
4. 学籍番号A002の学生と学籍番号E003の学生の外国語を81に修正する。

5. 次のルールで総合成績を更新する (4つのルールごとにSQL文を作成する)。なお、ルールは（1）から順に適用されるものとする。
   (1) 全科目が80以上の学生は「A」とする。
   (2) 法学と外国語のどちらかが80以上、かつ経済学と哲学のどちらかが80以上の学生は「B」とする。
   (3) 全科目が50未満の学生は「D」とする。
   (4) それ以外の学生を「C」とする。
6. いずれかの科目に0がある学生を、成績表テーブルから削除する。

問題3-4

　問題3-1の気象観測テーブル、問題3-2の都道府県テーブル、問題3-3の成績表テーブルについて、主キーにふさわしい列名をそれぞれ回答してください。

1. 気象観測テーブル
2. 都道府県テーブル
3. 成績表テーブル

---

column

時刻情報を含む日付の判定

　DATE 型を条件式に用いる場合は、時刻についての考慮が必要です。
　たとえば、2024年3月以前のデータを抽出するために、`日付 <= '2024-03-31'` とした場合、時刻を指定していないため、DBMSによっては `2024-03-31 00:00:00` と解釈される可能性があります。その結果、`2024-03-31 10:30:00` などのデータはこの条件には合致せず、正しい結果を得ることができません。そこで、このような落とし穴を回避するために、判定の基準となる日付の翌日より過去という条件で、`日付 < '2024-04-01'` を指定します。
　なお、本書ではDATE型に時刻情報を含まない前提で解説しています。

chapter 4
検索結果の加工

これまでSELECT文は、抽出の対象である選択列リスト、
抽出元であるFROM句、抽出の条件であるWHERE句から
成り立っていると紹介しました。
SELECT文はさらに、検索した結果を加工し、
目的に合わせて整形する指示もできます。
この章ではSELECT文にスポットを当て、
その多様な修飾方法を見ていきます。

contents

4.1 ⎰ 検索結果の加工

4.1.1 SELECT文だけに可能な修飾

　私たちは、第2章でSQLの4大命令に関する構文の全体像（図2-4）を学びました。とても重要なので、もう一度ここで確認しておきましょう。

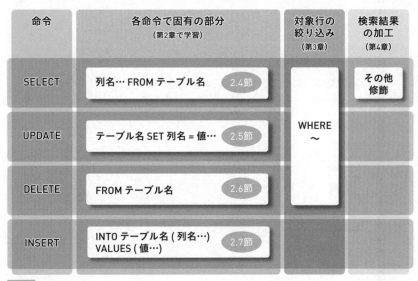

命令	各命令で固有の部分 （第2章で学習）	対象行の 絞り込み （第3章）	検索結果 の加工 （第4章）
SELECT	列名… FROM テーブル名　2.4節	WHERE 〜	その他 修飾
UPDATE	テーブル名 SET 列名 = 値…　2.5節		
DELETE	FROM テーブル名　2.6節		
INSERT	INTO テーブル名 (列名…) VALUES (値…)　2.7節		

図4-1 SQLの体系図（図2-4の再掲）

　前章では、これらの構文のうち、INSERT文以外の命令に共通して利用可能なWHERE句について学びました。そして第I部最後となるこの章では、さらにSELECT文にだけ付けることのできる修飾について紹介していきます。

> SELECTにしか付けられない修飾って、いったいどんなものがあるのかな？

> SELECTで得られた検索結果を加工するために便利なものがいろいろと揃っているのよ。

これから紹介するSELECT文専用の修飾は、大きく捉えれば、どれも「SELECT文によって得られた検索結果をさまざまな形に加工するためのもの」です。

多くのDBMSでは、SELECTによる検索とともに、検索結果に対する加工の指示も可能です。SELECTによる結果を得るまでの過程は、次の図4-2のような2段階の処理を考えるとイメージしやすいでしょう。

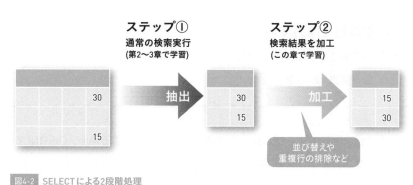

図4-2 SELECTによる2段階処理

次節からは、表4-1に挙げた6つの修飾語を順に紹介していきます。

表4-1 検索結果を加工する主なキーワード

キーワード	内容	解説
DISTINCT	検索結果から重複行を除外する	4.2 節
ORDER BY	検索結果の順序を並べ替える	4.3 節
OFFSET - FETCH	検索結果から件数を限定して取得する	4.4 節
UNION	検索結果にほかの検索結果を足し合わせる	4.5 節
EXCEPT	検索結果からほかの検索結果を差し引く	
INTERSECT	検索結果とほかの検索結果で重複する部分を取得する	

4.2 DISTINCT — 重複行を除外する

4.2.1 値の一覧を得る

DISTINCT キーワードをSELECT文の選択リストの前に記述すると、結果表の中で内容が重複している行があれば、その重複を取り除いてくれます。

- -

 重複行を除外する

> SELECT DISTINCT 列名…
>   FROM テーブル名

- -

たとえば、家計簿テーブルから入金額の列のみを抽出する場合、DISTINCTを付けるか付けないかで検索結果が変わってきます（リスト4-1、リスト4-2）。

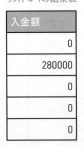

リスト4-1 DISTINCT なし

```
01  SELECT 入金額 FROM 家計簿
```

リスト4-1の結果表

入金額
0
280000
0
0
0

リスト4-2 DISTINCT あり

```
01  SELECT DISTINCT 入金額
02     FROM 家計簿
```

リスト4-2の結果表

入金額
0
280000

DISTINCTの機能はわかったけど、これっていったい何の役に立つんだろう？

　DISTINCTは、データの種類を取得したい場面で役立ちます。たとえば、家計簿テーブルの費目には、「食費」「水道光熱費」「給料」などの支出の記録が何度も登場するでしょう。このとき、DISTINCTを使って重複した費目を取り除けば、どのような種類の支出があったかを一覧で抽出できます（リスト4-3、図4-3）。

リスト4-3　費目一覧の取得

```
01  SELECT DISTINCT 費目
02    FROM 家計簿
```

ステップ①
SELECT 費目

ステップ②
DISTINCT

単位：百円

:	費目	入	出
	食費	0	3
	食費	0	10
	給料	2800	0
	教養娯楽費	0	12
	交際費	0	50
	食費	0	8
	水道光熱費	0	35
	食費	0	11
	食費	0	9

抽出 →

費目
食費
食費
給料
教養娯楽費
交際費
食費
水道光熱費
食費
食費

加工 →

費目
食費
給料
教養娯楽費
交際費
水道光熱費

費目はこの
5種類なのね

図4-3　DISTINCTによる重複行の排除

このDISTINCT修飾は、ほかの修飾キーワードと違って、SELECT文の最初に、選択列リストよりも先に書く必要があるから注意してね。

4.3 〉 ORDER BY — 結果を並べ替える

4.3.1 並び替えの基本

SELECT文の最後にORDER BY句を記述すると、指定した列の値を基準として並び替えた検索結果を取得できます。

 検索結果を並べ替える

> SELECT 列名… FROM テーブル名
> ORDER BY 列名 並び順

※ 並び順には、ASCまたはDESCを指定する（省略するとASCと同じ意味になる）。

ORDER BY句は、検索結果の並び替えを指示する修飾です。SELECT文の最後に、並び替えの基準とする列名と並び順を指定します。並び順は、昇順にする場合はASC、降順にする場合はDESCを記述します。ただし、ORDER BY句の初期値は昇順ですので、並び順の指定を省略すると、昇順で並び替えられます。

なお、ORDER BY句に文字列を指定すると、DBMSに設定された照合順序（文字コード順、アルファベット順など）を基準として並べ替えられます。

それでは、家計簿テーブルで実際に並び替えをしてみましょう。リスト4-4は出金額を昇順で、リスト4-5は日付を降順で並べ替えた例です。

リスト4-4 出金額の昇順に並べ替えて取得する

```
01  SELECT * FROM 家計簿
02  ORDER BY 出金額
```

リスト4-4の結果表

日付	費目	メモ	入金額	出金額
2024-02-10	給料	1月の給料	280000	0
2024-02-03	食費	コーヒーを購入	0	380
2024-02-11	教養娯楽費	書籍を購入	0	2800
2024-02-14	交際費	同期会の会費	0	5000
2024-02-18	水道光熱費	1月の電気代	0	7560

リスト4-5 日付の降順に並べ替えて取得する

```
01  SELECT * FROM 家計簿
02  ORDER BY 日付 DESC
```

リスト4-5の結果表

日付	費目	メモ	入金額	出金額
2024-02-18	水道光熱費	1月の電気代	0	7560
2024-02-14	交際費	同期会の会費	0	5000
2024-02-11	教養娯楽費	書籍を購入	0	2800
2024-02-10	給料	1月の給料	280000	0
2024-02-03	食費	コーヒーを購入	0	380

お買い物サイトの「売れ筋ランキング」表示なんかも、きっと内部ではORDER BYを使ってるのね。

4.3.2 複数の列を基準にした並び替え

ORDER BY句による並び替えでは、複数の列をカンマで区切って指定できます。このような指定を行うと、最初に指定された列で並べ替えて同じ値が複数行あれば、次に指定された列で並び替えが行われます。

たとえば、「原則として入金額の降順で並べ替える。入金額が等しい行については、さらに出金額の降順で並べ替える」という指定をするには、次ページのリスト4-6のようなSQL文を作成します。

リスト4-6 複数の列で並べ替える

```
01  SELECT * FROM 家計簿
02  ORDER BY 入金額 DESC, 出金額 DESC
```

リスト4-6の結果表

日付	費目	メモ	入金額	出金額
2024-02-10	給料	1月の給料	280000	0
2024-02-18	水道光熱費	1月の電気代	0	7560
2024-02-14	交際費	同期会の会費	0	5000
2024-02-11	教養娯楽費	書籍を購入	0	2800
2024-02-03	食費	コーヒーを購入	0	380

この例のように、ORDER BY句に列挙した列それぞれに対して、昇順で並べるか降順で並べるかを指定できます。

4.3.3 列番号を指定した並び替え

また、ORDER BY句では、並び替えの基準とする列を列名ではなく列番号で指定することも可能です。列番号とは、選択列リストにおける列の順番をいい、SELECT命令に記述した順に1から数えます。さきほどのリスト4-6を列番号で書き換えてみましょう。

リスト4-7 列番号を指定するORDER BY句

```
01  SELECT * FROM 家計簿
02  ORDER BY 4 DESC, 5 DESC
```

このように、テーブルの全列を指定するアスタリスク（*）を選択列リストに使った場合も、実際に取得の対象となる列に置き換えた列番号を指定します。

ORDER BY句における列指定に列番号を用いる場合、**SELECT文の選択列リストの記述を修正したり、テーブルの構成が変更になったりすると、並び替えの結果にも影響が及ぶ点には注意が必要です**（図4-4）。

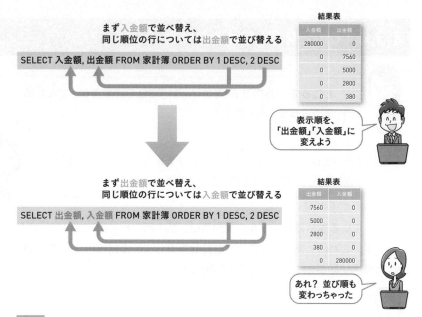

図4-4 列番号指定による副作用

　このような落とし穴もあることから、列番号による指定を用いる機会はあまり多くはありません。ただ、後述するUNIONなどの集合演算子を使う場合は、単純な列名指定が行えないという制約があるため、列番号で指定せざるを得ない場面もあります。

これで出費ランキングとか作れるようになったね！

そうね、並び替えができるようになると、目的に応じた見やすい結果表を作りやすくなるわね。

4.3.4 ORDER BY を付けないと…

ところで、ORDER BYを付けないでSELECTすると、どんな順序で返ってくると思う？

そういえばあんまり意識したことありませんでした。これまでの家計簿テーブルは日付順になっていたような…。

掲載している家計簿テーブルの結果表は、基本的に日付順に並べて紹介しています。これは、あえてそのような見せ方をしているだけで、必ずしも毎回この順序で結果が表示されるとは限りません。

えっ…。でも、実行結果はいつも同じ順番だったよ。

湊くんのように、これまで結果表の並び順が「いつも同じだった」という人もいるでしょう。しかしそれはただの偶然でしかありません。

ORDER BY句を伴わない場合、DBMSはどのような順序で行を返すか保証していません。同じSELECT文でも実行のたびに結果表に含まれる行の内容が変わる可能性もあるため、「必ずこの順番で並べた結果がほしい」という場面では、ORDER BY句を忘れずに記述しましょう。

ORDER BY句を付けないと順序保証されない

ORDER BY句を付けないSELECT文では、結果表の並び順は、実質的に「ランダム」である。

ORDER BY句を指定しても、結果が「同じ順位」になる行は順序保証がなくなっちゃうから気をつけてね。

4.4 OFFSET - FETCH ― 行数を限定して取得する

4.4.1 一部の行だけを得る

> ORDER BYは便利だけど、トップ5とかトップ3みたいに、見た
> いところだけ取得できたらもっと便利なんだけど。

検索結果の全行ではなく、並べ替えた結果の一部の行だけを得られればよいケースもあります。そのような場合、ORDER BY句に続けて OFFSET -
FETCH句を付けると簡単に実現できます。

📖 行数を限定して取得する

SELECT 列名… FROM テーブル名
ORDER BY 列名…
OFFSET 先頭から除外する行数 ROWS
FETCH NEXT 取得行数 ROWS ONLY

※ MySQL、MariaDB（10.6未満）、SQLiteではサポートされない。リスト4-10を参照。
※ 指定する行数が1の場合は ROW 、除外しない場合は FETCH FIRST のように自然な英文で表現が可能。

OFFSET句には、先頭から除外したい行数を記述します。除外せずに1件目から取得したい場合には0を指定するか、DBMSによってはOFFSET句自体を省略できます。FETCH句には、取得したい行数を指定します。FETCH句を省略すると、該当するすべての行が抽出されます。

家計簿テーブルを例に、2つの使い方を見てみましょう。次ページのリスト4-8とリスト4-9を見てください。

リスト4-8 出金額の高い順に3件を取得する

```
01  SELECT 費目, 出金額 FROM 家計簿
02  ORDER BY 出金額 DESC
03  OFFSET 0 ROWS
04  FETCH NEXT 3 ROWS ONLY
```

リスト4-8の結果表

費目	出金額
水道光熱費	7560
交際費	5000
教養娯楽費	2800

リスト4-9 3番目に高い出金額だけを取得する

```
01  SELECT 費目, 出金額 FROM 家計簿
02  ORDER BY 出金額 DESC
03  OFFSET 2 ROWS
04  FETCH NEXT 1 ROWS ONLY
```

リスト4-9の結果表

費目	出金額
教養娯楽費	2800

このように、OFFSET - FETCH句は、通常ORDER BY句と併用される機能ですが、SQL Serverを除き、OFFSET - FETCH句だけでも使用可能です。ただしその場合は、どのような並び順で返ってくるかは実行してみるまでわかりません（4.3.4項）。

なお、OFFSET - FETCH句に対応していないDBMSも存在します。OFFSET - FETCH句を用いずに、行数を限定して取得する方法をリスト4-10に示します。これらはいずれもリスト4-8と同様の動きをします。

リスト4-10 取得行数を限定する別の方法

```
01  --LIMITの利用
02  -- (MySQL、MariaDB、PostgreSQL、SQLite、H2 Database)
03  SELECT 費目, 出金額 FROM 家計簿
04   ORDER BY 出金額 DESC LIMIT 3
05
06  -- ROW_NUMBER()の利用 (SQLiteを除く)
07  SELECT K.費目, K.出金額
08    FROM (
09      SELECT *,
10          ROW_NUMBER() OVER (ORDER BY 出金額 DESC) RN
11       FROM 家計簿
12    ) K
13   WHERE K.RN >= 1 AND K.RN <= 3
14
15  -- ROWNUMの利用 (Oracle DB)
16  SELECT 費目, 出金額
17    FROM (
18     SELECT K.*, ROWNUM AS RN
19       FROM (
20        SELECT * FROM 家計簿
21         ORDER BY 出金額 DESC
22       ) K
23    )
24   WHERE RN >= 1 AND RN <= 3
25
26  -- TOPの利用 (SQL Server)
27  SELECT TOP(3) 費目, 出金額
28    FROM 家計簿 ORDER BY 出金額 DESC
```

> OFFSETで除外する行数の指定も可能

> 指定条件での順序を返す命令

> 結果表の行番号を表す予約語

4.5 集合演算子

4.5.1 集合演算子とは

> 家計簿DBをずっと使えるように、家計簿テーブルを2つに分割
> してみたんです。

　データベースを長期間利用していると、テーブルに格納する行数が膨大に
なり、処理が遅くなってしまう恐れがあります。そこで朝香さんは、これま
で家計簿テーブルに格納してきたデータを2つのテーブルに分けて管理する
ことにしたようです。前月までのデータはすべて「家計簿アーカイブ」（テー
ブル4-1）という別のテーブルに移し、家計簿テーブル（テーブル4-2）には
常に今月のデータだけを格納するようにします（図4-5）。

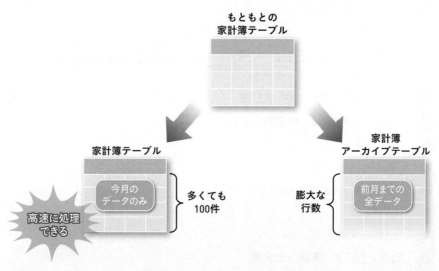

図4-5 テーブル分割による処理効率の改善

テーブル4-1 家計簿アーカイブテーブル

日付	費目	メモ	入金額	出金額
2023-12-10	給料	11月の給料	280000	0
2023-12-18	水道光熱費	水道代	0	4200
2023-12-24	食費	レストランみやび	0	5000
2023-12-25	居住費	1月の家賃支払い	0	80000
2024-01-10	給料	12月の給料	280000	0
2024-01-13	教養娯楽費	スッキリシネマズ	0	1800
2024-01-13	食費	新年会	0	5000
2024-01-25	居住費	2月の家賃支払い	0	80000

テーブル4-2 家計簿テーブル

日付	費目	メモ	入金額	出金額
2024-02-03	食費	コーヒーを購入	0	380
2024-02-10	給料	1月の給料	280000	0
2024-02-11	教養娯楽費	書籍を購入	0	2800
2024-02-14	交際費	同期会の会費	0	5000
2024-02-18	水道光熱費	1月の電気代	0	7560

でも、これまでの全データを表示したいときは、両方のテーブルをSELECTしないといけないから面倒かも…。

　朝香さんの言うとおり、すべてのデータを見るために、家計簿テーブルと家計簿アーカイブテーブルに対して都合2回も同じSELECT文を実行しなければならないとすると、確かに少し面倒です。

大丈夫、こんなときにうってつけの便利なしくみがあるのよ。

　今回のように、構造がよく似た複数のテーブルにSELECT文をそれぞれ送り、その結果を組み合わせたい場合は、集合演算子を活用して1つのSQL文で目的を達成することができます。

　集合演算とは、SELECTによって抽出した結果表を1つのデータの集合と
捉え、その結果同士を足し合わせたり、共通部分を探したりというような演
算を行ってくれるしくみです。SQLでは、3つの集合演算を利用できます。

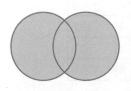 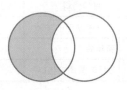 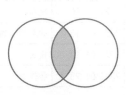

UNION **EXCEPT (MINUS)** **INTERSECT**

和集合 **差集合** **積集合**

2つの検索結果を
足し合わせたもの

最初の検索結果から
次の検索結果と重複する
部分を取り除いたもの

2つの検索結果で
重複するもの

図4-6 代表的な3つの集合演算

4.5.2 UNION − 和集合を求める

　UNION演算子は、最も代表的な集合演算子です。2つのSELECT文をUNION
でつないで記述すると、それぞれの検索結果を足し合わせた結果（和集合）
が返されます（図4-7）。

2つのSELECT文の結果を足し合わせる

```
SELECT 文1
UNION (ALL)
SELECT 文2
```

　また、和集合の結果に重複行があった場合、UNION単独では重複行を1行
にまとめるのに対し、UNION ALLでは重複行をまとめずにすべてそのまま返
します。

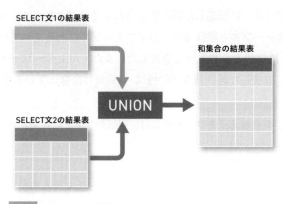

図4-7 UNIONによる検索結果の和集合が求められる様子

それでは、家計簿テーブル（テーブル4-1）と家計簿アーカイブテーブル（テーブル4-2）を使って、実際に動作を確認してみましょう。

リスト4-11 和集合を取得する

```
01  SELECT 費目, 入金額, 出金額 FROM 家計簿
02  UNION
03  SELECT 費目, 入金額, 出金額 FROM 家計簿アーカイブ
04  ORDER BY 2, 3, 1
```

リスト4-11の結果表

費目	入金額	出金額
食費	0	380
教養娯楽費	0	1800
教養娯楽費	0	2800
水道光熱費	0	4200
交際費	0	5000
食費	0	5000
水道光熱費	0	7560
居住費	0	80000
給料	280000	0

集合演算は、選択列リストに記述した列の組み合わせで処理されます。リスト4-11では、家計簿テーブルと家計簿アーカイブテーブルにあるすべての行が抽出され、1つの結果表として返ってきました。また、ALLキーワードが付いていないため、重複した居住費などの行は、1行だけになっています。

> ただし、集合演算子を使うためには、選択列リストに注意が必要よ。

集合演算子は、複数の検索結果を1つの結果表として返してくれますが、それぞれの検索結果の列数が異なったり、データ型がバラバラだったりすると、DBMSは1つの結果表にまとめることができません。そのため、それぞれのSELECT文で取得するテーブルの列数とデータ型をぴったりと一致させておく必要があります。

集合演算子を使える条件

SELECTの結果を集合演算子でまとめるときは、選択列リストの列数とそれぞれのデータ型が一致していなければならない。

これを逆手に捉えると、列数とデータ型さえ一致していれば、格納しているデータがまったく異なるテーブルや列でもひとまとめにして抽出することができます。

また、1つのテーブルに格納されたデータを複数の異なる条件で抽出したい場合にもUNIONは活用できます。必要なWHERE条件を記述したSELECT文を複数用意し、UNIONで1つのSQL文としてまとめれば、SQLの実行回数を抑えることが可能になります。

1つの集合演算子がまとめることのできる検索結果は2つだけですが、さらに別の集合演算子を記述すれば、3つ以上の検索結果について集合演算が可能です。その場合は、UNIONだけでなく、後述するほかの種類の集合演算子を組み合わせることもできます。

なお、集合演算子を使ったSQL文でORDER BY句による並び替えをする場合には、次の点に注意してください。

集合演算でORDER BY句を使うときの注意点

・ORDER BY句は最後のSELECT文に記述する。
・列番号以外（列名やASによる別名）で並び替えるには、1つめの
　SELECT文に記述したものを指定する。

column

列数が一致しないSELECT文をつなげるには

　選択列リストの数が合わないSELECT文に対してどうしても集合演算子を使い
たい場合は、列数が少ないほうの選択列リストにNULLやその他のリテラルを追
加すれば、列の数を一致させることができます。

4.5.3 | EXCEPT／MINUS － 差集合を求める

　差集合は、ある集合と別の集合の差です。あるSELECT文の検索結果に存
在する行から、別のSELECT文の検索結果に存在する行を差し引いた集合と
なります。差集合を得るには、EXCEPT演算子を用います。

2つのSELECT文の結果の差を得る

SELECT 文1
EXCEPT (ALL)
SELECT 文2

※ Oracle DBでは、MINUSキーワードを使用する。

　EXCEPT ALL は、和集合と同様に重複した行を1行にまとめずにそのまま
返します。

差集合を求める場合は、SELECT文を記述する順番に注意が必要です。前項で紹介した和集合は、各集合に存在するすべての要素の集合なので、A UNION Bでも、B UNION Aでも、結果に影響はありません。しかし差集合は、どの集合を基準とするかによって結果が変わってきます。これは、1＋2と2＋1の結果は同じでも1−2と2−1の結果は異なるのと同様です。

具体的な例で確認してみましょう。次のSQL文で求められるものは何かしら？

リスト4-12 差集合を取得する

```
01  SELECT 費目 FROM 家計簿
02  EXCEPT
03  SELECT 費目 FROM 家計簿アーカイブ
```

ええっと、今月の家計簿にある費目から、過去の家計簿にある費目を差し引くから…。

リスト4-12の結果表

費目
交際費

リスト4-12は、家計簿アーカイブテーブル（先月までのデータ）には存在せず、家計簿テーブル（今月のデータ）には存在する費目、つまり「今月初めて登場した費目」を取得するSQL文です。家計簿テーブルの費目の列に着目して、家計簿アーカイブテーブルに登場している居住費や給料などの行を除いた結果、交際費の行のみが取り出されました。

なお、EXCEPTとMINUSも、前項で紹介した「集合演算子を使える条件」（p.124）を満たす必要があります。ORDER BY句を使うときの注意点も同様です。

4.5.4 | INTERSECT － 積集合を求める

INTERSECT演算子で求めることができる積集合とは、2つのSELECT文に
共通する行を集めた集合です。SQLで積集合を求めるには、次のように記述
します。

 積集合を求める

> SELECT 文1
> INTERSECT (ALL)
> SELECT 文2

積集合は和集合と同じく、どの順番でSELECT文を記述しても結果は変わ
りません。また、INTERSECTにALLキーワードを付けると、重複した行を
まとめずにそのまま返します。

リスト4-13 積集合を取得する

```
01  SELECT 費目 FROM 家計簿
02  INTERSECT
03  SELECT 費目 FROM 家計簿アーカイブ
```

リスト4-13の結果表

費目
食費
給料
教養娯楽費
水道光熱費

リスト4-13は、家計簿テーブルと家計簿アーカイブの両方にある費目を取
得するSQL文です。どちらのテーブルにも共通して存在する、4つの費目が
積集合として取り出されました。

なお、INTERSECTも、集合演算が使える条件を満たす必要があります。ORDER BY句の使い方も同様です。

ここまでで、SQLの基礎は終了よ。SQLを身に付けるには、何より自分の手を動かして実際に実行してみることが大切なの。第Ⅰ部の内容をしっかりマスターするためにも、第Ⅱ部に進む前に、練習問題やdokoQLを利用して、ぜひたくさんのSQL文を書いて、実行してみてね。

はい！

---

column

DBMSにとって並び替えは大仕事

SELECT文の最後にくっつけるだけで検索結果を並べ替えてくれるORDER BY句はとても便利な機能です。しかし、この並び替えという処理は、DBMSにとってはかなり負荷のかかる作業であることをぜひ頭の片隅に置いておいてください。

性能上のボトルネックになることを防ぐため、通常は第Ⅲ部で紹介するインデックスを併用しますが、一時的に大量のメモリが消費される可能性もあります。

また、DISTINCTやUNIONも内部では並び替えを行っていることがあります。乱用は控えましょう。

4.6 〉 この章のまとめ

4.6.1 この章で学習した内容

検索結果の加工

- SELECT文で取得したデータは、以下のようなさまざまな形に加工できる。

加工内容	キーワード
重複行を除外する	DISTINCT
結果を並び替える	ORDER BY
行を限定して取得する	OFFSET - FETCH
結果を集合演算する	UNION、EXCEPT/MINUS、INTERSECT

- DBMSによって、検索結果の加工に使える機能やキーワードが異なる場合がある。

集合演算子

- 集合演算子は、複数のSELECT文の結果を使って集合演算を行う。
- UNIONは和集合、EXCEPTとMINUSは差集合、INTERSECTは積集合を求める。
- 集合演算子を用いるには、列数とデータ型を一致させる必要がある。
- 集合演算子とORDER BY句を併用する際の特有の書き方に注意する。

4.6.2 家計簿DBでできるようになったこと

これまでに使った費目一覧を、重複を除外して作りたい。

※ QRコードは、この項のリストすべてに共通です。

```
01  SELECT DISTINCT 費目 FROM 家計簿
```

3月に使った金額を大きい順に取り出したい。

```
01  SELECT * FROM 家計簿
02   WHERE 日付 >= '2024-03-01'
03     AND 日付 <= '2024-03-31'
04  ORDER BY 出金額 DESC
```

これまでの給料を大きい順に5件だけ取り出したい。

```
01  SELECT * FROM 家計簿アーカイブ
02   WHERE 費目 = '給料' ORDER BY 入金額 DESC
03  OFFSET 0 ROWS
04   FETCH NEXT 5 ROWS ONLY
```

家計簿と、アーカイブにある2月のデータをまとめて日付順に取り出したい。

```
01  SELECT * FROM 家計簿
02   UNION
03  SELECT * FROM 家計簿アーカイブ
04   WHERE 日付 >= '2024-02-01'
```

```
05       AND 日付 <= '2024-02-28'
06   ORDER BY 1
```

今月初めて発生した費目を知りたい。

```
01   SELECT 費目 FROM 家計簿
02   EXCEPT
03   SELECT 費目 FROM 家計簿アーカイブ
```

4.7 練習問題

問題4-1

あるカフェの注文状況を記録している注文履歴テーブルがあります。このテーブルについて、次のデータを取得するSQL文を作成してください。

注文履歴テーブル

列名	データ型	備考
日付	DATE	
注文番号	INTEGER	注文順に振られた連番（主キー）
注文枝番	INTEGER	注文ごとの明細番号（主キー）
商品名	VARCHAR (50)	
分類	CHAR (1)	1: ドリンク　2: フード　3: その他
サイズ	CHAR (1)	S、M、L（ドリンクのみ）、X（ドリンク以外）
単価	INTEGER	
数量	INTEGER	
注文金額	INTEGER	

1. 注文順かつその明細順に、すべての注文データを取得する。
2. 2024年1月に注文のあった商品名の一覧を商品名順に取得する。
3. ドリンクの商品について、注文番号、注文枝番、注文金額を取得する。ただし、注文金額の低いほうから2〜4番目に該当する注文だけを対象とする。
4. その他の商品について、2つ以上同時に購入された商品を取得し、日付、商品名、単価、数量、注文金額を購入日順に表示する。ただし、同日に売り上げたものは、数量の多い順に表示する。
5. 商品の分類ごとに、分類、商品名、サイズ、単価を1つの表として取得する。また、サイズはドリンクの商品についてのみ表示し、分類と商品名順に並べること。

問題4-2

　-10～10の範囲にある自然数、整数、奇数、偶数がそれぞれ登録されている4つのテーブルがあります。すべてのテーブルの列は共通で次のようになっています。

自然数テーブル、整数テーブル、奇数テーブル、偶数テーブル（共通）

列名	データ型	備考
値	INTEGER	テーブル名に応じた- 10 ～ 10 の値

　4つのテーブルから2つを選び、集合演算子によって組み合わせて、以下の設問に沿った値を取得するSQL文を作成し、実行してください。

1. 和集合の結果、整数テーブルと等しくなる
2. 差集合の結果、奇数テーブルと等しくなる
3. 積集合の結果、偶数テーブルと等しくなる
4. 検索結果なし

第II部

SQLを
使いこなそう

データベースの力を引き出そう

DBMSって、INSERT文で登録すると何でもしっかり覚えてくれて優秀ですね。SELECT文で多少ワガママなお願いしても、すぐに目的の情報を探し出してくれるし。

なんだよ。しょせん記憶力がスゴイだけじゃないか。

スゴイのは記憶力だけじゃないの。データを集計したり、条件に応じて組み合わせたり、いろんなことができちゃうのよ。

新しい文法を覚えれば、私にも使えるんですよね？

もちろん。DBMSの力をさらに引き出すSQLの構文を使いこなせるようになりましょう！

第I部では、SQLを使ってデータベースにデータを出し入れする方法を学びました。それは「電気仕掛けの情報格納庫」であるデータベースにとって、最も基本的で重要な機能といえるでしょう。

しかしDBMSに可能なのは、これだけではありません。情報の出し入れに際して、さまざまな計算処理も行えます。第II部では、データベースに対する指示をより豊かにする、さまざまな構文を紹介していきます。

chapter 5
式と関数

単なるデータの出し入れだけがSQLの機能ではありません。
式を用いて、列の値やリテラルを使った四則演算が可能です。
また、情報を渡すとさまざまな処理を行ってくれる
関数というしくみも利用できます。
この章では、式や関数を用いてデータの計算や処理をするための
方法について紹介します。

contents

5.1 | 式と演算子

5.1.1 | 式の種類

　私たちは第3章で、WHERE句には条件式を記述することを学びました。たとえば、WHEREに続けて記述する **出金額 > 0** のようなものが条件式であり、その結果は必ず真か偽になるのでした。

　一方、**出金額 + 100** のような、結果が真や偽にならない式を本書では**計算式**と呼ぶことにします。計算式も、評価されると結果に「化ける」点では条件式と同じです（図5-1）。

図5-1 評価によって「化ける」式の動作

　最終的に具体的な値に化ける計算式は、**出金額 + 50 > 100** のように、条件式の一部として用いられることもあります。ほかにも、SQL文のさまざまな場所に、値の代わりに自由に記述できます。

　この節では、計算式の代表的な2つの用途について紹介しましょう。

5.1.2 | 選択列リストで計算式を使う

まずよく使うのが、SELECT文の選択列リストの中よ。

選択列リストって、列名じゃないものも書けちゃうの？

　SELECT文において、SELECTのすぐ後ろに指定するのが選択列リストです。選択列リストは、結果表にどのような列を出力するかを指定する役割があります。これまで、ここにはテーブルの列名を指定すると紹介してきましたが、ほかにも固定値（リテラル）や計算式を指定できます（リスト5-1）。

リスト5-1　選択列リストへのさまざまな指定

01	SELECT 出金額,	-- 列名
02	出金額 + 100,	-- 計算式
03	'SQL'	-- 固定値
04	FROM 家計簿	

リスト5-1の結果表

出金額	出金額 +100	'SQL'
380	480	SQL
0	100	SQL
2800	2900	SQL
5000	5100	SQL
7560	7660	SQL

※ 表示される列名は、DBMSにより異なる場合がある。

　この実行結果から、選択列リストに固定値や計算式を利用すると、各行は次のように処理されることがわかります。

- -

Ⓐ　**選択列リストへの指定と結果**

　　列名　　列の内容がそのまま出力される。
　　計算式　計算式の評価結果が出力される。
　　固定値　固定値（リテラル）がそのまま出力される。

- -

計算式は便利だけど、結果表の列名がカッコ悪いのがちょっと残念…。

こんなときこそ別名を思い出して。

　選択列リストに計算式や固定値を使うと、その計算式や固定値がそのまま結果表の列名になってしまいます（リスト5-1の結果表）。このような表示が好ましくない場合は、第2章で紹介した列の別名（p.55）を使うとよいでしょう（リスト5-2）。

リスト5-2　計算式に別名を付ける

```
01  SELECT 出金額,
02         出金額 + 100 AS 百円増しの出金額
03    FROM 家計簿
```

リスト5-2の結果表

出金額	百円増しの出金額
380	480
0	100
2800	2900
5000	5100
7560	7660

列の意味がはっきりして見やすくなったね！

選択列リストで計算式を使う場合は、必ずASを併用するようにするとわかりやすくていいわね。

5.1.3 データの代わりに計算式を使う

もう1つの用途は、INSERT文やUPDATE文でテーブルに書き込む具体的な値の代わりに式を指定することです。

リスト5-3　INSERT文での計算式の利用

```
01  INSERT INTO 家計簿 (出金額)
02        VALUES (1000 + 105)
```

リスト5-3のSQL文では、出金額に格納する値として、`1000 + 105`という計算式を指定しています。これは、直接、1105を指定したのと同じ結果になります。

また、次のリスト5-4は、もう少し高度な使い方です。

リスト5-4　UPDATE文での計算式の利用（列指定を含む）

```
01  UPDATE 家計簿
02     SET 出金額 = 出金額 + 100
```

出金額に上書きする値として、`出金額 + 100`という計算式を指定しています。出金額を現在の額より100円増加させるUPDATE文になりますね（図5-2）。

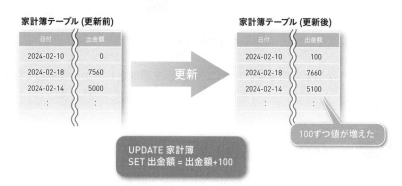

図5-2　出金額の内容を出金額+100 で更新する

あら？ **出金額+100** っておかしくない？ 表の中に出金額は複数あるわけで…あぁ、混乱してきた！

　リスト5-4に書かれた **出金額+100** という計算式を見て、朝香さんのように混乱してしまった人は、次のような考え方をしてはいませんか？

混乱しやすい列指定の考え方

① 式中の「出金額」とは、テーブル内の出金額の列を指している。
② 出金額の列には、複数の値（0、7560、5000…）が入っている。
③ よって、**出金額+100** は、複数の値と100の足し算になる。
④「複数の値と100を足す」なんてできないのでは？

図5-3　出金額を「複数の値」と考えると混乱する

　このような混乱に陥らないために、次に示す原則をしっかり理解しておきましょう。

 DBMSによる処理の原則

・DBMSは、テーブル内の各行を1つずつ順番に処理していく。
・式の評価なども、各行で行われる。

たとえば、リスト5-4のUPDATE文も「1回の処理で出金額列がすべて書き換わる」と考えてしまうのは間違いです。正しくは、DBMSが「1行に注目しては、出金額を計算して更新する」という処理を、行数の分だけ繰り返しているだけです（図5-4）。

図5-4 1行ずつ「出金額+100」を処理していくDBMS

このように、DBMSが式を評価するときには、常に**いずれか1行にだけ注目している**のです。DBMSは単に「注目している行の出金額+100」を何度も計算しているにすぎません。これは、第3章で学んだ条件式を評価していく様子とまったく同じですね（p.79、図3-1）。

全部の行が一度に処理されるんじゃなくて、1行ずつ順番に処理されるって考えればいいのね。

結局は、1つの値ごとに計算しているだけなんだね。

5.2 さまざまな演算子

式が評価されるしくみがわかってスッキリしました！　さっき使ったのは+演算子だったけど、ほかにはどんな演算子を使えるんですか？

それじゃ、SQLで利用できる代表的な演算子を見ていきましょう。DBMSによって働きが異なる場合もあるから注意してね。

5.2.1 基本の算術演算子

+演算子以外にも、SQLにはさまざまな演算子が用意されています。次の表5-1には、値の計算に用いる算術演算子のうち、代表的なものをまとめました。

表5-1　代表的な演算子

演算子	使い方	説明
+	数値 + 数値	数値同士で足し算をする
	日付 + 数値	日付を指定日数だけ進める
-	数値 - 数値	数値同士で引き算をする
	日付 - 数値	日付を指定日数だけ戻す
	日付 - 日付	日付の差の日数を得る
*	数値 * 数値	数値同士で掛け算をする
/	数値 / 数値	数値同士で割り算をする[1]
||	文字列 || 文字列	文字列を連結する[2]

※1 整数同士の場合は商が返される。
※2 文字列連結には+演算子を利用するDBMSもある。

＋演算子や－演算子は、数値の計算以外にも利用できます。日付の計算や、DBMSによっては文字列の連結ができることはぜひ覚えておきましょう。

5.2.2 | CASE演算子 ― 値を変換する

基本の算術演算子のほかに、特殊な演算子も紹介しておきましょう。
CASE演算子は、列の値や条件式を評価し、その結果に応じて値を自由に変換してくれます。使い方は2通りありますので、順番に見ていきましょう。

A CASE演算子の利用構文（1）

CASE 評価する列や式 WHEN 値1 THEN 値1のときに返す値
(WHEN 値2 THEN 値2のときに返す値)…
(ELSE デフォルト値)
END

次のリスト5-5は、1つ目の使い方に従って作成したSQL文です。CASEからENDまでの部分が1つの選択列であり、費目の値に応じた結果に化けることに注目してください（リスト5-5の結果表）。

リスト5-5 CASE演算子を使ったSELECT文（1）

```
01  /* 費目の値に応じて変換する */
02  SELECT 費目, 出金額,
03    CASE 費目 WHEN '居住費' THEN '固定費'
04             WHEN '水道光熱費' THEN '固定費'
05             ELSE '変動費'
06    END AS 出費の分類
07  FROM 家計簿 WHERE 出金額 > 0
```

リスト5-5の結果表

費目	出金額	出費の分類
食費	380	変動費
教養娯楽費	2800	変動費
交際費	5000	変動費
水道光熱費	7560	固定費

CASEには、もう1つ似た形の構文が用意されています。

CASE演算子の利用構文（2）

```
CASE WHEN 条件1 THEN 条件1のときに返す値
     (WHEN 条件2 THEN 条件2のときに返す値)…
     (ELSE デフォルト値)
END
```

さきほどの構文と違ってCASEのすぐ後ろに列名や式を記述しません。その代わり、WHENの後ろには値ではなく条件式を指定します。

リスト5-6 CASE演算子を使ったSELECT文（2）

```
01  /* 条件に応じた値に変換する */
02  SELECT 費目, 入金額,
03    CASE WHEN 入金額 < 5000 THEN 'お小遣い'
04         WHEN 入金額 < 100000 THEN '一時収入'
05         WHEN 入金額 < 300000 THEN '給料出た！'
06         ELSE '想定外の収入です！'
07    END AS 収入の分類
08    FROM 家計簿
09   WHERE 入金額 > 0
```

最初に一致したWHENが採用される
一致しないときはELSEが採用される

これも3行目から7行目までが「収入の分類」という列と考えれ
ばよさそうね。

　このように、式の結果に応じて複数のパターンの結果を得たい場合にCASE
演算子は有効です。

5.3 さまざまな関数

5.3.1 関数とは

> 式を使えば、列の値を使っていろいろな計算ができそうです！

> それはよかったわ。さらに関数を使うと、もっと高度で複雑なことができるのよ。

この章の最初に学んだ式を使えば、列の値を計算して別の値に変換できます。しかし、式で行える変換は四則演算や文字列連結など、基本的なものに限られます。

そこで多くのデータベースには、より高度な処理を手軽に実現できる関数と総称される命令がたくさん準備されています。

すべての関数は「呼び出し時に指定した情報（引数）に対して、定められた処理を行い、結果（戻り値）に変換する」という動作をします。たとえば、LENGTHという関数は、ある文字列をその文字列の長さ（文字数など）に変換する機能を持っています（図5-5）。

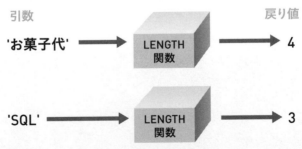

図5-5 引数を渡して関数を呼び出すと、戻り値を返してくれる

5.3.2　関数の使い方

> 関数ってすごく便利そうだね。さっそく使ってみたいけど、どう書けばいいんだろう？

> まずは、それぞれの関数に定められている「3つのこと」を確認してね。

すべての関数には、次の3つのことが定められています。

関数について定められていること

名前　関数の名前
引数　関数を呼び出すときに引き渡す情報（関数によっては複数の場合もある）
戻り値　関数の呼び出し結果として得られる情報

　使いたい関数を見つけたら、まずはこれら3つの事柄をDBMSのリファレンスなどで確認しましょう。たとえば、すでに紹介したLENGTH関数については、次のように定められています。

LENGTH関数の仕様

名前　LENGTH
引数　文字列が格納された列（または式）
戻り値　文字列の長さを表す数値

　そして、関数を呼び出すには、SQL文の中で次のような構文に従って記述します。

関数の呼び出し

関数の名前(引数…)

実際に、家計簿テーブルに対してLENGTH関数を呼び出してみましょう（リスト5-7）。

リスト5-7 **メモとメモの長さを表示する**

```
01  SELECT メモ, LENGTH(メモ)  AS メモの長さ
02    FROM 家計簿
```

リスト5-7の結果表

メモ	メモの長さ
コーヒーを購入	7
1月の給料	5
書籍を購入	5
同期会の会費	6
1月の電気代	6

　このSQL文で使用しているLENGTHは、受け取った引数の文字数を戻り値として返していますね。本書では、以後、関数の機能を次のように表記して紹介します。

本書における関数の表記（凡例）

関数名(引数) ⇒ 戻り値

　なお、リスト5-7は選択列リストの中で関数を利用しましたが、ほかにもWHERE句の条件式の一部など、関数はさまざまな場所で利用できます。

5.3.3 関数が動作する流れ

ほかにはどんな関数があるの？　早く知りたいな！

そうよね。でもその前に、関数を有効活用するには、そのしくみをきちんと知っておくことが大切よ。

　関数を自由自在に使いこなすためには、関数を呼び出したときにどのように処理されていくかをしっかりと理解しておく必要があります。

　まず重要なのが、式の評価と同様に、関数の呼び出しも各行ごとに繰り返し行われる点です。 LENGTH(メモ) という呼び出しは、テーブルのメモ列に登録されている複数の行の値を一度に処理するわけではありません。DBMSは、メモ列の1行1行について、その値の長さを繰り返し調べます。

　次に重要なのが、関数呼び出しの記述は、呼び出し完了後、戻り値に「化ける」ことです。この特性を利用して、関数の呼び出しを入れ子にすることもできます（図5-6）。

図5-6　関数を入れ子にして呼び出す

「行ごとに処理されて結果に化ける」、関数も式の評価と同じしくみで動くんですね。

日付型の取り扱いなどと並んで、関数はDBMSごとの違いが大きく、互換性が少ない分野です。特定の製品でのみ利用可能な関数や、製品によって名前や動作が異なる関数も多く存在します。

そこで、次節からは、多くのDBMSで共通して利用できる代表的な関数を紹介します。これ以外に利用可能な関数や、より厳密な文法などは各製品のマニュアルを確認してください。

関数はDBMSによって大きく異なる

関数は、DBMSによって構文や機能が大きく異なるため、詳細は製品マニュアルを参照する必要がある。

---

column

ユーザー定義関数とストアドプロシージャ

あらかじめ用意された関数だけでなく、必要とする処理を自分で関数として作成してSQL文から利用することができます。これをユーザー定義関数と呼びます。また、実行する複数のSQL文をまとめ、プログラムのような形でDBMS内に保存し、データベースの外部から呼び出すものをストアドプロシージャといいます。

ユーザー定義関数やストアドプロシージャは、DBMS製品ごとに定められたプログラミング言語を使って記述します。たとえば、Oracle DBではPL/SQL、SQL ServerではTransact-SQLという専用言語を用います。また、C言語やJavaのような一般的なプログラミング言語による記述をサポートしているDBMS製品も存在します。

これらの機能は、多数のSQL文からなる処理を1つにまとめ、データベースとアプリケーション間のやり取りを少なくし、ネットワークの負荷を軽減できるなどのメリットがあります。

5.4 { 文字列にまつわる関数

5.4.1 LENGTH ／ LEN ― 長さを得る

前節でも登場した LENGTH 関数は、文字列の長さを調べてくれる関数です。SQL Serverでは、LENGTHの代わりに LEN 関数を利用します。テーブルの列に格納されている文字列の長さを取得したい、取得した長さを使って検索や更新をしたい、などの場合に利用します。

📖 **文字列の長さを得る関数**

LENGTH(文字列を表す列) ⇒ 文字列の長さを表す数値

LEN(文字列を表す列) ⇒ 文字列の長さを表す数値

※ 結果は文字数またはバイト数で得られる（DBMSに依存）。

たとえば、10文字（または10バイト）以下のメモだけを取得するSQL文は、次のリスト5-8のようになります。

リスト5-8 10文字（10バイト）以下のメモだけを取得する

```
01  SELECT メモ, LENGTH(メモ) AS メモの長さ FROM 家計簿
02  WHERE LENGTH(メモ) <= 10
```

5.4.2 TRIM ― 空白を除去する

ある文字列の前後についている、余分な空白を除去したい場合に便利な関数が図5-6にも登場している TRIM 関数です。類似する機能を持つ LTRIM 関数や RTRIM 関数と併せて覚えておきましょう。

空白を除去する関数

TRIM(文字列を表す列)	⇒ 左右から空白を除去した文字列
LTRIM(文字列を表す列)	⇒ 左側の空白を除去した文字列
RTRIM(文字列を表す列)	⇒ 右側の空白を除去した文字列

TRIM関数の機能はわかったけど、どういう場合に使うのかな？

CHAR型の空白を取り除きたいときとかじゃない？

　たとえば、CHAR(10)型の列に対して文字列「abc」を格納すると、7文字分の空白が右側に自動的に追加されて、「abc　　　」の形で格納されることは第2章で学びました（p.49）。そのような文字列をSELECT文でそのまま取り出すと、「abc」の後ろに空白が付いた状態で取得してしまいます。

　このような場合に、次のリスト5-9のようにTRIM関数を使うと、余分な空白を簡単に取り除くことができます。

リスト5-9 空白を除去したメモを取得する

```
01  SELECT メモ, TRIM(メモ) AS 空白除去したメモ
02    FROM 家計簿
```

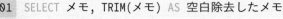

5.4.3 REPLACE - 指定文字を置換する

　REPLACE関数は、文字列の一部を別の文字列に置換する関数です。シンプルな例でいえば、文字列「axxle」の「x」を「p」に置換し、「apple」とすることができます。

文字列を置換する関数

> REPLACE(置換対象の文字列, 置換前の部分文字列, 置換後の部分文字列)
>
>   ⇒ 置換処理された後の文字列

次のリスト5-10は、メモ列に入っている「購入」という文字列をすべて
「買った」に置き換えるUPDATE文です。

リスト5-10　メモの一部を置換する　

```
01  UPDATE 家計簿
02    SET メモ = REPLACE(メモ, '購入', '買った')
```

5.4.4 SUBSTRING／SUBSTR — 一部を抽出する

文字列の一部分だけを取り出したい場合には、SUBSTRING関数または
SUBSTR関数を利用します。どちらを利用できるかは、DBMSによって異な
りますが、「何文字目から何文字分」という指定をして文字列の一部分を抽
出できる点では違いはありません。

文字列の一部を抽出する関数

> SUBSTRING(文字列を表す列, 抽出を開始する位置, 抽出する文字の数)
>
>   ⇒ 抽出された部分文字列
>
> SUBSTR(文字列を表す列, 抽出を開始する位置, 抽出する文字の数)
>
>   ⇒ 抽出された部分文字列

※ 抽出する文字の数を省略し、文字列の最後までを抽出対象とする場合もある。
※ 位置や数は文字数またはバイト数で指定する（DBMSに依存）。

リスト5-11 費目列の1〜3文字目に「費」があるものを抽出

```
01  SELECT * FROM 家計簿
02    WHERE SUBSTRING(費目, 1, 3) LIKE '%費%'
```

5.4.5 | CONCAT — 文字列を連結する

文字列を連結するには、通常、｜｜演算子や+演算子を使いますが（5.2.1項）、CONCAT関数でも同様の処理ができます。連結できる文字列の数やNULLの扱いがDBMSによって異なりますので注意してください。

文字列を連結する関数

CONCAT(文字列, 文字列[, 文字列…])

　⇒　連結後の文字列

※ SQLServerやMySQLなどでは3つ以上の文字列の指定が可能。
※ 1つでもNULLの文字列があるとNULLを返すDBMSもある。

リスト5-12 費目とメモをつなげて抽出する

```
01  SELECT CONCAT(費目, ':' || メモ) FROM 家計簿
```

column

関数の多用で負荷増大？

関数はDBMSに複雑な処理を指示できる便利な道具ですが、処理による負荷の増大には注意が必要です。複数の関数を複雑に組み合わせた場合はもちろん、関数の利用によりインデックス（第III部で紹介）検索が無効化された場合などはレスポンスが悪化する可能性もありますので、使用の前には十分な検証を行ってください。

5.5 数値にまつわる関数

5.5.1 ROUND － 指定桁で四捨五入

　小数の取り扱いや金額計算などでよく見られる数値の丸め処理（四捨五入や切り上げ、切り捨て）も、関数で用意されています。ROUND 関数は、指定した位置で四捨五入した結果を返す関数です。

指定桁で四捨五入する関数

> ROUND(数値を表す列, 有効とする桁数)
>
> ⇒ 四捨五入した値

※「有効とする桁数」に指定する値が正の場合は小数部の桁数、負の場合は整数部の桁数を表す。

リスト5-13 百円単位の出金額を取得する（四捨五入）

```
01  SELECT 出金額, ROUND(出金額, -2) AS 百円単位の出金額
02    FROM 家計簿
```

ROUND関数に -2を渡すと、出金額の下2桁目、つまり10の位で四捨五入してくれるのよ。

出金額が380円だとすると、百円単位の出金額は400円になるんですね。

5.5.2 | TRUNC - 指定桁で切り捨てる

　四捨五入ではなく切り捨てをしたい場合には、TRUNC関数を使います。使
い方はROUND関数と同じです。

 指定桁で切り捨てる関数

> TRUNC(数値を表す列, 有効とする桁数)
>> ⇒ 切り捨てた値

※「有効とする桁数」に指定する値が正の場合は小数部の桁数、負の場合は整数部の桁数を表す。

リスト5-14 **百円単位の出金額を取得する（切り捨て）**

```
01  SELECT 出金額, TRUNC(出金額, -2) AS 百円単位の出金額
02    FROM 家計簿
```

5.5.3 | POWER - べき乗を計算する

　ある値のべき乗（2乗や3乗など）を計算したい場合、＊演算子でも実現可
能ですが、POWER関数を用いると便利です。

 べき乗を計算する関数

> POWER(数値を表す列, 何乗するかを指定する数値)
>> ⇒ 数値を指定した回数だけ乗じた結果

　たとえば、 POWER(出金額 , 3) と記述すると、出金額を3乗したのと同
様の値（ 出金額＊出金額＊出金額 ）を得ることができます。

5.6 日付にまつわる関数

5.6.1 現在の日時を得る

　プログラムからデータベースを書き換える際、更新した日付や時刻を列に記録しておくことがよくあります。このような場面では、現在の日時はCURRENT_TIMESTAMP関数、現在の日付はCURRENT_DATE関数、現在の時刻はCURRENT_TIME関数で必要な情報を得るとよいでしょう。

 現在の日時を得る関数

CURRENT_TIMESTAMP	⇒ 現在の日時（年、月、日、時、分、秒）
CURRENT_DATE	⇒ 現在の日付（年、月、日）
CURRENT_TIME	⇒ 現在の時刻（時、分、秒）

※ 関数名の後ろに()は付けない。

リスト5-15 現在の日付を取得して登録する

```
01  INSERT INTO 家計簿
02  VALUES (CURRENT_DATE, '食費', 'ドーナツを買った', 0, 260)
```

> 今まではいちいち今日の日付を直接書いていたけど、単にCURRENT_DATEと書けばいいんですね♪

　これらのほかにもDBMSごとにさまざまな日付関数が用意されていますので、利用する製品に応じて用途に合うものを選択してください。

5.7 変換にまつわる関数

5.7.1 CAST - データ型を変換する

列やリテラルにはデータ型があることを第2章で紹介しました（p.48）。INTEGER型の列に格納されている `1000` と、VARCHAR型の列に格納されている `'1000'` は、明確に異なるものでしたね。

しかし、実際にデータベースを活用するようになると、ある型のデータを別の型として扱ったほうが便利に感じる場合があります。そのような場面で活躍するのが CAST 関数です。

🄰 データ型を変換する関数

CAST(変換する値 AS 変換する型) ⇒ 変換後の値

たとえば、出金額の列はINTEGER型ですが、末尾に「円」という文字列を連結して表示したい場合を考えましょう。**出金額 + '円'** としたいところですが、出金額は数値、「円」は文字列なのでデータ型は一致していません。型の異なる値を || 演算子で連結するのは定義されていない演算であり、DBMSによっては動作が異なる可能性があるため少々不安です。

このようなときは、**CAST(出金額 AS VARCHAR(20)) + '円'** のように、文字列型に型を揃えてから連結する方法が確実です。

> ただし、`'MINATO'` など数値として解釈できない文字列を数値型に変換しようとするとエラーになるから注意してね。

最後に紹介するのは、ちょっと面白い動作をする COALESCE 関数です。まずはこの関数の構文を確認してください。

最初に登場する NULL でない値を返す関数

COALESCE(列や式1，列や式2，列や式3…)

　⇒ 引数のうち、最初に現れたNULLでない引数

※ 任意の数の引数を指定できる。ただし、すべての引数の型を一致させる必要がある。
※ もしすべての引数がNULLの場合、戻り値はNULLになる。
※ Oracle DB と Db2では、NULL に限定して別の値に置き換える NVL 関数もよく使われる。

COALESCE 関数は、「複数の引数を受け取り、受け取った引数を左から順番にチェックし、その中から最初に見つかった NULL でない引数を返す」という動作をする関数です。

たとえば、次のリスト5-16のような動作をします。

リスト5-16 COALESCE 関数の基本動作

```
01  SELECT COALESCE('A', 'B', 'C');      /* 結果は  'A' */
02  SELECT COALESCE(NULL, 'B', 'C');     /* 結果は  'B' */
03  SELECT COALESCE(NULL, 'B', NULL);    /* 結果は  'B' */
04  SELECT COALESCE(NULL, NULL, 'C');    /* 結果は  'C' */
05  SELECT COALESCE(数値型の列, 0);       /* 数値型の列が出力される。
06                ただし、NULLが格納されている場合は0になる*/
```

こんな不思議な関数、いったい何に使うんですか？

これを使うと「NULLの場合の代替値」を簡単に決められるのよ。

　たとえば、家計簿テーブルを単純にSELECTして、次のような結果が得られたとしましょう。

メモに具体的な用途が設定されていない家計簿データ

日付	費目	メモ	入金額	出金額
2024-02-03	食費	自分へのご褒美	0	380
2024-02-11	教養娯楽費		0	2800
2024-02-14	交際費		0	5000

　2月11日と2月14日は、メモ列にNULLが格納されていたので何も表示されませんでした。少しわかりにくいですね。このような場合、COALESCE関数を用いた次のような検索を行えば結果表が見やすくなります。

リスト5-17 NULL を明示的に表示する

```
01  SELECT 日付, 費目,
02         COALESCE(メモ, '(メモはNULLです)') AS メモ,
03         入金額, 出金額
04  FROM 家計簿
```

リスト5-17の結果表

日付	費目	メモ	入金額	出金額
2024-02-03	食費	自分へのご褒美	0	380
2024-02-11	教養娯楽費	（メモは NULL です）	0	2800
2024-02-14	交際費	（メモは NULL です）	0	5000

なるほど、「もしNULLの場合はこの値で代用してね」という使い方ができるんですね！

5.8 この章のまとめ

5.8.1 この章で学習した内容

計算式

- 列やリテラルを使った式で、結果が真または偽にならないものを計算式という。
- 計算式を評価すると計算結果に化ける。
- 計算式は、SELECT文の選択列リスト、INSERT文やUPDATE文のテーブルに格納する値、その他の修飾句など、さまざまな場所で使用できる。

計算式に用いる演算子

- 四則演算を行う演算子を算術演算子という。
- ||演算子や+演算子で文字列の連結ができる。
- CASE演算子は、列の値や条件式を評価して、任意の値に変換する。

関数

- 関数は、引数に対して決められた処理を行い、戻り値に化ける。
- 関数は、処理の内容や戻り値に応じて、文字列関数、算術関数、日付関数、変換関数などに分類される。
- 関数は、DBMSによる違いが大きい機能であるため、各製品のマニュアルなどで処理内容の確認が不可欠である。

家計簿で入出金の差額も表示したい。

※ QR コードは、この項のリストすべてに共通です。

```
01  SELECT 日付, 費目, メモ, 入金額, 出金額,
02         入金額 - 出金額 AS 入出金差額
03  FROM 家計簿
```

8文字以上のメモは、「…」で末尾を省略したい。

```
01  SELECT 日付, 費目,
02  CASE WHEN LENGTH(メモ) >= 8 THEN SUBSTRING(メモ,1,8) || '…'
03       ELSE メモ
04   END AS メモ, 入金額, 出金額
05  FROM 家計簿
```

MySQL ではCONCAT関数を利用

「1ドル=140円」と仮定して、入出金をドルで表示（小数点以下切り捨て）したい。

```
01  SELECT 日付, TRUNC(入金額/140.0, 0) AS 入金ドル,
02         TRUNC(出金額/140.0, 0) AS 出金ドル
03  FROM 家計簿
```

間違って未来の日付で登録されている行を探したい。

```
01  SELECT * FROM 家計簿 WHERE 日付 > CURRENT_DATE
```

家計簿のメモを表示したい。メモが未登録の行では代わりに費目を、費目も未登録の場合は'不明'と表示したい。

```
01  SELECT 日付, COALESCE(メモ, 費目, '不明') AS 備考 FROM 家計簿
```

column

☕ SELECT文にFROM句がない！？

リスト5-16（p.161）はSELECT文にも関わらず、FROM句がありません。実は、FROM句を書かなくてもよい特別なSELECT文があります。

これまで、SELECT文ではどのテーブルからデータを持ってくるのかをFROM句で必ず指定する必要がありました。しかし、本章で紹介した計算式や関数は、リテラルなどの具体的な値を材料にすれば、リスト5-16のようにテーブルの列を1つも記述していなくてもSELECT文として成り立ってしまうのです。

これを利用して、まずは式や関数の動作確認だけをしたい場合、次のようなSELECT文を実行することができます。

```
SELECT 式や関数
```

ただし、Oracle DB（23cより前）とDb2ではFROM句の記述を常に必須としており、FROM句のないSELECT文はエラーとなってしまいます。これらのDBMSにはそれぞれ次に示すダミーのテーブルが用意されており、FROM句にそれらを指定すれば同じ動作を実現できます。

```
/* Oracle DB */
SELECT 式や関数 FROM DUAL
/* Db2 */
SELECT 式や関数 FROM SYSIBM.SYSDUMMY1
```

5.9 練習問題

問題5-1

次のテーブルは、ある資格試験の結果の一部を記録したものです。受験者ID列は6桁のVARCHAR型、それ以外はINTEGER型で定義されています。

試験結果テーブル

受験者ID	午前	午後1	午後2	論述	平均点
SW1046	86	(A)	68	91	80
SW1350	65	53	70	(B)	68
SW1877	(C)	59	56	36	56

このテーブルについて、設問で指示されたSQL文を作成してください。

1. 現在登録されているデータをもとに、（A）〜（C）に当てはまる点数をそれぞれ受験者IDごとに計算して登録する。
2. この試験に合格するには、次の条件をすべて満たす必要がある。
   （1）午前の点数は60以上であること
   （2）午後1と午後2を合計した点数が120以上であること
   （3）論述の点数が、午前・午後1・午後2の合計点の3割以上であること
   これらの条件をもとに、合格者の受験者IDを抽出する。ただし、列見出しは「合格者ID」とすること。

問題5-2

あるアンケートの回答者に関する情報を登録した回答者テーブルがあります。メールアドレスの列は30桁のCHAR型、国名の列は20桁のVARCHAR型、住居の列は1桁のCHAR型、年齢の列はINTEGER型で定義されています。

回答者テーブル

メールアドレス	国名	住居	年齢
suzuki.takashi@example.jp	NULL	D	51
philip@example.uk	NULL	C	26
hao@example.cn	NULL	C	35
marie@example.fr	NULL	D	43
hoa@example.vn	NULL	D	22

※ メールアドレスは出題用のサンプルです。実際には使用しないでください。

　このテーブルについて、以下の設問で指示されたSQL文を作成してください。

1. メールアドレスの最後の2文字が国コードであることを利用して、国名を登録したい。国コードを日本語の国名に変換のうえ、国名列を更新する。ただし、1つのSQL文で全行を更新すること。
　　なお、国コードと国名は次のように対応している。

　　jp：日本　　　　uk：イギリス　　cn：中国
　　fr：フランス　　vn：ベトナム

2. メールアドレスと住居、年齢を一覧表示する。ただし、次の条件を満たした形で表示すること。
　（1）メールアドレスの余分な空白は除去する。
　（2）住居と年齢は1つの項目とし、見出しを「属性」とする。住居は「D」が戸建て、「C」が集合住宅を表している。年齢は年代として次のように表示する。ただし、20〜50代のみ考慮すればよい。
　　　例）50代：戸建て

問題5-3

　ある会社では、依頼された品物に刺繍で文字を入れるサービスを行っています。加工にかかる金額は、1文字ごとに設定された金額を文字数で乗算したもので、1文字ごとの金額は刺繍する書体の種類に応じて決まります。また、10文字を超える場合は、一律500円の特別加工料が加算されます。
　次に、受注内容を登録した受注テーブルと、書体ごとの単価を示します。

受注テーブル

受注日	受注 ID	文字	文字数	書体コード
2023-12-05	101	Satou	NULL	2
2023-12-05	102	鈴木 一郎	NULL	3
2023-12-05	113	横浜 BASEBALL CLUB	NULL	1
2023-12-08	140	N.R.	NULL	NULL

書体と単価

・書体コード1：ブロック体　単価100円
・書体コード2：筆記体　　　単価150円
・書体コード3：草書体　　　単価200円

※ 受注時に書体が指定されなかった場合は、書体コードにはNULLが指定されるが、ブロック体による加工が適用される。

これらをもとに、以下の設問で指示されたSQL文を作成してください。

なお、受注日列はDATE型、受注ID、文字、書体コード列はVARCHAR型、文字数列はINTEGER型で定義されています。

1. 依頼された文字は、何文字の刺繍が必要かを求める。「文字」列のデータをもとに、1つのSQL文で「文字数」列の全行を更新する。ただし、「文字」列には半角の空白が入る可能性があるが、空白は文字数に含めない。なお、使用するDBMSでは、文字列長を得る関数はバイト数ではなく文字数を返すものとする。

2. 受注内容を一覧表示する。一覧には、受注日、受注ID、文字数、書体名、単価、特別加工料を載せ、受注日および受注ID順に表示したい。ただし、特別加工料がかからないものについては、特別加工料をゼロとする。

3. 受注IDが113の注文に対して、文字の一部を変更したいという依頼があった。登録されている文字を次の依頼内容に合わせて更新する。

　　依頼内容：半角スペースを「★」に変更

chapter 6
集計と
グループ化

chapter
6

第5章では、検索結果の各行に対して
同じ計算や処理を行えるしくみである関数を紹介しました。
この第6章では、検索結果をひとまとめにして集計する方法を
学びます。
データを蓄積するだけでなく、集計を上手に利用して
蓄積したデータの分析や活用も行えるようになりましょう。

contents

6.1 データを集計する

6.1.1 集計関数とは

> そんなに真剣な顔して、何を計算してるのさ？

> 2月14日が5000円で、2月18日が7560円…っと。今月は全部でいくら使ったのか、合計していってるの。

朝香さんは、今月いくらお金を使ったか（出金額の合計）を調べるために、家計簿テーブルの出金額列の値を1つずつ電卓で足し算しているようです。しかし、このような手作業による集計は、とても面倒ですし計算間違いの危険性もあります。

> あら、集計作業もデータベースにお願いできるのよ。

朝香さんが行おうとしていた集計処理は、実は次のようなSQL文で簡単に実現できます（リスト6-1）。

リスト6-1　**出金額を集計する**

```
01  SELECT SUM(出金額) AS 出金額の合計
02    FROM 家計簿          今月のデータのみ登録されている
```

リスト6-1の結果表

出金額の合計
15740

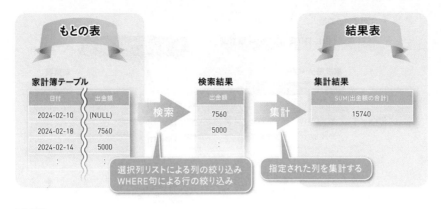

もとの表 結果表

家計簿テーブル 検索結果 集計結果

日付	出金額
2024-02-10	(NULL)
2024-02-18	7560
2024-02-14	5000

検索 → 集計 →

出金額
7560
5000

SUM(出金額の合計)
15740

選択列リストによる列の絞り込み
WHERE句による行の絞り込み

指定された列を集計する

図6-1 集計関数が処理される様子

このSQL文で利用されている「SUM」は、検索結果のデータを集計する
集計関数の1つです。ほかにも、最大値や平均値などを算出する集計関数も
存在します。

集計関数を使うと、SELECT文による検索結果は該当する各行ではなく、該
当する行が集計された形で出力されるようになります。

6.1.2 集計関数の特徴

ちょっと先輩、こんな便利な関数があるんだったら、第5章で
教えておいてくださいよ！

ごめんごめん。でも、第5章の関数とはちょっと違う、特殊な
存在なのよ。

SUMのような集計関数は、一見するとすでに学習したLENGTHや
COALESCEといった関数とよく似ています。しかし、その動作や、結果表の
形がまったく異なる点には注意が必要です。

第5章で紹介した関数は、検索結果の各行に対して、同じ処理や計算を行
うように命令するものです。これらの関数を使っても、検索結果の行が増え
たり減ったりすることはありません（次ページの図6-2）。

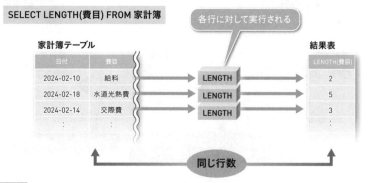

図6-2 1行ずつ処理を繰り返す関数

　一方、この章で紹介する集計関数は、集計の対象となったすべての行に対して1回だけ計算を行い、1つの答えを出します。必然的に、結果表は必ず1行になります（図6-3）。

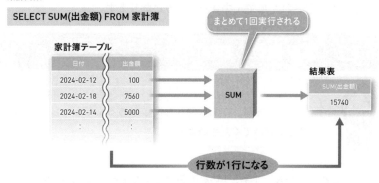

図6-3 すべての行をひとまとめにして1回だけ計算を行う集計関数

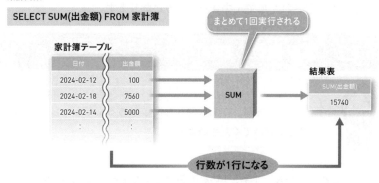

集計関数の特徴

・検索対象の全行をひとまとめに扱い、1回だけ集計処理を行う。

・集計関数の結果は、必ず1行になる。

6.2 集計関数の使い方

6.2.1 代表的な集計関数

SUM以外には、どんな集計関数があるんだろう？

DBMSによってさまざまだけど、よく使われるのは代表的な5つの関数ね。

第5章で紹介した関数と同様に、DBMSによって利用できる集計関数は異なります。しかしほとんどの製品に共通して利用可能なものが、表6-1に挙げる5つの集計関数です。

表6-1 代表的な集計関数

関数名	説明
SUM	各行の値の合計を求める
MAX	各行の値の最大値を求める
MIN	各行の値の最小値を求める
AVG	各行の値の平均値を求める
COUNT	行数をカウントする

5つの関数のうち、COUNT関数だけはほかの4つと少し特性が異なります。まずは使い方もほぼ同じである4つの集計関数について紹介しましょう。

6.2.2 合計、最大、最小、平均を求める

検索結果のある列に対して、合計、最大値、最小値、平均値を求めたい場

合、それぞれ SUM、MAX、MIN、AVG 関数を利用します。

 合計、最大値、最小値、平均値を求める集計関数

SUM(列)　⇒　合計

MAX(列)　⇒　最大値

MIN(列)　⇒　最小値

AVG(列)　⇒　平均値

　これらの関数には引数として1つの列名を渡します。また、列名だけではなく、 SUM(出金額 * 1.5) のように、列名を含む式も指定できます。これら4つの集計関数を用いて、支出に関する簡単な統計を取ったのがリスト6-2とその結果表です。

リスト6-2　さまざまな集計をする

```
01  SELECT  SUM(出金額)  AS  合計出金額,
02          AVG(出金額)  AS  平均出金額,
03          MAX(出金額)  AS  最も大きな散財,
04          MIN(出金額)  AS  最も少額の支払い
05  FROM  家計簿
06  WHERE  出金額 > 0
```

リスト6-2の結果表

合計出金額	平均出金額	最も大きな散財	最も少額の支払い
15740	3148	7560	380

6.2.3　検索結果の行数を求める

　COUNT 関数は、検索結果の行数を数えてくれる集計関数です。この関数には2つの記述方法があります。

A 行数を数える集計関数

COUNT(*)	⇒	検索結果の行数
COUNT(列)	⇒	検索結果の指定列に関する行数

　単純に検索結果の行数を得るには、 COUNT(*) と記述するのが便利です。COUNT関数はあくまでも該当した行数を取得する関数であり、検索結果の値自体が何であるかは問いません（リスト6-3）。

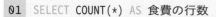

リスト6-3　食費の行数を数える

```
01  SELECT COUNT(*) AS 食費の行数
02    FROM 家計簿
03   WHERE 費目 = '食費'
```

リスト6-3の結果表

食費の行数
1

　COUNT(*) と COUNT(列) は、ほぼ同様の動きをしますが、NULLの取り扱いが異なります（図6-4）。

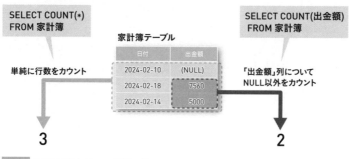

図6-4 COUNT(*)とCOUNT(列)の違い

COUNT(*) と COUNT(列) の違い

・COUNT(*)は、単純に行数をカウントする（NULLの行も含める）。
・COUNT(列)は、指定列がNULLである行を無視してカウントする。

NULLの取り扱いについては、あとでもう一度整理するわね。

column

重複した値を除いた集計

AVG、SUM、COUNTの各集計関数では、「DISTINCT」を指定すると、その列で重複している値を除いた状態で集計が行われます。

```
SELECT COUNT(DISTINCT 費目) FROM 家計簿
```

上記のSQL文では、家計簿テーブルに登録されている費目の種類数をカウントします。

6.3 〉 集計に関する4つの注意点

集計関数を使った統計って楽しいかも！ いろんなところで使えたら便利だな。

そうね、集計関数は便利だけど、いつでもどこでも自由に使えるわけじゃないの。これには十分な注意が必要よ。

6.3.1 SELECT文でしか利用できない

集計関数は、SELECT文の選択列リストやORDER BY句、次節で紹介するHAVING句で利用できます。WHERE句では利用できません（図6-5）。

SELECT | 列名… | FROM テーブル名 | WHERE〜 | その他修飾

記述可

ORDER BY句または
HAVING句でのみ記述可

図6-5 集計関数を記述できる場所

また、そもそも「検索結果」に対して集計を行うための道具である集計関数は、UPDATE文、INSERT文、DELETE文で利用することはできません。

集計関数が記述できる場所

集計関数は、SELECT文の選択列リストかORDER BY句、HAVING句だけに記述できる。

集計関数を用いた次のリスト6-4について考えてみましょう。

リスト6-4 日付と出金額合計を取得するつもり（エラー）

```
01 SELECT 日付, SUM(出金額) AS 出金額計 FROM 家計簿
```

さあ、どんな結果表になると思う？

えっと…、あれれ？　なんか変な形の結果表になっちゃうぞ？

このSELECT文の結果表が、「日付」と「出金額計」という2つの列を持つのは明らかでしょう。しかし、行数については困ったことになります。

- **日付の列**　　⇒　**通常の検索なので、複数行になるはず**
- **出金額計の列**　⇒　**集計関数の結果なので、1行になるはず**

これらの前提を踏まえて考えると、結果表は次のような形になってしまいます。

リスト6-4の結果表（予想）

日付	出金額計
2024-02-03	15740
2024-02-10	
2024-02-11	
2024-02-14	
2024-02-18	

　列によって行数が異なっているため、表の形がデコボコになっていますね。しかし、SQLの世界では、原則としてこのような「デコボコ型」の結果表は

そもそも認められていません。結果表は、常に列ごとの行数が一致するn行m列の長方形型でなければなりません。もし結果表がデコボコ型になるようなSQL文を実行すると、エラーになります。

SQLの結果表

- 結果表は必ず長方形型になる。
- 結果表がデコボコになるようなSQL文は実行できない。

拡張機能として、結果表がデコボコでも値を補って動作するDBMSもあるから（MySQLなど）、利用する場合はマニュアルを参照して仕様を確認してね。

6.3.3 引数に許される型が異なる

前節で紹介した5つの集計関数は、いずれも1つの列を引数として受け取り、集計を行います。しかし、引数にどのようなデータ型の列を指定できるかは、関数によって異なります（表6-2）。

表6-2 集計関数に渡す引数の型と戻り値

関数名	数値型	文字列型	日付や時刻型
SUM	各数値の合計	×	×
MAX	各数値の最大	並び替えて最後の文字列	最も新しい日時
MIN	各数値の最小	並び替えて最初の文字列	最も古い日時
AVG	各数値の平均	×	×
COUNT	行数	行数	行数

文字列に対してMAX関数やMIN関数を用いた場合、DBMSが定める照合順序（文字コード順、アルファベット順など）で並べ替え、その最初や最後となる文字列が結果として得られます。

6.3.4 NULL の取り扱い

検索結果にNULLが含まれる場合は、集計結果もNULLになるんですか？

実は関数によってNULLの取り扱いが違うのよ。

　NULLを含む計算や比較は、基本的に結果もNULLとなることは第3章で紹介しました。しかし、集計関数の場合はそれぞれ取り扱いが異なります（表6-3）。

表6-3 集計関数におけるNULLの取り扱い

集計関数		集計時の NULL の扱い	全行が NULL の場合の集計結果
SUM		無視 （NULL は集計に影響を与えない）	NULL
MAX			
MIN			
AVG			
COUNT	列名指定	無視 （NULL は集計に影響を与えない）	0
	* 指定	NULL を含んでカウントする	該当行数

　なお、NULLを0に読み替えて集計をしたい場合は、第5章で紹介したCOALESCE関数を使うとよいでしょう（リスト6-5）。

リスト6-5 NULL をゼロとして平均を求める

```
01  SELECT AVG(COALESCE(出金額, 0)) AS 出金額の平均
02    FROM 家計簿
```

6.4 データをグループに分ける

6.4.1 グループ別の集計

集計関数に慣れたら、次の段階に進みましょう！

これまで学んだ集計関数を用いると、検索結果をひとまとまりとして集計し、1つの結果を得ることができました。特に、どんなに多くの行を持つテーブルに対しても、集計を行って得られる結果表は1行になるのが特徴でしたね。

たとえば、`SELECT SUM(出金額) AS 出金額の合計 FROM 家計簿` というSQL文を使えば、次のような結果が簡単に得られました。

集計の結果表

出金額の合計
15740

しかし、これでは家計簿テーブルのすべての行を合計してしまいます。たとえば、家計の見直しのためには、次のような「費目別の出金額集計表」を得られれば便利ですが、それにはどうすればよいのでしょうか？

費目別の出金額集計表

費目	費目別の出金額合計
食費	380
給料	0
教養娯楽費	2800
交際費	5000
水道光熱費	7560

う〜ん…。わかった！ SELECTを何回もやればいいのよ。

　朝香さんが思いついたように、「食費」や「給料」などの個々の費目について WHERE 句で行を絞り込んで集計を繰り返す方法もあります。

リスト6-6　SQL文を複数実行して各費目の集計結果を得る

```
01  SELECT '食費' AS 費目, SUM(出金額) AS 費目別の出金額の合計
02    FROM 家計簿
03   WHERE 費目 = '食費';    /* ⇒ 「食費」「380」 */
04
05  SELECT '給料' AS 費目, SUM(出金額) AS 費目別の出金額の合計
06    FROM 家計簿
07   WHERE 費目 = '給料';    /* ⇒ 「給料」「0」 */
08
09  SELECT '教養娯楽費' AS 費目, SUM(出金額) AS 費目別の出金額の合計
10    FROM 家計簿
11   WHERE 費目 = '教養娯楽費';  /* ⇒ 「教養娯楽費」「2800」 */
12    :
```

なんか、力業でカッコ悪いなぁ…。

6.4.2 グループ化

　SQLには、集計に先立って、指定した基準で検索結果をいくつかのまとまりに分ける**グループ化**と呼ばれる機能が備わっています。集計はグループごとに行われ、グループごとの集計結果が結果表の形で得られます。
　たとえば、「費目別の出金額集計表」（p.181）を得るには、家計簿テーブルの各行を費目列の内容で分類し、分類した費目ごとに出金額の合計を求め

ればよいのですから、次のようなSQL文で実現できます（リスト6-7）。

リスト6-7 費目でグループ化してそれぞれの合計を求める

```
01  SELECT 費目, SUM(出金額) AS 費目別の出金額合計
02    FROM 家計簿
03  GROUP BY 費目    指定した列でグループ化する
```

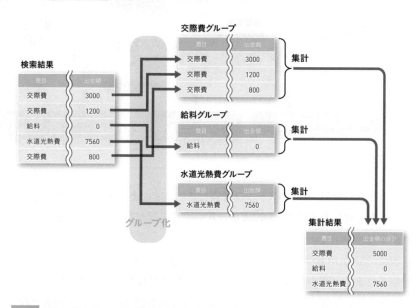

図6-6 グループ化による集計の様子

グループ化による集計を行う構文を確認しておきましょう。

グループ化して集計する基本構文

SELECT グループ化の基準列名…, 集計関数
  FROM テーブル名
(WHERE 絞り込み条件)
GROUP BY グループ化の基準列名…

グループ集計が行われる流れを整理したものが、次の図6-7です。

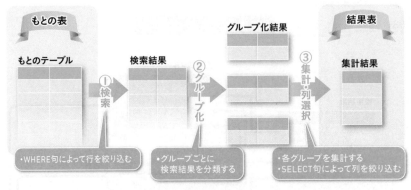

図6-7 グループ集計の流れ

グループ集計は、3つのステップで実行されます。まず第1ステップとして、もとの表に対してWHERE句による通常の検索処理が行われ、行が絞り込まれます（図中①）。

次に、GROUP BY句で指定された列に同じ値を持つ行ごとに、検索結果が分類されます（図中②）。最後に、各グループに対して集計関数の処理が行われた後、SELECT句の選択列リストによって列が絞り込まれ、結果表となります（図中③）。

最終的な結果表の行数は、グループの数（GROUP BY句で指定した列に格納されている値の種類の数）と等しくなります。

グループ化した集計関数

- グループ化するには、GROUP BY句に基準となる列を指定する。
- 集計関数は、データの値をグループごとにまとめて計算する。
- 集計関数の結果表の行数は、必ずグループの数と一致する。

ちなみに、前節までに登場した「GROUP BY句を使わない集計
関数の利用」も、検索結果の行全部を1つのグループと考えた
グループ集計なのよ。

6.4.4 グループ集計後の絞り込み

あれぇ…おっかしいなぁ。なんで絞り込めないんだろう？

　この節の最初に登場した「費目別の出金額集計表」（p.181）をもう一度確
認してみましょう。出金額の合計が0円の行が含まれていますね。しかし、「給
料」はそもそも出金額が発生する費目ではありませんから、本来、この集計
表に表示する必要はありません。

費目別の出金額集計表（再掲）

費目	費目別の出金額合計
食費	380
給料	0
教養娯楽費	2800
交際費	5000
水道光熱費	7560

出金額の合計が0円となる行を結果表として出力させないように、湊くんはリスト6-8のようなSQL文を作成しました。

リスト6-8 集計結果から0円の行を除外したい（エラー）

```
01  SELECT 費目, SUM(出金額) AS 費目別の出金額合計
02    FROM 家計簿
03   WHERE SUM(出金額) > 0
04  GROUP BY 費目
```
出金額の合計が0より大きい行だけを表示したい

このSQL文は、 WHERE SUM(出金額) > 0 によって、最終的な結果表に不要な行を取り除こうとしていますが、実際に実行するとエラーになってしまいます。

その理由は、「グループ集計の流れ」（図6-7、p.184）を見れば明らかです。WHERE句が処理される「①検索」の時点では、「③集計」で初めて計算される SUM(出金額) の部分が未確定なのです。従って、3行目のWHERE句には、SUM関数を記述できません。

集計関数はWHERE句に記述できない

行を絞り込む段階では、まだ集計が終わっていないため、集計関数はWHERE句では利用できない。

そんなぁ。じゃあどうすればいいのさ？

安心して。ちゃんと専用の構文が用意されているのよ。

集計処理を行ったあとの結果表に対して絞り込みを行いたい場合は、WHERE句ではなく HAVING句を用います。

集計結果に対して絞り込む基本構文

```
SELECT  グループ化の基準列名…, 集計関数
  FROM  テーブル名
(WHERE  もとの表に対する絞り込み条件)
 GROUP BY  グループ化の基準列名…
 HAVING  集計結果に対する絞り込み条件
```

HAVING句に記述する条件式は、WHERE句に記述するものと非常によく似ています。WHERE句と同じように、ANDやORの論理演算子で複数の条件式を組み合わせることもできます。

異なるのは、絞り込みが実行されるタイミングです（図6-8）。

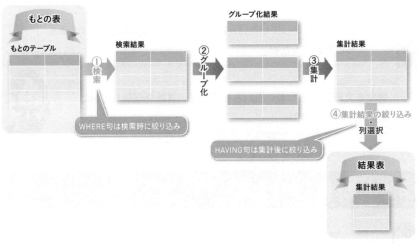

図6-8 HAVINGとWHEREの絞り込みのタイミングの違い

HAVING句は、集計結果がすべて揃った最後の段階で実行されます。そのため、WHERE句とは異なり、集計関数を記述できるのです。

実際に出金額の合計が0円より大きい集計行だけを取り出すSELECT文を見てみましょう（次ページのリスト6-9と結果表）。

リスト6-9 集計結果で絞り込む

```
01  SELECT 費目, SUM(出金額) AS 費目別の出金額合計
02    FROM 家計簿
03  GROUP BY 費目
04  HAVING SUM(出金額) > 0 ]  合計値が0より大きいグループを抽出
```

リスト6-9の結果表

費目	費目別の出金額合計
食費	380
教養娯楽費	2800
交際費	5000
水道光熱費	7560

しくみがわかっていれば、WHERE と HAVING の使い分けもきちんとできそうだね。

構文を丸暗記してもすぐ忘れちゃうけど、意味を理解しておけば応用も利きそうね。

6.4.5 | SELECT文の全貌

さて、ようやく SELECT 文のパーツが勢揃いしたわね。あらためて構文を振り返っておきましょう。

　この第6章で登場したHAVING句を含めると、SELECT文に記述可能な部品がすべて登場しました。あらためて、SELECT文の構文を整理してみましょう。

A **SELECT文の基本構文**

```
SELECT 選択列リスト
  FROM テーブル名
[WHERE 条件式]
[GROUP BY グループ化列名]
[HAVING 集計結果に対する条件式]
[ORDER BY 並び替え列名]
```

　角カッコで囲んだ修飾は必要に応じて任意で記述するものですが、それぞれの修飾を記述できる場所は定められています。特にORDER BY句は、ほかにどのような修飾を書いたとしても、必ず最後に記述しなければなりませんので注意してください。

---

column

 グループ集計と選択列リスト

　グループ集計を行うSELECT文の選択列リストに指定する列は、次のどちらかに当てはまるものでなければなりません。

(1) GROUP BY句にグループ化の基準列として指定されている。
(2) 集計関数による集計の対象となっている。

　なぜなら、これらに当てはまらない列を抽出しようとすると、「デコボコな結果表」（6.3.2項）になってしまうからです。

6.5 集計テーブルの活用

6.5.1 大量のデータ集計

もし将来的に家計簿のデータが増えたら、集計処理に何時間も
かかったりしないかな？

家計簿ならたぶん大丈夫よ。数万件程度のデータなら、DBMS
は一瞬で処理しちゃうから。

　集計関数は非常に便利な道具ですが、集計結果をはじき出すためにDBMS
はたくさんの計算処理を行います。もちろん、最近のコンピュータの性能は
高いため、数万件程度のデータであれば一瞬で処理してくれるでしょう。

　しかし、大手金融機関が管理する全口座の入出金情報ともなると、その行
数はかなり膨大なものになります。たとえば、2023年に入ってきたお金と出
て行ったお金を明らかにするための次のようなSQL文を実行するにしても、
長い時間がかかる恐れがあります。

リスト6-10 2023年の入出金の合計を算出

```
01  /* 数千万行が該当するかもしれないSQL 文 */
02  SELECT  SUM(入金額) AS 入金額合計, SUM(出金額) AS 出金額合計
03    FROM  口座入出金テーブル
04   WHERE  日付 >= '2023-01-01' AND 日付 < '2024-01-01'
```

　このような処理を、集計結果が必要となる度に毎回実行して計算するのは
非効率です。

6.5.2 | 集計テーブルの活用

　非常に大量のデータを取り扱う場合、集計テーブルと呼ばれるテーブルを用いて、次のような工夫がなされることがあります。

> 💡 **集計テーブルの利用**
>
> ・あるテーブルの集計結果を格納するための別テーブル（集計テーブル）を作成する。
> ・集計関数を用いて集計処理を1回行い、結果を集計テーブルに登録しておく。
> ・集計結果が必要な場合は、すでに作った集計テーブルに格納されている計算済みの集計結果を利用する（図6-9）。

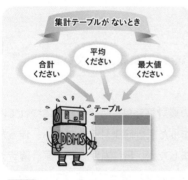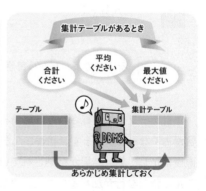

図6-9　集計テーブルの有無による違い

> さっそく、先輩と一緒に、家計簿の集計テーブルを作ってみたの。

　朝香さんは、家計簿テーブルの費目ごとの集計結果を格納する「家計簿集計テーブル」を作りました。家計簿テーブルに対して集計処理を行って得た結果を、1つずつINSERT文で集計テーブルに挿入して完成したのが、次の家計簿集計テーブルです。

費目	合計	平均	最大	最小	回数
居住費	240000	80000	80000	80000	3
水道光熱費	11760	5880	7560	4200	2
食費	10380	3460	5000	380	3
教養娯楽費	4600	2300	2800	1800	2
給料	840000	280000	280000	280000	3

この集計テーブルを1度作っておけば、いつでも必要なときに集計結果を取り出すことができます。

6.5.3 集計テーブルを更新する

でも、家計簿集計テーブルの内容って、集計したときのままなんじゃない？

そうなのよ。だから毎晩、頑張って集計し直しているの。

集計テーブルに登録された計算済みの集計情報は、時間が経つにつれて内容が古くなっていきます。朝香さんが作った家計簿集計テーブルも、作った直後は正しい集計結果が格納されていましたが、日にちが経って家計簿テーブルに新たな行が加わるにつれ、集計結果が食い違ってしまうでしょう。

集計テーブルを用いるリスク

集計テーブルに格納されている内容は、最新のデータを用いた集計より古くなってしまう可能性がある。

そこで、通常は、データの性質に応じて毎日や毎月、毎年などの一定のタイミングで集計処理を再実行し、集計テーブルの内容を最新の状態に更新す

る処理が行われます。今回の家計簿集計テーブルについては、朝香さんが毎晩手動で集計用のSQL文を実行し、その値に基づいて集計テーブルを更新しているとのことでした。

図6-10 定期的な集計テーブルの更新

集計テーブルに不可欠な更新作業

集計テーブルの内容が古くならないように、定期的に再集計して内容を更新する作業が不可欠である。

毎晩、集計用のSELECT文を実行して、結果を紙にメモして、UPDATE文で更新して。ホント大変なのよ…。

次の章では、そんな悩みを解決するSQLの機能を紹介するから、楽しみにしててね。

6.6 この章のまとめ

6.6.1 この章で学習した内容

集計

- 集計関数を用いてデータを集計することができる。
- 集計関数は、まとめたグループごとに1つの結果を算出する。
- 集計関数はSELECT文でのみ使用できる。

グループ化

- GROUP BY句にグループ分けの基準となる列を指定して、グループ別に集計を行うことができる。
- GROUP BY句を用いない集計では、検索結果の全件を1つのグループとして扱う。
- 集計値をもとにして特定のグループのみを抽出するには、HAVING句を用いる。

集計関数

主な集計関数

関数名	集計の内容	集計できるデータ型
SUM	データを合計する	数値
MAX	最も大きい値を求める	数値、日付と時刻、文字列
MIN	最も小さい値を求める	数値、日付と時刻、文字列
AVG	データを平均する	数値
COUNT	行数をカウントする	すべてのデータ型

今月の収入と支出の合計額を知りたい。

※ QR コードは、この項のリストすべてに共通です。

```
01  SELECT SUM(入金額), SUM(出金額) FROM 家計簿
```

今月の食費を支払った回数を知りたい。

```
01  SELECT COUNT(費目) AS 食費を支払った回数 FROM 家計簿
02    WHERE 費目 = '食費'
```

先月までの水道光熱費で、最も高かった額と低かった額を知りたい。

```
01  SELECT MAX(出金額) AS 最高額, MIN(出金額) AS 最低額
02    FROM 家計簿アーカイブ WHERE 費目 = '水道光熱費'
```

先月までの給料の平均額を知りたい。

```
01  SELECT AVG(入金額) AS 平均額 FROM 家計簿アーカイブ
02    WHERE 費目 = '給料'
```

先月までの費目ごとの出費額を知りたい。

```
01  SELECT 費目, SUM(出金額) AS 出金額 FROM 家計簿アーカイブ
02    GROUP BY 費目
```

今月の出費のうち、平均が5,000円以上の費目とその最大額を
知りたい。

```
01  SELECT 費目, MAX(出金額) AS 最大出金額 FROM 家計簿
02   WHERE 出金額 > 0
03   GROUP BY 費目
04  HAVING AVG(出金額) >= 5000
```

無駄な集計にご用心

次のSELECT文では、出費回数が5回以上の費目について、合計額と回数を求
めています。

```
SELECT 費目,
       SUM(出金額) AS 合計額,
       COUNT(出金額) AS 回数
  FROM 家計簿
 WHERE 出金額 > 0
 GROUP BY 費目
HAVING COUNT(出金額) >= 5
   AND 費目 IN ('食費', '居住費')    ▶ データ絞り込み条件
```

このSQL文をよく見ると、最後のANDで指定している費目の名称による絞り
込みは、集計結果ではなく、家計簿テーブルの各行に対する条件なので、WHERE
句に書いても同じ結果になります。

HAVING句ではなくWHERE句にこの条件を記述して絞り込むタイミングを早
めれば、DBMSが集計やグループ化を行う行数が減るためパフォーマンスは向上
します。集計の前に処理行数を減らせる場合は、WHERE句で早めに絞り込んで
しまいましょう。

6.7 練習問題

問題6-1

　ある年の日本各地の気象データを記録した、次のような都市別気象観測テーブルがあります。このテーブルについて、以下の設問で求められているデータを取得するSQL文を作成してください。その際、観測データのない都市や月の影響を受けないように集計してください。

都市別気象観測テーブル

列名	データ型	備考
都市名	VARCHAR(20)	「熊谷」「奈良」「博多」など
月	INTEGER	1〜12のいずれかの数値
降水量	INTEGER	観測データがないものはNULL
最高気温	INTEGER	観測データがないものはNULL
最低気温	INTEGER	観測データがないものはNULL

1. 日本全体としての年間降水量の合計と、年間の最高気温・最低気温の平均
2. 都市名「東京」の年間降水量と、各月の最高気温、最低気温の平均
3. 各都市の降水量の平均と、最も低かった最高気温、最も高かった最低気温
4. 月別の降水量、最高気温、最低気温の平均
5. 1年間で最も高い最高気温が38度以上を記録した月のある都市名とその気温
6. 1年間で最も低い最低気温が-10度以下を記録した月のある都市名とその気温

問題6-2

　サーバールームへの入退室を記録した、次ページのような入退室管理テーブルがあります。このテーブルについて、以下の設問で求められているデータを取得するSQL文を作成してください。なお、同姓同名の社員はいないものとします。

列名	データ型	備考
日付	DATE	入室した日付
退室	CHAR(1)	NULL：入室中 1：退室済み
社員名	VARCHAR(20)	入室した社員名
事由区分	CHAR(1)	入室事由を表すコード 　1：メンテナンス 　2：リリース作業 　3：障害対応 　9：その他

1. 現在入室中の社員数を取得する。
2. 社員ごとの入室回数を、回数の多い順に取得する。
3. 事由区分ごとの入室回数を取得する（事由区分はわかりやすく表示する）。
4. 入室回数が10回を超過する社員について、社員名と入室回数を取得する。
5. これまでに障害対応が発生した日付と、それに対応した社員数を取得する。

問題6-3

　次のSQL文のうち、集計関数の原則に照らし合わせるとエラーになるものを選択してください。なお、販売履歴テーブルには、ID、日付、商品名、商品区分、価格の列があるものとします。

```
1. SELECT COUNT(*) FROM 販売履歴

2. SELECT 商品名, COUNT(*) FROM 販売履歴

3. SELECT COUNT(*) FROM 販売履歴  GROUP BY 商品名

4. SELECT 商品名, COUNT(*) FROM 販売履歴  GROUP BY 商品名

5. SELECT 商品区分, 商品名, COUNT(*) FROM 販売履歴
     GROUP BY 商品名

6. SELECT 商品区分, 商品名, COUNT(*) FROM 販売履歴
     GROUP BY 商品区分, 商品名
   HAVING AVG(価格) >= 10000
```

BS46b

chapter 7
副問い合わせ

SQLには、SQL文の内部に別のSELECT文を
記述できる機能が備わっています。
この機能を使うと、1つのSQL文で2つ以上の処理ができ、
DBMSに対してより柔軟な指示ができます。
また、副問い合わせの構造を学べば、
SQL構文のより深い理解にもつながります。
さあ、SQLによる可能性をさらに広げていきましょう。

contents

7.1 検索結果に基づいて表を操作する

7.1.1 2回のSELECTが必要な状況

第6章で学んだMAX関数を使って、「最も大きな出費に関する費目と金額」を出してみたのよ。

なるほど、SELECT文を2回使ったんだね。こんなこともできるのかぁ。

　朝香さんは、自分が何に最もお金を使ったのかがわかるように、「最も大きな出費をしたときの費目と金額」を取得するSQL文を準備しました（リスト7-1）。

リスト7-1　最も大きな出費の費目と金額を求める①

```
01  /* 出金額の最大値を取得して値を書き留めておく */
02  SELECT MAX(出金額) FROM 家計簿;          -- (1)
03  /* (1)で得た金額を条件式に記述して費目と金額を取得する */
04  SELECT 費目, 出金額 FROM 家計簿          ここに(1)で得た金額を当てはめる
05    WHERE 出金額 = 【書き留めた額】;       -- (2)
```

リスト7-1 (2) のSQL文を実行した結果表

費目	出金額
水道光熱費	7560

でも、実は、最初からこの2つのSQL文を思いついたわけじゃないの。

もしみなさんが「最も大きな出費をしたときの費目と金額」を得るための
SQL文を考えるとしたら、どのように組み立てていくでしょうか。

　最終的には費目と出金額を知りたいわけですから、まずは **SELECT 費目，
出金額 FROM 家計簿 WHERE…** のように書き始めることでしょう。しか
し、WHERE句の続きを書こうとして、手が止まってしまうはずです。条件
式となる **出金額 = ?** の右辺に書くべき具体的な値は、実際に家計簿テー
ブルを調べてみなければわからないからです。そこで仕方なく、その部分を
調べるリスト7-1の（1）のSQL文を先に実行する方法にたどり着くでしょう。

　このように、「ひとまずSELECT文で何らかの検索結果を得て、得られた
具体的な値を用いてさらにSELECTやUPDATEなどを実行する」ような機会
は、実はデータベースを利用するうえでよくあります。

7.1.2　SELECTをネストする

日本語だと「最大の出費に関する費目と金額を知りたい」って
一言で済むのに、SQLにすると2つの文になっちゃうのか。

実は、SQLでも1つの文で書けるのよ。

　ひとまずSELECT文で何らかの検索結果を得て、得られた具体的な値を用
いてさらにSELECTやUPDATEなどを実行したい場合、それを1つのSQL文
で実現することができます。たとえば、さきほどのリスト7-1は、次のように
書き換えられます。

リスト7-2　最も大きな出費の費目と金額を求める②

```
01  SELECT 費目，出金額 FROM 家計簿
02    WHERE 出金額 = (SELECT MAX(出金額) FROM 家計簿)
```

えっ、1つの文の中にSELECTが2回も出てきてるよ？

でも…よく見たら、これ、もとの2つのSQL文が合体しているだけじゃない！？

このSELECT文をよく見ると、リスト7-1を構成する（1）と（2）の2つのSQL文が組み合わさって構成されている様子がわかります。

図7-1　リスト7-2の模式図

一般的に、あるものがその内側に別のものを内包している状態を**ネスト構造**や**入れ子**と呼びますが、リスト7-2もSQL文がネスト構造になっています。

そして（1）のSQL文のように、ほかのSQL文の一部分として登場するSELECT文のことを、**副問い合わせ**や**副照会**、または**サブクエリ**と呼びます。

副問い合わせとは

ほかのSQL文の一部分として登場するSELECT文。丸カッコでくくって記述する。

なお、内部に複数の副問い合わせを記述したり、副問い合わせの中にさらに別の副問い合わせを記述したりするのも可能です（図7-2）。

図7-2　副問い合わせ構造の模式図

図7-2を見てると、副問い合わせってパズルみたいだなぁ。

ほんとね。でも、どこにどうやって組み合わせればいいのか、悩んでしまいそう…。

　副問い合わせを使うと、複雑で高度なSQL文の作成が可能になります。だからといって、そのような長くて複雑なSQL文をいきなり書こうとすると大変です。

　しかし、副問い合わせを学ぶにはコツがあります。落ち着いて1つひとつの副問い合わせを部品として捉えてみれば、それぞれはこれまでに学んだ、単純なSQL文に過ぎません。個々のSQL文を1つずつ作り、あとから組み立ててあげればよいのです。

　副問い合わせをスッキリ習得するコツは以下の2つです。

副問い合わせを習得するコツ

・副問い合わせが処理されるしくみを理解しておく。
・副問い合わせの代表的な3つのパターンを学んでおく。

　これらのコツを押さえておけば、必ず、必要に応じて自分の手で複雑なSQL文を組めるようになっていきます。そのためにも、まずは基本をしっかりと学んでいきましょう。

それでは、コツを1つずつ紹介していくね。

DBMSが副問い合わせを含むSQL文をどのように処理していくか、その様子を見ていきましょう。次の図7-3は、図7-1のSQL文が処理されていく過程を表したものです。

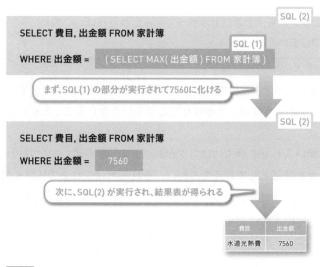

図7-3　副問い合わせの動作

最初に、副問い合わせのSQL（1）がDBMSによって処理され、具体的な値である7560に置き換わっていますね。

このように、副問い合わせを含むSQL文では、まず副問い合わせのSELECT文が実行され、SELECT文自体がその結果である具体的な値に「化ける」ことになります。その後、化けた値を当てはめて組み立てられた外側のSQL文、図7-3ではSQL（2）が実行されていきます。

副問い合わせの動作

まず、内側にあるSELECT文が実行され結果に化ける。
そして、外側のSQL文が実行される。

「実行されると結果に化ける」あたり、なんだか関数にも似ているね。

7.1.5 コツその2 副問い合わせのパターン

副問い合わせは、実行すると具体的な値に置き換わるんですね。あとは、よく使うパターンがわかればバッチリです！

パターンは、副問い合わせで得られる結果によって分類できるのよ。

副問い合わせで得られる検索結果について、考えてみましょう。副問い合わせの中身はSELECT文ですから、得られる結果の形としては、次の図7-4に示す3種類が考えられます。

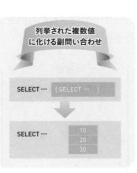
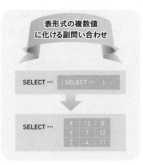

図7-4 副問い合わせで得られる3つの形

　図の左から、副問い合わせの結果は、1行1列の単一の値、n行1列の複数の値、n行m列の表、という形になっていますね（なお、ここでは1行m列は表形式に含めて考えます）。

　従って、副問い合わせを使うパターンは、次ページの3つにまとめることができます。

副問い合わせの3つのパターン

- ・単一の値の代わりとして、副問い合わせの検索結果を用いる。
- ・複数の値の代わりとして、副問い合わせの検索結果を用いる。
- ・表の値の代わりとして、副問い合わせの検索結果を用いる。

次節からは、このパターンに沿って1つずつ紹介していきます。

column

データ構造の種類

データベースに限らず、ITの世界では、複数のデータ(値)をある構造に従ってひとかたまりに取り扱うことがよくあります。たとえば、「太陽系の惑星の名前」は、次のように複数の値を並べた構造になります。

水 金 地 火 木 土 天 海

このように、1つ以上のデータで形成されたものをデータ構造(data structure)といい、次の3つが基本になります。

スカラー	ベクター	マトリックス
(単一の値)	(1次元に並んだ値 / 配列)	(2次元に並んだ値 / 表)

（例）昨日の京都の最高気温、自分の誕生日

（例）過去12か月の京都の最高気温、太陽系の惑星の名前

（例）過去12か月の各地の最高気温、九九の計算結果

副問い合わせの3つのパターンとは、検索結果がそれぞれスカラー、ベクター、マトリックスになると考えると理解しやすいでしょう。

7.2 単一の値の代わりに 副問い合わせを用いる

7.2.1 単一行副問い合わせ

単一行副問い合わせとは、副問い合わせの検索結果が1行1列の値になるパターンを指します。この副問い合わせの結果は、1つの値に化けると考えることもできます。

単一行副問い合わせは、単一の値を記述する場所であれば、基本的にどこでも記述できます。代表的な場所としては、SELECT文の選択列リストやUPDATE文のSET句などが挙げられます。

図7-5 単一行副問い合わせのイメージ

単一行副問い合わせとは

・検索結果が1行1列の1つの値となる副問い合わせを指す。
・SELECT文の選択列リストやFROM句、UPDATE文のSET句、1つの値との判定を行うWHERE句の条件式などに記述できる。

ここでは、SET句と選択列リストでの利用例を紹介するわね。

さっそく、SET句での利用例を見てみましょう。

リスト7-3 SET句で副問い合わせを利用する

```
01  UPDATE 家計簿集計
02    SET 平均 = (SELECT AVG(出金額)
03                  FROM 家計簿アーカイブ
04                  WHERE 出金額 > 0
05                  AND 費目 = '食費')
06    WHERE 費目 = '食費'
```

副問い合わせの
結果は5000

リスト7-3の結果表　家計簿集計テーブル

費目	合計	平均	最大	最小	回数
居住費	240000	80000	80000	80000	3
水道光熱費	11760	5880	7560	4200	2
食費※	10380	5000	5000	380	3
教養娯楽費	4600	2300	2800	1800	2
給料	840000	280000	280000	280000	3

※ リスト7-3では平均のみを更新したため、合計とは不整合になっている。

　リスト7-3では、副問い合わせが5000という具体的な数値に変化します。そして最終的には、家計簿集計テーブルの「食費」行の平均に5000をSETするUPDATE文になるというわけです。

これは第6章の家計簿集計テーブルの例ですね。なるほど、副問い合わせを使えば集計と更新がいっぺんにできちゃうんですね！

7.2.3 | 選択列リストで利用する

次に、SELECT文の選択列リストでの利用例を見てみましょう。

リスト7-4 選択リストで副問い合わせを利用する

```
01  SELECT 日付, メモ, 出金額,
02        (SELECT 合計 FROM 家計簿集計
03           WHERE 費目 = '食費') AS 過去の合計額
04    FROM 家計簿アーカイブ
05   WHERE 費目 = '食費'
```

> 副問い合わせの
> 結果は10380

リスト7-4の結果表

日付	メモ	出金額	過去の合計額
2023-12-24	レストランみやび	5000	10380
2024-01-13	新年会	5000	10380

このSQL文の副問い合わせは、家計簿集計テーブルの食費に関する合計額を取得する内容です。集計テーブルの食費に対応する行は1行ですから、検索結果は1つの値になります。

従って、副問い合わせが10380という具体的な値に変化し、外側のSELECT文は、「食費の各明細と、これまでの食費の合計値を同時に表示する」という動作をします。

> 最初から全体を読もうとして複雑でよくわからないときは、副問い合わせを示すカッコを探すといいわよ。

7.3 複数の値の代わりに副問い合わせを用いる

7.3.1 複数行副問い合わせ

複数行副問い合わせとは、副問い合わせの検索結果が複数の行から成る単一列（n行1列）の値になるパターンを指します。従って、このパターンの副問い合わせを実行した結果は、複数の値に化けるとも考えることができます。

複数行副問い合わせは、SQL文中で複数の値を列挙する場所に、その代わりとして記述できます。具体的には、IN、ANY、ALL演算子を用いた条件式が代表的です。

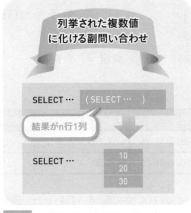

図7-6　複数行副問い合わせのイメージ

> #### 複数行副問い合わせとは
>
> ・検索結果がn行1列の複数の値となる副問い合わせを指す。
> ・複数の値との判定を行うWHERE句の条件式や、SELECT文の
> 　FROM句に記述できる。

7.3.2 IN演算子で利用する

まずは、第3章で登場した比較演算子INを使った条件式での利用例です。そもそもIN演算子とは、次のような使い方をするものでした（リスト7-5）。

リスト7-5 INを使った条件式

```
01  SELECT * FROM 家計簿集計
02    WHERE 費目 IN ('食費', '水道光熱費', '教養娯楽費', '給料')
```

リスト7-5の結果表

費目	合計	平均	最大	最小	回数
水道光熱費	11760	5880	7560	4200	2
食費※	10380	3460	5000	380	3
教養娯楽費	4600	2300	2800	1800	2
給料	840000	280000	280000	280000	3

※ リスト7-3による食費の平均への更新は反映されていない。

　IN演算子の右には、文字列の値が列挙されていますが、この部分を副問い合わせに置き換えることができます（リスト7-6）。

リスト7-6 INで副問い合わせを利用する

```
01  SELECT * FROM 家計簿集計
02    WHERE 費目 IN (SELECT DISTINCT 費目 FROM 家計簿)
```
　　　　　　　　　　副問い合わせの結果は費目のグループ

リスト7-6の結果表

費目	合計	平均	最大	最小	回数
水道光熱費	11760	5880	7560	4200	2
食費※	10380	3460	5000	380	3
教養娯楽費	4600	2300	2800	1800	2
給料	840000	280000	280000	280000	3

※ リスト7-3による食費の平均への更新は反映されていない。

　この副問い合わせは第4章のリスト4-3（p.111）とまったく同じだわ。費目の種類一覧に変化するのね。

7.3.3 | ANY／ALL演算子で利用する

IN演算子と一緒に第3章で紹介したANYやALLも、複数行副問い合わせと組み合わせて利用される代表的な演算子です。

リスト7-7　**ANYで副問い合わせを利用する**

```
01  SELECT * FROM 家計簿
02    WHERE 費目 = '食費'
03      AND 出金額 < ANY (SELECT 出金額 FROM 家計簿アーカイブ
04                       WHERE 費目 = '食費')
```

> 副問い合わせの結果は食費の金額グループ

リスト7-7の結果表

日付	費目	メモ	入金額	出金額
2024-02-03	食費	コーヒーを購入	0	380

> ANYはたくさんの値といっぺんに比較したいときに便利なんだよね。

ANY演算子は、左辺の値と右辺に列挙された値とを比較して、いずれかの値と併記した比較演算子が成立するかを判定するものでした。この例では、＜演算子をANYと組み合わせていますので、3〜4行目は「副問い合わせの結果で得られる複数の値のいずれかより出金額が小さければ」という意味の条件式になります。

もしこのSQL文のANYをALLに書き換えると、「副問い合わせの結果で得られる複数の値のどれよりも出金額が小さければ」という条件になります。

7.3.4 | エラーとなる副問い合わせ

> 複数行副問い合わせは、SQL文中のどこにでも記述できるわけではないの。なぜだかわかるわね？

複数行副問い合わせの結果はn行1列、つまり「複数の値」です。よって、IN演算子やANY演算子の「カンマで区切った値の列挙」の代わりに記述できても、単一の値の代わりに記述することはできません。

たとえば、SELECT * FROM 家計簿 WHERE 出金額 < 30000 というSELECT文の 30000 の部分に、複数行副問い合わせを記述するとエラーになります。副問い合わせの結果として得られる複数の値のうち、どれと出金額を比較してよいか、わからなくなるからです（図7-7）。

エッ？…どれと比較して
大小を判断すればいいの？

図7-7 単一の値と比較する演算子は複数の値と比較できない

些細な違いですが、前項で紹介したように、不等号の右にANY／ALL演算子を加えれば正しいSQL文として動作します。たとえば、SELECT * FROM 家計簿 WHERE 出金額 < ANY (30000) というSELECT文であれば、30000 の部分に複数行副問い合わせを記述できます。

複数行と比較したいときには

複数行副問い合わせは複数の値に化けるので、単なる等号や不等号では比較できない。等号や不等号にANY／ALL演算子を組み合わせたり、IN／NOT IN演算子を用いたりすればよい。

7.3.5 副問い合わせとNULL

> 複数行の副問い合わせに関してもう1つ、重要な注意点を紹介しておくね。

次のリスト7-8を実行すると、どのような結果になるでしょうか。みなさんも考えてみてください。

リスト7-8　値リストにNULLのある条件式

```
01  SELECT * FROM 家計簿
02    WHERE 費目 NOT IN ('食費', '水道光熱費', NULL)
```

> 費目が「食費」でも「水道光熱費」でもNULLでもない行を抽出できるんでしょ？

> でも、NULLかどうかを判定するには、特別なルールがあったはずよ。

　朝香さんの言うとおり、データが格納されていない状態を意味するNULLを判定するには、IS NULL演算子かIS NOT NULL演算子を使わなければならないルールがありました。もし通常の演算子で比較すると、結果は「不明」となり、正しい比較ができません（p.84）。

　NOT IN演算子は、右辺に列挙された値を不等号を使って1つひとつ比較し、どの値とも明らかに等しくないことを判定する演算子です。よって、右辺に1つでもNULLが含まれると、NOT IN全体として「どの値とも明らかに等しくないか」は「不明」となります。WHERE句は記述した条件式の結果が真となる行だけを抽出しますから（p.79）、リスト7-8のSELECT文では最終的に1行も結果が得られないことになります。これは、NOT IN演算子と同じ意味になる、<> ALLで比較した場合も同様です。

副問い合わせの結果が NULL を含んでいた場合

WHERE句などの絞り込みで、「結果に NULL を含む副問い合わせ」
を NOT IN や <> ALL と共に用いると、結果は0行となる。

データにNULLが含まれてしまったために、取得できるはずのデータが取
得できないというケースは、データベースを使ったアプリケーションで陥り
やすい落とし穴です。原因の特定が難しい場合も多いので、特に注意しま
しょう。

> でも、副問い合わせの結果に NULL が含まれるかなんて、実行
> してみなければわからないですよね。

> 大丈夫！　絶対に NULL が含まれない状況を作ってあげればい
> いのよ。

　副問い合わせの結果から確実に NULL を除外するには、2つの方法があり
ます。

副問い合わせの結果から
確実に NULL を除外する方法

(1) 副問い合わせの絞り込み条件に、IS NOT NULL 条件を含める。
(2) COALESCE関数を使って NULL を別の値に置き換える。

> なるほど、あの不思議な関数はこういうときに使うのか！

　上記それぞれの方法を使って、副問い合わせの結果からNULLを除外した
SQL文が次ページのリスト7-9とリスト7-10です。

| リスト7-9 | 副問い合わせからNULLを除外する(1) |

```
01  SELECT * FROM 家計簿アーカイブ
02  WHERE 費目 IN (SELECT 費目 FROM 家計簿
03          WHERE 費目 IS NOT NULL)
```

NULLを除外する条件を付加した

| リスト7-10 | 副問い合わせからNULLを除外する(2) |

```
01  SELECT * FROM 家計簿アーカイブ
02  WHERE 費目 IN (SELECT COALESCE(費目, '不明') FROM 家計簿)
```

費目がNULLなら代わりに'不明'にする

　なお、IN演算子は、右辺に列挙された値を等号を使って比較していき、いずれかの値と等しければ真と判断する演算子です。従って、右辺にNULLが含まれていても、等しい値が1つでもあれば、結果を得ることができます。

column

行値式と副問い合わせ

　ここではn行1列の検索結果が返る副問い合わせを複数行副問い合わせとしましたが、Oracle DBなどの一部のDBMSでは、結果がn行m列（7.4節）でも、複数の列を組み合わせて同時に比較することで、複数行副問い合わせとして利用できます。このような複数の列の組み合わせによる条件式を行値式といいます。

```
WHERE (A, B) IN (SELECT C, D FROM 〜)
```

7.4 表の代わりに副問い合わせを用いる

7.4.1 表の結果となる副問い合わせ

最後に紹介する表副問い合わせは、副問い合わせの検索結果が複数の行と複数の列から成る表形式（n行m列）の値となるパターンです（図7-8）。従って、この副問い合わせを実行した結果は、表の形に化けるとも考えることができます。

このパターンの副問い合わせは、通常のSQL文において表を記述できる場所、たとえば、SELECT文のFROM句やINSERT文などに記述できます。

図7-8 表副問い合わせのイメージ

表形式の結果となる副問い合わせとは

・検索結果がn行m列の表となる副問い合わせを指す。
・SELECT文のFROM句やINSERT文などに記述できる。

ここでは、FROM句とINSERT文での利用例を紹介しましょう。

7.4.2 FROM句で利用する

リスト7-11 FROM句で副問い合わせを利用する

```
01  SELECT SUM(SUB.出金額) AS 出金額合計
02    FROM (SELECT 日付, 費目, 出金額
03            FROM 家計簿
04          UNION
05          SELECT 日付, 費目, 出金額
06            FROM 家計簿アーカイブ
07           WHERE 日付 >= '2024-01-01'
08             AND 日付 <= '2024-01-31') AS SUB
```

FROM句はすべて副問い合わせ

リスト7-11の結果表

出金額合計
102540

うわっ、長いSELECT文だなぁ…。ええと、複雑なSQL文を読み解くには、カッコを探すんだったよね。

そうね。どうやら、FROM句の中は全部が副問い合わせになってるみたいね。

外側のSQL文は、 SELECT 〜 FROM 〜 の形をした単純なSELECT文ですが、そのFROM句は1つの大きな副問い合わせで構成されています。副問い合わせの内容は、家計簿テーブルと家計簿アーカイブの2024年1月分がUNIONで足し合わされているため、これを1つのテーブルのように捉えることが可能です。

また、副問い合わせの部分に「SUB」という別名を付けています。外側のSELECTの選択列リストでは、この別名を利用して、副問い合わせで得られる表の項目を指し示しています。

別名を付けるとSQL文がわかりやすくなるし、DBMSも解析が
しやすくなって実行速度が上がることもあるのよ。

---

column

副問い合わせに別名を付けるときの注意点

　本書では、FROM句に記述した副問い合わせに別名の利用を推奨していますが、SQL Serverなどの一部のDBMSでは、別名を必須としているものもあります。また、Oracle DBではテーブルに別名を付けるときには「AS」ではなく、スペースで区切って記述します。

　このように、別名の表記方法もDBMSによって異なりますので、利用する環境に応じて対応してください。

7.4.3 | INSERT文で利用する

　最後に紹介する副問い合わせの利用例は、INSERT文での活用法です。

　そもそもINSERT文は、原則として、1回の呼び出しで1行しか追加できません。つまり、単純に考えると100行分のデータを追加したい場合は、100回のINSERT文を実行する必要があります。

　しかし、副問い合わせを使えば1回のINSERT文で複数行のデータ登録が可能になります。さっそく実例を紹介しましょう（リスト7-12）。

リスト7-12 INSERT文で副問い合わせを利用する

```
01  INSERT INTO 家計簿集計(費目, 合計, 平均, 回数)
02  SELECT 費目, SUM(出金額), AVG(出金額), 0
03    FROM 家計簿
04   WHERE 出金額 > 0
05  GROUP BY 費目
```

集計結果を表形式で
返す副問い合わせ

あれれ？　INSERTがあって、次の行がSELECT？　いったいどうなってるの？

どうやらSELECT文のほうは、家計簿テーブルを集計しているみたいだけど…。

　この例では、2行目以降、最後までが副問い合わせです。これまでと異なり今回の副問い合わせは、カッコでくくられていません。少々読みにくいかもしれませんが、このパターンだけの特例なので慣れてしまいましょう（この用法は、厳密には副問い合わせではなくINSERT文の特殊構文です）。

　リスト7-12の副問い合わせは、INSERT文のVALUES以降の記述に相当する内容に化けるものです。SELECTの検索結果がそのままテーブルに登録すべき値として処理されます。

このSQL文って、家計簿集計テーブルを新たに作るときに使えますね！

　なお、もし副問い合わせの結果表の列と登録するテーブルの列が完全に一致していれば、INSERT INTO 家計簿集計 SELECT ～ のように、INSERTの列名指定を省略することもできます。

副問い合わせはSQLの中でも複雑な機能だけど、2人ともここまでよく頑張ったわね。

はい！　いろいろと応用を試してみます！

column

単独で処理できない副問い合わせ

　ここまで紹介したように、副問い合わせはそれを取り囲む外側のSQL文（主問い合わせ）から独立している状態が一般的です。しかし、次のような特殊な副問い合わせを利用する場面もあります。

```
/* 今月使った費目（家計簿テーブルに登場する費目）についてのみ、
   合計金額を家計簿集計テーブルから抽出したい */
SELECT 費目, 合計 FROM 家計簿集計
WHERE EXISTS
(SELECT * FROM 家計簿 WHERE 家計簿.費目 = 家計簿集計.費目)
```
> 外側のSQL文の列を利用している

　このように、副問い合わせの内部から主問い合わせの表や列を利用する副問い合わせを、相関副問い合わせといいます。

　特に上記のように、「ほかのテーブルに値が登場する行のみ抽出したい」場合に、EXISTS演算子とともに使われます。この形態は典型的な活用例ですので、パターンとして覚えておくとよいでしょう。

```
SELECT 列 FROM テーブルA
WHERE EXISTS
(SELECT * FROM テーブルB WHERE テーブルB.列 = テーブルA.列)
```

　相関副問い合わせは副問い合わせの一種ではありますが、その処理方法や動作原理は一般的な副問い合わせと根本的に異なるため、まったくの別物としての理解をおすすめします。

　通常の副問い合わせが「内側の副問い合わせを1回処理→主問い合わせを1回処理」という単純な処理の流れであるのに対して、相関副問い合わせは、主問い合わせがテーブルから行を絞り込む過程で、各行について抽出の可否を判断するために繰り返し副問い合わせを実行するので、DBMSの負荷は大幅に増加します。

chapter
7

7.5 この章のまとめ

7.5.1 この章で学習した内容

SQL文のネスト

- SQL文の中に別のSELECT文を記述することができ、これを副問い合わせや副照会、またはサブクエリという。
- 副問い合わせは、実行すると何らかの値に置き換わる。
- 副問い合わせは、より内側にあるものから外側に向かって順に評価されていく。

副問い合わせのパターン

- 副問い合わせの結果が1行1列になるものを単一行副問い合わせという。
- 副問い合わせの結果がn行1列になるものを複数行副問い合わせという。
- 副問い合わせの結果がn行m列の表形式になる副問い合わせも利用される。

複数行副問い合わせと演算子

- 複数行副問い合わせは、IN、ANY、ALL演算子などと併せてよく用いられる。
- 複数行副問い合わせの結果にNULLが含まれると、NOT IN、<> ALL演算子の評価結果もNULLとなる。

7.5.2 この章でできるようになったこと

食費の合計額を集計して集計テーブルを更新したい！

```
01  UPDATE 家計簿集計
02    SET 合計 = (SELECT SUM(出金額)
03                   FROM 家計簿アーカイブ
04                  WHERE 出金額 > 0
05                    AND 費目 = '食費')
06   WHERE 費目 = '食費'
```

1月と12月の出金額の合計をそれぞれ知りたい。

```
01  SELECT SUMLIST.タイトル, SUMLIST.出金額計
02    FROM (SELECT '合計01月' AS タイトル, SUM(出金額) AS 出金額計
03            FROM 家計簿アーカイブ
04           WHERE 日付 >= '2024-01-01'
05             AND 日付 <= '2024-01-31'
06           UNION
07          SELECT '合計12月' AS タイトル, SUM(出金額) AS 出金額計
08            FROM 家計簿アーカイブ
09           WHERE 日付 >= '2023-12-01'
10             AND 日付 <= '2023-12-31') AS SUMLIST
```

今月初めて発生した費目を知りたい。

```
01  SELECT DISTINCT 費目 FROM 家計簿
02   WHERE 費目  NOT IN (SELECT 費目 FROM 家計簿アーカイブ)
```

今月の給料が先月までよりも高い額かを知りたい…。

```
01  SELECT * FROM 家計簿
02   WHERE 費目 = '給料'
03    AND 入金額 > ALL (SELECT 入金額 FROM 家計簿アーカイブ
04                    WHERE 費目 = '給料')
```

今月の家計簿データをアーカイブしたい！

```
01  INSERT INTO 家計簿アーカイブ
02  SELECT * FROM 家計簿
```

column

パターンにとらわれずに副問い合わせを使おう

　この章では、副問い合わせを記述できる場所について、いくつかの具体的な例で紹介しました。しかし、今回紹介したものだけが、副問い合わせを記述できるすべての場所というわけではありません。

　詳細はDBMSによって異なりますが、SQL文の中で単一の値を記述できる場所は、たいてい、単一行副問い合わせに置き換えることができます。複数の値の列挙が求められる場所には、複数行副問い合わせを書くと動く可能性が高いと考えられます。

　「副問い合わせがどのような形に化けるか」という意識さえできていれば、さまざまな場所で自由に副問い合わせを活用できるようになるはずです。

第Ⅱ部

7.6 練習問題

問題7-1

次の検索結果1〜3は、あるSQL文の副問い合わせの部分だけを実行して得られた結果です。それぞれについて説明した文章を読み、空欄を適切な文言で埋めてください。

検索結果 1
January

検索結果1のように、1行1列の値が返ってくる副問い合わせを （A） という。 （B） 文の選択列リストや、UPDATE文の （C） 句などで利用できる。

検索結果 2
January
February
March

検索結果2のように、 （D） 行 （E） 列の形で結果を取得できる副問い合わせを （F） という。比較演算子と組み合わせると、複数の値との比較ができる （G） 演算子や （H） 演算子を使ったWHERE句の条件に用いる場合が多い。

検索結果 3		
January	1	31
February	2	28
March	3	31

SELECT文の （I） 句に記述したこの副問い合わせは、検索結果3のような

（J）形式の情報を、あたかもテーブルのように指定できる。また、（K）文に記述して、検索結果そのままの形でテーブルに登録することができる。

問題7-2

　　レンタカー業務に関する2つのテーブルと、これらのテーブルからデータを抽出するSQL文1〜3があります。各SQL文について、副問い合わせの部分のみを実行した場合と、全体を実行した場合に取得できるデータをそれぞれ回答してください。

料金テーブル（各車の1日あたりのレンタル料）

車種コード	車種名	価格
S01	軽自動車	5250
S02	ハッチバック	5775
S03	セダン	8400
E01	エコカー	8400
E02	エコカー S	8715

・車種コード　　CHAR(3)
・車種名　　　　VARCHAR(20)
・価格　　　　　INTEGER

レンタルテーブル（各車のレンタルの実績）

レンタル ID	車種コード	レンタル日数
1001	S02	1
1002	S01	3
1201	E01	2
1202	S02	5
1510	E01	1

・レンタル ID　　CHAR(4)
・車種コード　　CHAR(3)
・レンタル日数　INTEGER

```
1. SELECT 価格 * (SELECT SUM(レンタル日数)
                FROM レンタル
                WHERE 車種コード = 'E01') AS 金額
     FROM 料金
     WHERE 車種コード = 'E01'
```

```
2. SELECT 車種コード, 車種名
     FROM 料金
    WHERE 車種コード IN (SELECT 車種コード FROM レンタル
                        WHERE レンタル日数 > 1)
    ORDER BY 車種コード

3. SELECT SUM(SUB.日数) AS 合計日数,
          COUNT(SUB.車種コード) AS 車種数
     FROM (SELECT 車種コード, SUM(レンタル日数) AS 日数
            FROM レンタル
           GROUP BY 車種コード) AS SUB
```

問題7-3

牛を個体識別番号で管理している個体識別テーブルがあります。このテーブルについて、次の設問1～3で指示されたSQL文を作成してください。

個体識別テーブル

列名	データ型	備考
個体識別番号	CHAR(4)	牛を一意に管理する番号
出生日	DATE	その牛が出生した日付
雌雄コード	CHAR(1)	牛の性別を表すコード　1:雄　2:雌
母牛番号	CHAR(4)	母牛の個体識別番号
品種コード	CHAR(2)	牛の品種を表すコード　01:乳用種　02:肉用種　03:交雑種
飼育県	VARCHAR(10)	牛を飼育している都道府県名

1. 飼育県別に飼育頭数を集計し、その結果を次の頭数集計テーブルに登録する。

頭数集計テーブル

列名	データ型	備考
飼育県	VARCHAR (20)	牛を飼育している都道府県名
頭数	INTEGER	飼育している牛の数

2. 1で作成した頭数集計テーブルで、飼育頭数の多いほうから3つの都道府県で飼育されている牛のデータを、個体識別テーブルより抽出する。抽出する項目は、都道府県名、個体識別番号、雌雄とする。ただし、雌雄はコードではなく「雄」「雌」の日本語表記とする。

3. 個体識別テーブルには母牛についてもデータ登録されており、母牛が乳用種である牛の一覧を個体識別テーブルより抽出したい。抽出する項目は、個体識別番号、品種、出生日、母牛番号とする。ただし、品種はコードではなく「乳用種」「肉用種」「交雑種」の日本語表記とする。

chapter 8
複数テーブルの結合

私たちがこれまで学んできたSQLのさまざまな機能や
構文のほとんどは、1つのテーブルを操作するものでした。
しかし、データベースの実力を最大限に引き出すためには、
複数テーブルに分けて格納されたデータを同時に取り出す
「結合」の活用が欠かせません。
この章では、本格的な家計簿データベースの実現に向け、
複数テーブルを取り扱う方法を学びましょう。

contents

8.1 「リレーショナル」の意味

家計簿DBで、たくさんのことができるようになったわね。

構文をたくさん覚えるのは大変だったけど、おかげで表のデータを自由自在に操作できる気がするよ。

よかった！ じゃあ準備体操はこのぐらいでいいかしらね。

えっ…!!

あら、ここからが本番なのよ。そしていちばん楽しいところなの。

図8-1 これからがDBMSの真の実力だ

　私たちはこれまで7つの章にわたり、さまざまなSQLの構文について学んできました。ここまで読み進んできたみなさんであれば、これまでに学んだSQLの力を使って、テーブルにデータを登録したり、自分が必要とする形でテーブルのデータを取り出したりすることに、少しずつ自信が付いてきたのではないでしょうか。

　はじめは難しそうに感じたデータベースやSQLも、あらためて振り返ってみると、まったく理解できないほど難しいものではなくなっているはずです。

これまで学んだこと

第Ⅰ部　基本的なデータの格納と取得
・4大命令でテーブルにデータを出し入れできる（第2章）。
・WHERE句で処理対象行を絞り込める（第3章）。
・ORDER BYやDISTINCTで検索結果に追加の処理を施せる（第4章）。

第Ⅱ部　データ取得時の計算処理
・式や関数を用いて、計算や集計ができる（第5、6章）。
・検索結果に基づいてデータを操作できる（第7章）。

　すでにみなさんは、かなり自由にテーブルに情報を格納したり、抽出したり、計算したりすることができる実力を備えています。その自信が付いた一方で、次のように感じ始めた人もいるのではないでしょうか。

> でも、この程度のデータ操作なら、データベースを使うまでもなくエクセルでいいんじゃない？

　確かに、表計算ソフトを使えば、表に対して思うようにデータを書き込んだり、削除したりできます。高度な機能を使いこなせば、特定条件を満たす行だけの表示や計算、集計や並び替えも自由自在です。

　実は、これまで本書で解説してきた機能は、データベースの機能のうち特

に学びやすい一部だけを選んだものです。つまり、データベースに真の実力を発揮させるための機能や構文は、まだ紹介していません。

本格的にデータベースを活用したシステムを構築する場合、この章以降で紹介する数々の機能を駆使し、「表計算ソフトでは到底真似できない高度なデータ操作」を実現することになります。

データベースの優位性

データを安全、確実、高速に取り扱うために生まれたデータベースは、表計算ソフトにはないさまざまな機能を備えている。

この章以降の内容もしっかりと身に付けて、データベースの真の実力を引き出せるようになりましょう。

8.1.2 複数テーブルにデータを格納する

DBの真の実力を引き出すって言うけど、家計簿DBはもうこれ以上改良しようがないんじゃない？

そもそもテーブルの作り自体に改善の余地があるのよね。

ここで、これまで利用してきた家計簿テーブルの構造をあらためて振り返ってみましょう（テーブル8-1）。

テーブル8-1 これまでの家計簿テーブル

日付	費目	メモ	入金額	出金額
2024-02-03	食費	カフェラテを購入	0	380
2024-02-05	食費	昼食（日の出食堂）	0	750
2024-02-10	給料	1月の給料	280000	0

この家計簿テーブルの構造は、一見問題ないように思えます。実際、ノートなどに記録する紙の家計簿は、このテーブルと同じような構造になっているでしょう。私たち入門者にとっても、理解しやすい構造をしています。

しかし、本格的なデータベース活用を目指すなら、次のテーブル8-2とテーブル8-3に示すように、「家計簿テーブル」「費目テーブル」の2つを個別に準備するのが定石です。

テーブル8-2　新しい家計簿テーブル

日付	費目ID	メモ	入金額	出金額
2024-02-03	2	カフェラテを購入	0	380
2024-02-05	2	昼食（日の出食堂）	0	750
2024-02-10	1	1月の給料	280000	0

テーブル8-3　費目テーブル

ID	名前	備考
1	給料	給与や賞与
2	食費	食事代（ただし飲み会などの外食を除く）
3	水道光熱費	水道代・電気代・ガス代

※ ID列には主キーとなる連番を格納する。

家計簿テーブルの費目列が数字になっちゃった…。

新しい家計簿テーブルでは、「費目」列が「費目ID」列になり、その内容は、これまでのように費目の名前ではなく、単純な数字になっていますね。たとえば、2024年2月3日の行でいえば、「食費」だった内容が「2」になっています。

この「2」がいったい何を意味する数字なのかは、鋭いみなさんであればなんとなく想像がつくかもしれません。この数字は、費目テーブル（テーブル8-3）におけるIDが2の行、つまり「食費」の行を指し示しています。

なるほど！ 具体的な費目の名前を登録する代わりに、「費目については別テーブルのこの行を見てね」という指示を格納しているのね。

8.1.3 外部キーとリレーションシップ

新しい家計簿テーブルでは、「費目」列に数字が格納されるようになりました。具体的には、費目テーブルの「ID」列のいずれかの値が格納されます。

「ID」列は費目テーブルの主キー（p.97）ですから重複はありえません。そのためIDの値が決まればどの行を意味するかを確定できます。家計簿テーブルの各行には、費目IDを登録しておけば、費目テーブルのどの1行を指し示すかを明確に指定できます。

家計簿テーブルからは費目の名前は消えてしまいましたが、費目テーブルのIDをたどると、きちんと費目の名前がわかるのです（図8-2）。

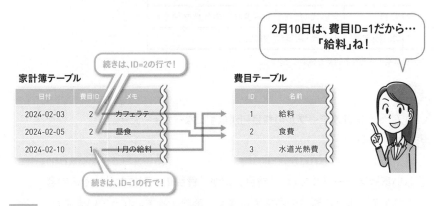

図8-2 ID列の内容をたどれば、費目の名前がちゃんとわかる

今回の「家計簿テーブル」と「費目テーブル」のように、ある2つのテーブルの間に情報としての関連がある場合、その関連をリレーションシップ（relationship）といいます。

また、家計簿テーブルの「費目ID」列のように、ほかのテーブルの関連行を指すための値を格納してリレーションシップを結ぶ役割を担う列を外部キー（foreign key）といいます。

> **外部キー列の役割**
>
> 外部キー列は、他テーブルのある列（主キー列など）の値を格納し、「その行が他テーブルのどの行と関連するか」を明らかにする。

> 主キーと外部キーは名前が似ていて混乱しやすいけど、機能や役割はまったく異なる無関係なものなのよ。

8.1.4　複数テーブルに分けるメリット

> うーん…でも、もとの家計簿テーブルのほうが断然よかったように思うんだけどな。

> そうですよ。費目が2とか1とかの数字になっちゃったから、印刷しても意味不明だし…。

　前項では、これまで1つの家計簿テーブルに登録していたデータを、2つのテーブルに分けて格納しました。しかし、テーブル8-2をテーブル8-1と見比べると、その内容がわかりにくくなってしまい、かえって不便になったと感じるかもしれません。

　確かに、人間にとっては不便になってしまった事実は否めません。しかし、コンピュータにとっては、テーブルが分割されていたほうがデータを安全、確実、高速に取り扱いやすいのです。

　具体的に、わかりやすい例をいくつか挙げてみましょう。

例1　費目の名前を変更する場合

　家計簿テーブルに10万行のデータがすでに格納された状態で、「給料」だった費目を「給与手当」に変更するとしましょう。もし、テーブル8-1の古い家計簿テーブルだとしたら、次ページのリスト8-1のSQL文を実行する必要があります。

リスト8-1 古い家計簿テーブルの場合

```
01   UPDATE 家計簿
02      SET 費目 = '給与手当'
03   WHERE 費目 = '給料'
```

このSQL文を実行すると、DBMSは家計簿テーブルに格納された10万行すべてに対して、1行ずつ条件に合致するかを調べて書き換えることになります。

一方、もし家計簿テーブルがテーブル8-2とテーブル8-3のように分割されていた場合はリスト8-2のようなSQL文になります。

リスト8-2 新しい家計簿テーブルの場合

```
01   UPDATE 費目  ─── 更新する対象は費目テーブル
02      SET 名前 = '給与手当'
03   WHERE 名前 = '給料'
```

このSQL文はリスト8-1ととてもよく似ていますが、DBMSが処理対象とする行数には明らかな違いがあります。費目の種類は多く見積もっても100個程度と考えられるため、DBMSは100行程度しかない費目テーブルを調べ、条件に合致するたった1行を書き換えるだけの仕事をすればよいのです。

> 確かに、10万行とたった1行じゃ、負荷の違いは歴然ですね。

例2　費目に関する補足情報を管理したい場合

テーブル8-3の費目テーブルでは、費目についての補足情報である解説文を「備考」列として管理しています。たとえば、将来、これと同じように収支区分などの列を加えていくのも容易です。

もし家計簿テーブルだけを単独で使い、費目に関して名前や備考以外の情報も同じ家計簿テーブルに格納しようとすると、次のテーブル8-4のように同じような内容を繰り返し登録したムダの多い表になってしまうのです。

日付	費目	費目の備考	メモ	入金額	出金額
2024-02-03	食費	食事代（ただし飲み会などの外食を除く）	カフェラテを購入	0	380
2024-02-05	食費	食事代（ただし飲み会などの外食を除く）	昼食（日の出食堂）	0	750
2024-02-10	給料	給与や賞与	1月の給料	280000	0
2024-02-12	食費	食事代（ただし飲み会などの外食を除く）	松田くんとカレーランチ	0	900

例3　ある特定行の費目名を書き換える場合

確かに重複が多いけど、まぁ間違ったデータが入っているわけじゃないから、別にかまわないんじゃないかなあ？

ほんとにそうかしら？

　仮にテーブル8-4のような家計簿テーブルでもよいとして、「2月10日は給料ではなく、宝くじに当選した（雑収入）」の間違いだと判明した場合、どのようなSQL文を記述すればよいでしょうか。

カンタンだよ。えっと…。

リスト8-3 矛盾した状態を生むテーブル更新

```
01  UPDATE 家計簿
02     SET 費目 = '雑収入', メモ = '宝くじに当たった'
03   WHERE 日付= '2024-02-10'
```

　リスト8-3を実行すると、テーブル8-4の費目列の内容は「雑収入」に更新されますが、「費目の備考」列の更新を忘れています。費目は「雑収入」なのに備考は「給与や賞与」という、矛盾した状態になってしまうのです。
　同じような情報をいろいろな場所で数多く保存していると、そのうちの

たった1つだけを更新したくても、分散している同じ種類のデータすべてについて、漏らすことなく検索して拾い上げなければなりません。

1箇所で情報をたくさん持ってるほうが便利な気がしてしまうけど、全部を正しく管理するには労力がかかりすぎるのよ。

　3つの例が示すように、1つのテーブルにさまざまな情報を詰め込むと、データの管理が難しくなります。複数のテーブルに分けてデータを格納するほうが、管理には適しているのです。

複数のテーブルに分けるメリット

データを複数のテーブルに分けて格納したほうが、安全、確実にデータを管理しやすい。

8.1.5 デメリットの克服

確かにテーブルを分けるメリットはわかったけど…でも、やっぱり表がわかりにくいよ。

大丈夫よ。DBMSの「真の実力」は、そのためにあるんだもの。

　複数のテーブルに分けてデータを格納したほうが、管理に適しているのは事実です。一方で、テーブル8-2のように費目を番号で管理する家計簿テーブルには、「人間にとって理解しにくい」というデメリットがあります。
　しかし、心配する必要はありません。多くのデータベースは、管理に適した形態である複数テーブルから、人間が理解しやすい形態である1つの結果表を得るための結合（join）という機能を備えています（図8-3）。

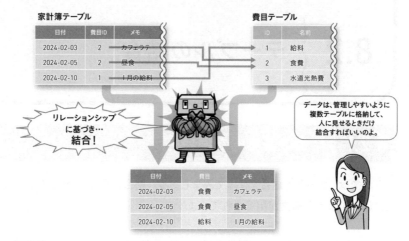

図8-3 複数テーブルを1つに結合するDBMS

　多くのデータベース製品は、結合のほかにも、複数のテーブルに分けて格納されたデータを関連づけて管理、利用するためのさまざまな機能を有しています。このようなデータベースを第1章でも紹介したリレーショナルデータベース（p.24）といい、その中枢を担うDBMSをRDBMSと呼びます。

リレーショナルデータベース（RDB）の真の実力

RDBは、データを複数テーブルで安全、確実に管理しながら、必要に応じて「人間にわかりやすい表」に結合できる。

8.2 テーブルの結合

8.2.1 結合の基本的な使い方

　それでは、さっそく結合を使ってみましょう。結合を行うために、SELECT文には次のような構文が用意されています。

📖 テーブルAとテーブルBの結合

> SELECT **選択列リスト**
> 　FROM **テーブルA**
> 　JOIN **テーブルB**
> 　　ON **両テーブルの結合条件**

※ 選択列リストには両テーブルの列を指定できる。

　たとえば、家計簿テーブルに費目テーブルの内容を結合する図8-3のような処理を実現するためには、リスト8-4のSELECT文を記述します。

リスト8-4 図8-3の結合を実現するためのSELECT文

```
01  SELECT 日付, 名前 AS 費目, メモ
02    FROM 家計簿
03    JOIN 費目                        結合するほかの表を指定
04      ON 家計簿.費目ID = 費目.ID      結合条件を指定
```

　1行目と2行目で、家計簿テーブルを検索して「日付」「名前」(列名は「費目」と表示する)「メモ」の3つの列からなる結果表の出力を指示しています。注目してほしいのは、1行目で指定している列のうち「名前」列だけは、家計簿テーブルには存在しない点です。

通常、テーブルに存在しない列をSELECT文の選択列リストに記述すると
エラーになってしまいます。このSQL文がエラーにならないのは、3行目の
JOIN句によって家計簿テーブルに費目テーブルが結合され、費目テーブル
の「ID」「名前」列も参照可能になるからです（図8-4の①）。DBMSはまず2
つのテーブルを結合した上で、列の絞り込み（選択列リストの指示による）
や行の絞り込み（WHERE句の指定による）を行っていきます（図8-4の②）。

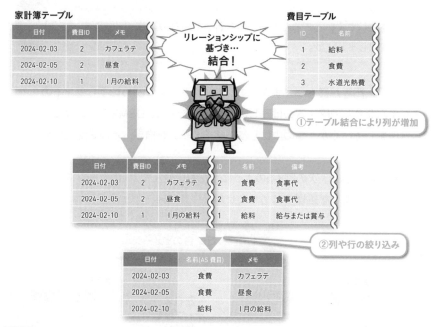

図8-4 結合によって両方のテーブルの列が参照可能になる

えっ、参照できる列が増えるんですか？　結合、すごいじゃな
いですか！

家計簿テーブルの各行に、費目テーブルのどの行をつなぐかは4行目の ON
句の結合条件で指定しています。今回の 家計簿 . 費目ID ＝ 費目 . ID と
いう条件式は、次の指示を意味しています。

・家計簿テーブルの各行について、まず費目ID列のデータに注目しなさい。
・それと等しいIDを持つ費目テーブルの行を取り出してつなぎなさい。

結合条件？　ええと…ちょっと混乱してきたぞ…。

混乱しやすいところだから、落ち着いて結合の動作イメージを確認しましょう。

　結合は、入門者が最もつまずきやすいポイントです。初めのうちは、その動作をすんなりと理解するのは難しいかもしれません。DBMSがどのように結合処理をしていくか、頭の中にしっかりイメージを描き、定着させていきましょう。

　そもそも結合とは、次の図8-5のように、左右に並んだ2つのテーブルを単純にくっつけるような処理ではありません。

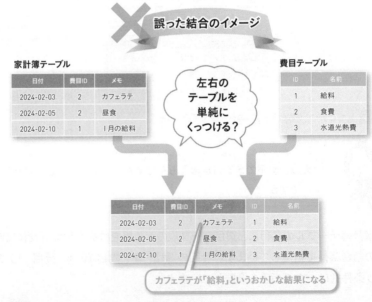

図8-5　単純に2つのテーブルをくっつけるだけでは結合にならない

242

また、結合する2つのテーブルは対等な関係ではありません。あくまでも主役はFROM句で指定したテーブル（以後、左表と呼びます）であり、それにJOIN句で指定したテーブル（以後、右表と呼びます）の内容を必要に応じてつないでいきます。

　たとえば、リスト8-4（p.240）の場合、DBMSは家計簿テーブルを1行ずつ処理していく際、「この行につなぐべき、費目テーブルの行はどれか？」と探しながら、行と行をつないでいくのです（図8-6）。

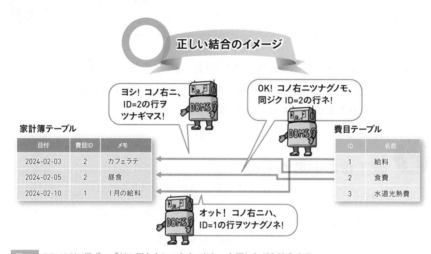

図8-6 DBMSは1行ずつ「どの行を右につなぐべきか」を探しながら結合する

　より具体的には、DBMSは現在着目している左表の行について、つなぐ相手となる右表の行を探すために次のSQL文を繰り返し実行しています。

```
SELECT * FROM 右表 WHERE 結合条件の式
```

結合とは

結合とは、テーブルをまるごとつなぐのではなく、結合条件が満たされた行を1つひとつつなぐことである。

なんとなくわかったけど…まだちょっと不安だなあ。

じゃあちょっと工作してみましょう。子供の頃は大好きだったでしょ？

結合の動作イメージに不安が残る場合には、実際に自分がDBMSになったつもりで結合処理をしてみるのをおすすめします。ぜひ一度DBMSになりきって、自分の手でテーブル結合を体験してみましょう。

紙工作に必要なもの

- ・ハサミ
- ・ノリ
- ・コピー機（コンビニのコピー機などでもOK）

手順1 図8-7をコピーする

次ページの図8-7をコピー機でコピーしてください。この図には、家計簿テーブルと費目テーブルのデータが記されており、特に費目テーブルについては、同じものを2つ掲載しています。

手順2 費目テーブルの短冊を作る

2つの費目テーブルについて、各行をハサミで切り抜いて短冊を作ってください。6枚の短冊ができあがれば準備は完了です（図8-8）。

手順3 結合のSQL文を確認する

結合の指示を行っているSQL文（リスト8-4）を次ページに再掲していますので、再度確認しておきましょう。

```
01  SELECT 〜
02    FROM 家計簿
03    JOIN 費目           -- 結合するほかのテーブルを指定
04      ON 家計簿.費目ID = 費目.ID  -- 結合条件を指定
```

今回の結合は、家計簿テーブルの各行に費目テーブルの各行を結合すると
いう処理です（JOIN句）。具体的には、家計簿テーブルの費目IDと費目テー
ブルのIDが等しい行をつなぐ必要があります（ON句）。

家計簿テーブル

日付	費目ID	メモ	
2024-02-03	2	カフェラテ	ノリシロ
2024-02-05	2	昼食	ノリシロ
2024-02-10	1	1月の給料	ノリシロ

費目テーブル

ID	名前
1	給料
2	食費
3	水道光熱費

費目テーブル

ID	名前
1	給料
2	食費
3	水道光熱費

図8-7　紙工作用のテーブルデータ

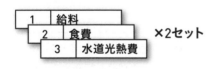

×2セット

図8-8　ハサミで切って6枚の短冊を作る

手順4　1行目の結合

家計簿テーブルの1行目（2月3日の行）の結合処理を行いましょう。手順
3で確認した結合条件に従い、まずは費目IDを見ます。この行の費目IDは2

ですから、「IDが2である費目テーブルの行」を右に結合すればよいとわかりますね。

手元の費目テーブルの短冊から、「IDが2」のものを取り出し、家計簿テーブル1行目の「ノリシロ」にノリで貼り付けてください。

手順5　2行目の結合

家計簿テーブルの2行目（2月5日の行）も、費目ID列には2が格納されています。よって、「IDが2」の短冊をノリシロに貼り付けてください。

手順6　3行目の結合

家計簿テーブルの3行目（2月10日の行）は、費目ID列に1が格納されています。よって、「IDが1」の短冊をノリシロに貼り付けてください。

なるほど！　DBMSはこうやって結合しているのか！

2枚以上使う短冊や、1枚も使わない短冊も出てくるのね。

実際に手を動かしてみて、DBMSが行ってくれる結合のイメージをつかめたでしょうか。

結合は、結合条件に指定した列の値に従って、結合相手のテーブルから該当する行を1つひとつ探し出してつなぐ処理です。朝香さんの言うように、左表列の値によっては、右表の同じ行が何度も使われたり、使われない行が出てきたりする場合もあります。

ここまでに紹介した結合の基本動作や概念は、いわば「幹」に相当するの。次節からは詳細な「枝葉」の部分を紹介するから、ここまでの内容をしっかり理解したうえで先へ進みましょう。

8.3 〈 結合条件の取り扱い

8.3.1 結合相手が複数行の場合

　DBMSは、左表の各行につなぐべき行を右表から探すために、内部でSELECT文（p.243）を実行していることを学びました。これまでのケースでは、その検索結果は常に1行になります。なぜなら、結合条件の右辺に指定した列（費目テーブルのID列）は主キーであり、通常は値が重複しないためです。

　しかし、もし何らかの理由で、費目テーブルのID列に重複する値が入っていた場合はどうなるでしょうか。結合相手を探すSELECT文の実行結果として、つなぐべき行は複数見つかってしまいます。

　たとえば、次の図8-9の場合、2月10日の給料の行について、DBMSは次のようなSELECT文を内部で実行します。

```
SELECT * FROM 費目 WHERE 1 = 費目.ID
```

図8-9 結合相手の行が2つ見つかる状況

　その結果、つなぐ相手の行として、「給料」「仕送り」の2つの行が見つかってしまいます。もちろん、左表の1つの行に右表の2つの行を結合するのは物理的に不可能です。そこでこのような場合、DBMSは見つかった右表の行数に合わせて左表の行をコピーして結合します（次ページの図8-10）。

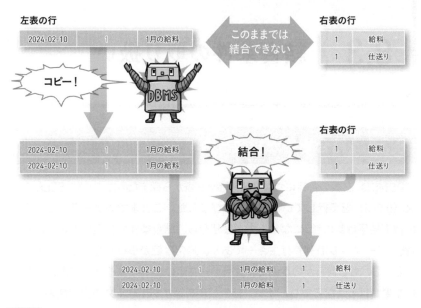

図8-10 左表の行数が足りなければ、足りるまで増やす

　図8-10では、1行しかなかった2月10日の行が、結合中のコピーによって2行に増えています。このように、**左表に対して重複がある列を相手とした結合を行うと、結合前より行数が増える**ことになります。

> ### 右表の結合条件列が重複するときは…
>
> つなぐべき右表の行が複数あるとき、DBMSは左表の行を複製して結合する。結果表の行数は、もとの左表の行数より増える。

8.3.2 結合相手の行がない場合

　では逆に、結合によって結果表の行数が減ってしまうケースを紹介します。図8-11のように結合条件で指定した右表に、結合相手の行が見つからない場合を考えてみましょう。

図8-11 結合相手の行が見つからない状況

　左表の費目ID列の値である4に相当する費目テーブルのIDが存在しないため、つなぐべき右表の行を見つけることができません。結合の際にDBMSが内部で実行する次のSELECT文も、結果は常に0行です。

```
SELECT * FROM 費目 WHERE 4 = 費目.ID
```

　このような場合、DBMSはこの行の結合自体を諦めます。そのため、もともと左表にあった2月5日の行は結合結果からは消滅してしまいます（図8-12）。

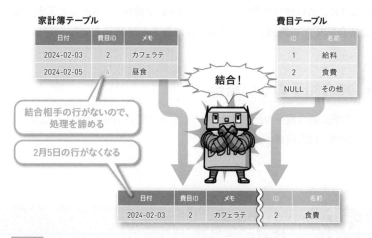

図8-12 結合相手がいない左表の行は、結果表に出力されない

　もし、結果表にあるべき行が出力されないときは、結合相手が見つからない状況を疑ってみるといいわ。

さらに、費目ID列がNULLである場合を考えてみましょう。図8-11の費目テーブルにはNULLの行がありますが、どのように結合されるでしょうか。

それなら、家計簿テーブルの費目IDがNULLの行とつながるんじゃない？

たぶんダメよ。NULLはほかの値と比較できないんだもの。

第3章で学んだように、NULLはほかのどのような値と比較しても等しくならない存在です（3.3.2項）。もちろん、NULLとNULLが等しいかを比較しても、真にはなりません。そのため、結合の際にDBMSが内部で実行する次のSELECT文も、結果は常に0行です。

```
SELECT * FROM 費目 WHERE NULL = 費目.ID
```

このように、結合条件に指定した列がNULLの場合も、もともと左表にあった行は結合結果から消滅し、結果表に現れることはありません。

結合相手のない結合

右表に結合相手の行がない場合や、左表の結合条件の列がNULLの場合、結合結果から消滅する。

8.3.3 左外部結合

えっ…でも、結合相手がないからとか、NULLだからって消滅されると困るんですけど…。

朝香さんの言うとおり、家計簿テーブルの費目IDには何らかの理由でNULLが入ることもあるかもしれません。だからといって、結合すると「2月5日の

買い物の記録」が結果から消滅してしまうのは問題がありますね。

このような場合、「左表については結合相手が見つからなくても、NULLであっても必ず出力せよ」という左外部結合（left outer join）をDBMSに対して指示できます。具体的には、今まで「JOIN」と記述していた部分を、「LEFT JOIN」とするだけです。

📖 左外部結合

```
SELECT  ～  FROM  左表の名前
       LEFT JOIN  右表の名前
              ON  結合条件
```

※ LEFT JOINは、LEFT OUTER JOINと記述してもよい。
※ 結合相手の行がない場合や左表の結合条件列がNULLの場合、結果表に抽出される右表の列はすべて
　 NULLとなる。

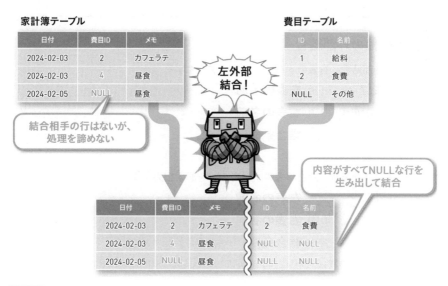

図8-13 左外部結合を使えば、結合相手のない行も失われない

左外部結合の指示があると、右表に結合相手の行が存在しない場合でも、あるいは左表の行がNULLであっても、DBMSは結合を諦めません。右表の

すべての値がNULLである行を新たに生み出して結合してくれます。結果的に、結合によって左表の行が失われることはなくなります（前ページの図8-13）。

8.3.4 RIGHT JOIN と FULL JOIN

> 左があるってことは…。

> もちろん、右もあるわよ。

　左外部結合は「NULLの行を生み出してでも、左表のすべての行を必ず出力する」処理でした。同様に、右外部結合（right outer join）や完全外部結合（full outer join）も存在します。

📖 その他の外部結合

・右外部結合：右表のすべての行を必ず出力する

```
SELECT ～ FROM 左表の名前
   RIGHT JOIN 右表の名前
          ON 結合条件
```

・完全外部結合：左右の表のすべての行を必ず出力する

```
SELECT ～ FROM 左表の名前
    FULL JOIN 右表の名前
          ON 結合条件
```

※ RIGHT JOINやFULL JOINは、RIGHT OUTER JOINやFULL OUTER JOINと記述してもよい。

　右外部結合を使うと、右表のすべての行が必ず結果表に出力されます。たとえば、もし家計簿テーブル（左表）で使われていない費目が費目テーブル（右表）にあった場合も、その行の情報が失われることはありません（図8-14）。

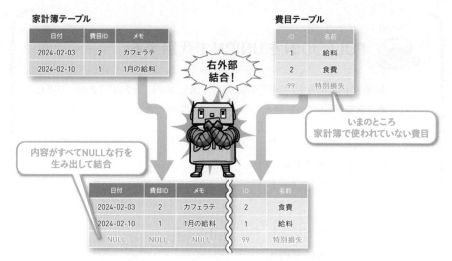

図8-14 右外部結合を使うと、使われていない費目も出力される

　左外部結合、右外部結合、完全外部結合は、いずれも本来は結果表から消滅してしまう行も強制的に出力する効果があります。これらの結合を総称して外部結合（outer join）といいます。対して、結合すべき相手の行が見つからない場合に行が消滅してしまう通常の結合は、内部結合（inner join）といいます。

column

FULL JOIN を UNION で代用する

MySQL や MariaDB など、完全外部結合（FULL JOIN）を利用できない DBMS では、集合演算子 UNION を使って同等の処理を実現できます。

```
SELECT 選択列リスト FROM 左表の名前
LEFT JOIN 右表の名前
    ON 左表の結合条件列 = 右表の結合条件列
UNION
SELECT 選択列リスト FROM 左表の名前
RIGHT JOIN 右表の名前
    ON 左表の結合条件列 = 右表の結合条件列
```

左外部結合（LEFT JOIN）によって左表のすべての行を出力した結果と、右外部結合（RIGHT JOIN）によって右表のすべての行を出力した結果を、UNION によって足し合わせる SQL 文です。これは、FULL JOIN によって左右の表の全行を取り出すのと同じ意味になります。

8.4 結合に関する さまざまな構文

ここからは、結合に関するさらに高度な構文を紹介していくね。

8.4.1 テーブル名の指定

2つのテーブルを結合すると、1つのSQL文に、同じ名称の列が複数登場する場合があります。たとえば、費目テーブルの「備考」列が「メモ」という列名だったとします。

```
SELECT 日付, メモ FROM 家計簿
    JOIN 費目 ON 家計簿.費目ID = 費目.ID
```

このSQL文では、どちらのテーブルのメモ列を取り出せばよいのかを判断できず、DBMSは困ってしまいます。

このようなときは、ON句に指定した結合条件と同じように、列名指定の前にテーブル名と . （ドット）を加え、どのテーブルに属する列であるかを明示的に指定しましょう（リスト8-5）。

リスト8-5 2種類のメモを取得する

```
01  SELECT 日付, 家計簿.メモ, 費目.メモ
02    FROM 家計簿                            属するテーブル名を明示
03    JOIN 費目
04      ON 家計簿.費目ID = 費目.ID
```

なお、テーブル名が長く複雑な場合、次ページのリスト8-6のように **AS** で別名を付けておくと列指定や結合条件の記述が簡潔になります（Oracle DBではASの記述は省略し、スペースで区切ります）。

リスト8-6 別名を使ったSQL文

```
01  SELECT 日付, K.メモ, H.メモ
02    FROM 家計簿 AS K    -- 家計簿テーブルに別名Kを設定
03    JOIN 費目 AS H      -- 費目テーブルに別名Hを設定
04      ON K.費目ID = H.ID
```

8.4.2 3テーブル以上の結合

　JOIN～ON～ を繰り返して、3つ以上のテーブルを結合することもできます。この場合も一度に3つのテーブルが結合されるわけではなく、前から順に1つずつ結合処理が行われていきます（リスト8-7）。

リスト8-7 3つのテーブルを結合するSQL文

```
01  SELECT 日付, 費目.名前, 経費区分.名称
02    FROM 家計簿        家計簿テーブルに対して…
03    JOIN 費目          まず費目テーブルを結合して…
04      ON 家計簿.費目ID = 費目.ID
05    JOIN 経費区分       その結果にさらに経費区分テーブルを結合
06      ON 費目.経費区分ID = 経費区分.ID
```

8.4.3 副問い合わせの結果との結合

　JOIN句のすぐ後ろに記述できるのは、テーブルだけではありません。第7章で学習した「表形式のデータに化ける副問い合わせ」も記述することができます（リスト8-8）。

　テーブルの代わりに副問い合わせの結果を利用することを除けば、通常の結合と違いはありません。ただし、選択列リストでの列名指定や結合条件の指定のために、副問い合わせに別名を付ける必要があります。

リスト8-8 副問い合わせの結果と結合するSQL文

```
01  SELECT 日付, 費目.名前, 費目.経費区分ID
02    FROM 家計簿                         ─── 家計簿テーブルに対して…
03    JOIN ( SELECT * FROM 費目
04         WHERE 経費区分ID = 1           ─── 副問い合わせの結果を結合
05         ) AS 費目
06      ON 家計簿.費目ID = 費目.ID
```

8.4.4 同じテーブル同士を結合

　結合は異なるテーブル間で行われるのが一般的ですが、自分自身と結合することも可能です。同一テーブル同士の結合を自己結合（self join）や再帰結合（recursive join）といいます。

　たとえば、家計簿テーブルに、「関連日付」という列がある状況を考えてみましょう。この列には、その入出金が別の入出金と関連している場合のみ、関連している行の日付を記入します。具体的には、図8-15の左上の家計簿テーブルのように、5月1日に返してもらったお金は4月2日の貸し付けと関連していることを記録します。

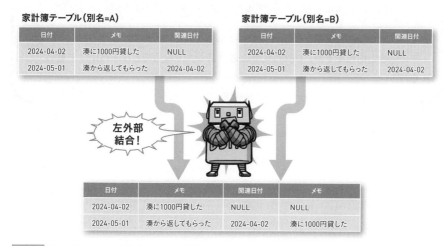

図8-15 家計簿テーブルと家計簿テーブルを結合する

このような家計簿テーブルでは、次のリスト8-9のように自己結合を使って、その関連をより見やすく表示できます。

リスト8-9 自分自身と結合する SQL文

```
01  SELECT A.日付, A.メモ, A.関連日付, B.メモ
02    FROM 家計簿 AS A
03    LEFT JOIN 家計簿 AS B
04      ON A.関連日付= B.日付
```

なお、自己結合を行う場合、選択列リストでの列名指定や結合条件の指定のために、同じテーブルに異なる別名を付ける必要があります。

column

イコール以外の結合条件式

本文で紹介しているとおり、結合の条件には等価記号（=）を用いた結合条件を指定します。利用する場面はほぼありませんが、原理的には、これ以外の演算子を用いた条件式も記述できます。

```
SELECT 〜 FROM テーブルA
  JOIN テーブルB ON テーブルA.列名 < テーブルB.列名
```

このような結合を非等価結合（non-equi join）といいます。動作のしくみは通常の結合と同じですが、DBMSにかかる負荷が大きなものとなる点には注意してください。

8.5 この章のまとめ

8.5.1 この章で学習した内容

リレーションシップ

- 本格的にデータベースを活用するには、通常、データを複数のテーブルに分けて格納する。
- 関連する他テーブルの列（主キー列など）の値を格納した列を外部キーという。
- ほかのテーブルの行と関連付けるために、外部キーを利用してリレーションシップを構成する。

結合

- 結合を用いて、複数のテーブルに格納された関連するデータを1つの結果表として取り出すことができる。
- 結合を行う相手テーブルを指定するためにJOIN句を、結合条件を指定するためにON句を記述する。
- 外部結合を用いると、結合相手がない行も結果表に出力することができる。

結合構文のバリエーション

- 3テーブル以上の結合も、順に1つずつ処理される。
- 副問い合わせの結果表と結合することもできる。
- 自分自身のテーブルと結合することができる。

8.5.2 この章でできるようになったこと

家計簿テーブルと費目テーブルを結合して、費目を日本語で表示したい！

※ QR コードは、この項のリストすべてに共通です。

```
01  SELECT 日付, 名前 AS 費目, メモ, 入金額, 出金額
02    FROM 家計簿
03    JOIN 費目
04      ON 家計簿.費目ID = 費目.ID
```

家計簿テーブルの費目IDが定義されていない行も結果表に出力されるように結合したい。

```
01  SELECT 日付, 名前 AS 費目, メモ, 入金額, 出金額
02    FROM 家計簿
03    LEFT JOIN 費目
04      ON 家計簿.費目ID = 費目.ID
```

「給料」という名前の費目に関する、家計簿テーブルの行を調べたい。

```
01  SELECT 家計簿.* FROM 家計簿
02    JOIN (SELECT * FROM 費目 WHERE 名前 = '給料') AS 費目
03      ON 家計簿.費目ID = 費目.ID
```

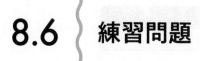

8.6 練習問題

問題8-1

次のようなテーブルAとテーブルBがあります。これらを用いて、下に示すSQL文を実行したときの結果表を回答してください。

テーブルA

A1	A2
1	3
2	4

テーブルB

B1	B2
1	2
3	NULL

1. SELECT A1,A2,B1,B2 FROM A JOIN B ON A.A1 = B.B1
2. SELECT A1,A2,B1,B2 FROM B JOIN A ON B.B2 = A.A1
3. SELECT A1,A2,B1,B2 FROM B LEFT JOIN A ON B.B2 = A.A1
4. SELECT A.A1,C.A2,B1,B2 FROM A JOIN B ON A.A1 = B.B1 JOIN A AS C ON B.B1 = C.A1

問題8-2

社員情報を管理するデータベースに、次の3つのテーブルがあります。これらのテーブルを結合し、次ページに示した1〜5のような結果表を得るためのSQL文を作成してください。

部署テーブル

列名	データ型	備考
部署ID	INTEGER	部署を一意に識別するID
名前	VARCHAR(40)	部署の名前
本部拠点ID	INTEGER	部署の本部がある支店ID（外部キー）

支店テーブル

列名	データ型	備考
支店 ID	INTEGER	支店を一意に識別する ID
名前	VARCHAR(40)	支店の名前
支店長 ID	CHAR(8)	支店長の社員番号（外部キー）

社員テーブル

列名	データ型	備考
社員番号	CHAR(8)	社員を一意に識別する番号
名前	VARCHAR(40)	社員の名前
生年月日	DATE	社員の生年月日
部署 ID	INTEGER	所属部署の ID(外部キー)。全社員は必ず何らかの部署に所属する。
上司 ID	CHAR(8)	直属の上司の社員番号（外部キー）。上司がいない場合は NULL。
勤務地 ID	INTEGER	勤務先支店 ID(外部キー)。全社員は必ず何らかの勤務地に所属する。

想定する結果表　　※ 1〜5の結果表に示したデータは一例です。

1. 部署名が入った全社員の一覧表

社員番号	名前	部署名
21000021	菅原拓真	開発部

2. 上司の名前が入った全社員の一覧表

社員番号	名前	上司名
21000021	菅原拓真	宇多田定一

3. 部署名と勤務地が入った社員一覧表

社員番号	名前	部署名	勤務地
21000021	菅原拓真	開発部	東京

4. 支店ごとの支店長名と社員数の一覧表

支店コード	支店名	支店長名	社員数
12	東京	宇多田定一	12

5. 上司と違う勤務地（離れて勤務している）社員の一覧表

社員番号	名前	本人勤務地	上司勤務地
21000021	菅原拓真	東京	京都

column

☕ JOIN句を使わない結合

　第8章ではJOIN句を用いた結合を紹介しましたが、一部のDBMSでは次のような記述もできます。

```
SELECT 選択列リスト
  FROM テーブルA, テーブルB
 WHERE 両テーブルの結合条件
```

　しかし、この構文を採用する際には次のような点を考慮してください。

- **すべてのテーブルをFROM句に並列で記述するため、主（左表）となるテーブルがどれなのかがわかりにくくなる。**
- **WHERE句には結合条件だけでなく絞り込み条件も記述するため、結合に関連する条件がどれなのかがわかりにくくなる。**

　同様に、外部結合についても、JOIN句を使わない記述ができます。

```
SELECT 選択列リスト
  FROM テーブルA, テーブルB
 WHERE テーブルAの結合条件列 = テーブルBの結合条件列(+)
```

　この記述方法は、(+) をどちらの側の結合条件に記述するかで、左外部結合をするか、右外部結合をするかが決まります。上記の例では、テーブルBに結合相手の行が存在しなくても、テーブルAの行をすべて抽出します（左外部結合）。

第 III 部

データベースの知識を深めよう

データベース自体を知ろう

これまで勉強のために気軽にDBMSを使ってきましたけど、本当は、たくさんの人が同時にアクセスして使うんですよね？

そうよ。銀行やSNSの中央データベースともなると、日本中や世界中の利用者から次々に届く膨大な量のSQL文をさばいているの。1秒間に数百から数千のSQL文を処理する状況も珍しくないわね。

えっ！？　じゃあ、僕が必死に作った10行もあるSQL文も、DBMSは余裕で処理してたってことか。

膨大な要求を高速かつ正確に処理するために生まれたDBMSだもの。当然、そのためのさまざまな工夫や機構がしっかりと組み込まれているのよ。

特にお金の管理は、正確さが何より大事よね。DBMSのことをもっとよく知って、正確さを追求します！

正確な処理が実現できるようになったら、我が家の家計管理データベースを作ってもらおうかしらね。

ここまでSQLを学んできた私たちは、DBMSに対してさまざまなデータ操作の指示を与えられるようになりました。さらに、SQLはデータ操作だけでなく、データ処理にまつわる優先度の決定やデータの格納場所の準備など、DBMS自体に対するさまざまな指示も可能です。

しかし、このような指示を行うには、当然、DBMSについての理解が不可欠です。この第Ⅲ部でDBMS内部やデータ処理のしくみについて理解を深め、より多くの機能を活用できるようになりましょう。

chapter 9
トランザクション

第II部まで、私たちはDBMSでデータを操作するための
さまざまなSQLの構文を学んできました。
しかし、DBMSにSQL文を送っても、
常に正しくデータ操作が完了するとは限りません。
この章では、思いがけない事態の発生に備え、
安全で確実なデータ操作を実現するDBMSの機能について
紹介します。

contents

chapter
9

9.1 正確なデータ操作

9.1.1 正確なデータ操作を脅かすもの

「正確な処理を目指します！」って言っちゃったけど…何から始めようかしら。

「正確さを脅かすもの」を探して、片っ端から潰せばいいんじゃない？

　立花家のマネープランを誤った方向に導かないためにも、朝香さんが目指す「家計管理データベース」には正確なデータ操作が求められています。金融機関や企業の中枢で稼働しているデータベースであればなおさらです。安全で確実なデータ操作とデータ管理ほど重要なことはありません。

　もちろん、DBMSはSQL文の指示どおりに正確な処理を実行してくれますから、理論的には、データベース内に誤ったデータを格納することなどできないと感じるかもしれません。しかし現実には、DBMSが正しく処理を完了

ケース① 予期しない処理中断

活動限界まで
0:00:00
内部電源非装備

あっ！

ピタ！

DBMS

ケース② 同時操作

ふんふ〜ん♪

現在の為替相場は、1ドル112円15…あっ、今変わりました…

為替情報

NEWS

図9-1　データベースに起こりえるトラブルの例

できなかったり、テーブル内のデータがおかしな値になってしまったりする可能性があります。

たとえば、急にコンピュータの電源が落ちて、一連の処理が中途半端なところで中断してしまうかもしれません。また、読み書きしかけていたデータを他人が横から書き換えてしまう可能性もあります（図9-1）。

さすがに停電になっちゃったりしたら、もうお手上げよね…。

重要なシステムは、お手上げじゃ済まされないわ。だから私たちはDBMSに頼るのよ。

紹介した2つのケースは、金融機関の基幹システムのように極めて重要なシステムでも発生する可能性があります。しかし、「停電があったのでデータベースが壊れ、残高がおかしくなりました」という言い訳は許されません。

そこで、DBMSにはこのような問題の発生を防ぐしくみがいくつか備わっています。この第3部を通してそれらを見ていきましょう。

9.1.2 トランザクション

私たちがDBMSに対して複数のSQL文を送るときに、実は、1つ以上のSQL文をひとかたまりとして扱うよう指示することができます。このかたまりをトランザクション（transaction, TX）といいます（図9-2）。

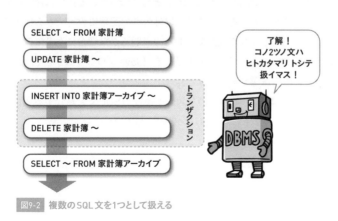

図9-2 複数のSQL文を1つとして扱える

DBMSはトランザクションを次のルールに基づいて扱います。

DBMSによるトランザクションの制御

- ・トランザクションの途中で、処理が中断されないようにする。
- ・トランザクションの途中に、ほかの人の処理が割り込めないようにする。

このようにDBMSがひとかたまりのSQL文を扱うことを<u>トランザクション制御</u>（transaction control）といいます。

次節からは、DBMSがトランザクション制御をどのように実現するのか、またその指示の方法について、具体的な例をもとに学んでいきましょう。

第Ⅲ部

column

 SQLにおけるセミコロンの取り扱い

1つのSQL文の終了を表すためにセミコロンを用いる方法は第2章のコラムでも触れました（p.43）。「1つのSQL文であっても、常にSQLの文末にはセミコロンを付ける」「末尾のセミコロンまで含めてSQLの文法」という理解をしても概ね差し支えありません。

ただし、現状では多くのDBMSが、セミコロンを「SQLの構文規則」ではなく、文の区切りを判定するための「単なる記号」として扱っている点には注意が必要です。たとえば、文の区切りをセミコロン以外の別の記号に設定できるDBMSは多数存在します。また、1つのSQL文であるのが明らかな場合にセミコロンを付けると、エラーになってしまうこともあります（JavaプログラムからOracle DBに1つのSQL文を直接送信する場合など）。

この現状に鑑み、本書では、1つのリストで複数のSQL文を紹介する場合（リスト9-1など）にのみ、文末にセミコロンを記述しています。

9.2 コミットとロールバック

9.2.1 トランザクションの中断

複数のSQL文を実行している最中に処理が中断してしまうと問題になるケースはたくさんあります。代表的なのが「金融機関における振り込み処理」です。

振り込み処理を実現するためには、「振込元口座の残高を減らす」「振込先口座の残高を増やす」という2つのUPDATE文の実行が必要です。しかし、最初のSQL文の実行が成功した直後にDBMSが異常停止して処理が中断してしまったら、「振込元口座からはお金が減らされたのに、振込先にはお金が増えない」事態となってしまいます（図9-3）。

朝香さんが湊くんの口座へ1,000円振り込んだはずが…

朝香の口座残高を1,000円減らすUPDATE文
¥28,000 ⇒ ¥27,000

処理中断

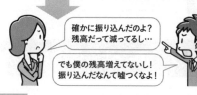

湊の口座残高を1,000円増やすUPDATE文

確かに振り込んだのよ？残高だって減ってるし…

でも僕の残高増えてないし！振り込んだなんて嘘つくなよ！

図9-3 途中で中断すると問題があるSQL文

私の1,000円が消えちゃった…。でも、DBMSを使いこなせば、こういう事態は防げるんですよね？

もちろん、そのための「トランザクション」よ。

この問題は、2つのUPDATE文を1つのトランザクションとして扱うようDBMSに指示すれば解決できます。なぜなら、DBMSはどんな非常時であっ

ても、トランザクションを「一部だけが実行される状況はあってはならない、途中で分割不可能なもの」として取り扱うからです。

図9-3の場面でいえば、残高を減らすUPDATE文と残高を増やすUPDATE文の「両方とも実行されている」か、「両方とも実行されていない」かのどちらかの状態にしかならないことを保証してくれます。

DBMSによるトランザクション制御（1）

DBMSは、トランザクションに含まれるすべてのSQL文について、必ず「すべての実行が完了している」か「1つも実行されていない」かのどちらかの状態になるように制御する。

トランザクションに含まれる複数のSQL文が、DBMSによって不可分なものとして扱われる性質のことを、トランザクションの原子性（atomicity）といいます。

> きっと、全部が揃ってはじめて1つの処理となる状態を「原子」になぞらえたのね。

9.2.2 原子性確保のしくみ

では、DBMSがどのようにこのしくみを実現しているのかを見ていきましょう。トランザクション中のSQL文によってテーブルのデータが書き換えられると、そのデータは「仮の状態」として管理されます。そして、トランザクションが終了して初めて、それら「仮の状態」のすべてを確定させるのです（図9-4左）。この確定行為のことをコミット（commit）といいます。

もし、トランザクション中に異常が発生して中断した場合、DBMSはそれまで行ったすべての「仮の状態」をキャンセルして、「なかったこと」にします（図9-4右）。このDBMSによる「なかったこと」にする動作をロールバック（rollback）といい、SQL文のエラーで失敗したり、明示的にキャンセルが指示された場合などに行われます。もちろん、電源が落ちて突然処理

が中断した場合も、再びデータベースを起動した際に自動的にロールバックされます。

私の口座残高だけが減ることはなくなるのね。

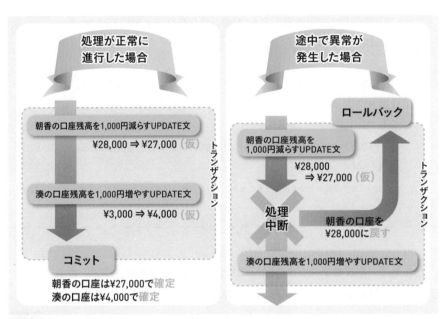

図9-4　トランザクションのしくみ

9.2.3　トランザクションの指定方法

トランザクションを使うには、どうすればいいんですか？

DBMSに対してトランザクションの開始と終了を伝えればいいのよ。

私たちが「複数あるSQL文のうち、どの範囲が1つのトランザクションなのか」を伝えれば、DBMSは適切に制御してくれます。より具体的には、次の3つのSQL文を使って指示を行います。

トランザクション指示

・開始の指示：以降のSQL文を1つのトランザクションとする
```
BEGIN
```

・終了の指示：ここまでを1つのトランザクションとし、確定する。
```
COMMIT
```

・終了の指示：ここまでを1つのトランザクションとし、取消する。
```
ROLLBACK
```

※ Oracle DBやDb2などでは指示せずともトランザクションは自動で開始されるため、BEGINは使用しない。

　たとえば、家計簿テーブルの2024年1月以前のデータを家計簿アーカイブテーブルに移動する場合は、リスト9-1のようなSQL文を記述します。

リスト9-1　1月のデータをアーカイブテーブルに移動する

```
01  BEGIN;                      背景色の濃い部分がトランザクション
02  -- 処理1: アーカイブテーブルへコピー
03  INSERT INTO 家計簿アーカイブ
04  SELECT * FROM 家計簿 WHERE 日付 <= '2024-01-31';
05  -- 処理2: 家計簿テーブルから削除
06  DELETE FROM 家計簿 WHERE 日付 <= '2024-01-31';
07  COMMIT;
```

　このSQL文を実行すると、処理1と処理2を不可分なものとして扱います。もし処理1を実行した直後に障害が発生した場合、自動的にロールバックが

行われ、処理1の実行は取り消されます。また、最後の行に `COMMIT` ではな
く `ROLLBACK` を記述すると、処理1と処理2の両方が取り消されます。

9.2.4 自動コミットモードの解除

> 湊ってば、なんで `DELETE FROM 家計簿` とか実行しようとし
> てるのよ！

> 大丈夫、大丈夫。`ROLLBACK` って入力すればキャンセルできる
> んだし…って、あれれっ？？

　トランザクションがまだコミットされていない状態であれば、DELETE文
によるデータ削除でさえもキャンセル可能です。しかし、dokoQLのほか、各
DBMS付属のSQLクライアント（1.1.4項）を使っていると、ロールバックが
できない場合があります。

　これは、多くのツールがデフォルト状態では自動コミットモード（auto
commit mode）と呼ばれるモードで動作するためです。このモードにあると
き、DBMSは1つのSQL文が実行されるたびに、自動的に裏でコミットを実
行してしまいます。

> というわけで、あなたのDELETE文は実行直後にコミットされ
> ちゃってたわけ。

> ええっ…そんなぁ…。

　DBMSによっては、自動コミットモード中であっても `BEGIN` を実行すれ
ば、コミットかロールバックまでの間、一時的に自動コミットを解除できます。
　明示的に自動コミットモードを解除するための方法はツールや環境によっ
て異なります。たとえば、MySQLでは `SET AUTOCOMMIT=0` というSQL文を
実行します。詳細は利用するツールのマニュアルを参照してください。

9.3 トランザクションの分離

9.3.1 同時実行の副作用

「中断の問題」は解決できたけど、読み書きしかけてたデータをほかの人が書き換えちゃう問題はどう対処すればいいんだろう？

まずはどんな問題が起きるのか、もう少し詳しく見ていきましょう。

本章の冒頭の図9-1（p.268）では、やむを得ず正確なデータ操作が行えなくなる2つのケースを紹介しました。このうち、意図しない処理の中断に関しては、トランザクションを利用して原子性を維持できるのは前節で紹介したとおりです。残るは「同時実行の問題」です。

第8章までは、データベースに対してSQL文を送る利用者は私たち自身だけでした。しかし、世の中で利用されている情報システムにおいては、多くの利用者から1つのDBMSに対してたくさんのSQL文が送られます。

DBMSはそれらの要求を同時に処理しようとするので、同じ行を複数の利用者が同時に読み書きする可能性も大いにあります。しかし、そのような状態が発生すると、副作用が発生し、正しい処理が行えない場合があります。

どんな副作用が発生するんですか？

ではこれも、イメージしやすい「お金の振り込み」で説明しましょうか。

朝香さんは、朝9時ちょうどに残高が30,000円ある口座からATMで10,000円を引き出そうとしました。偶然、ほぼ同時に口座から今月の電気代6,200円が引き落とされたとします（図9-5）。

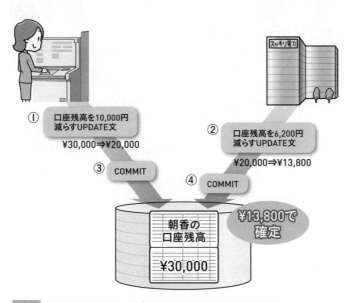

図9-5 1つの口座に対して、ほぼ同時に2つの処理が行われようとした

　この2つの処理要求はほぼ同時に行われているため、どのような順番で実行されるかはわかりません。仮に、次のような順番でDBMSが処理しようとしたとしましょう。

① ATMからの引き落とし要求に従い、口座残高を10,000円減らし、20,000円にする（仮）。
② 電力会社からの引き落とし要求に従い、口座残高をさらに6,200円減らし、13,800円にする（仮）。
③ ATMからの要求に従い、①によるデータ変更を確定して現金10,000円を払い戻す。
④ 電力会社からの要求に従い、②によるデータ変更を確定する。

　通常は、このように正しく2つの出金が行われ、最終的な口座残高は13,800円となるでしょう。しかし、発生の確率は非常に低いものの、もし、①の処理が途中で止まってしまった場合はどうなるでしょうか（次ページの図9-6）。

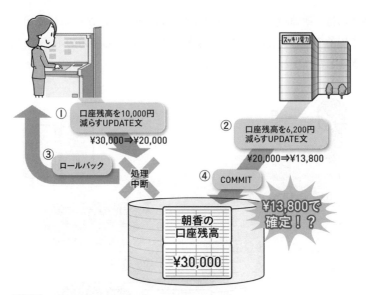

図9-6 ATMからのトランザクションが途中でロールバックした場合

> ATMからお金を引き出せなかったのに、口座からお金が減っちゃった…。

　①の処理が中断されてロールバックが行われたなら、朝香さんが10,000円を引き出そうとしたアクションは「なかったこと」にされるはずです。しかし、図9-6では①②の両方の金額が引かれてしまい、口座残高は13,800円になってしまいました。

9.3.2 3つの代表的な副作用

　DBMSに対して複数の利用者が同時に処理を要求すると発生する副作用には、次の3つが知られています。

副作用1　ダーティーリード

　まだコミットされていない未確定の変更を、ほかの人が読めてしまう副作用をダーティーリード（dirty read）といいます。図9-6に示した問題も、ATMからの出金がまだ確定していない状態で、電力会社がその仮の残高をダー

ティーリードしてしまい、さらに電気代を引いてしまったために発生しています。

その後キャンセルされるかもしれない未確定の情報をもとにして別の処理を行ってしまうため、ダーティーリードは非常に危険な副作用です。

副作用2　反復不能読み取り

反復不能読み取り（non-repeatable read）とは、あるテーブルに対してSELECT文を実行した後、ほかの人がUPDATE文でデータを書き換えると、次にSELECTした際に検索結果が異なってしまうという副作用です。

え？　他人が書き換えたのなら、検索結果は変わって当然じゃない？

そうなんだけど、それでは困るときもあるのよ。

テーブルの内容を複数回読み取る際、その間にデータの内容が変化してしまっては困る場合があります。たとえば、家計簿テーブルの統計をとるために「①出金額の合計を集計する」「②出金額の最大値を集計する」という処理を2つのSELECT文で順番に実行しているとしましょう（図9-7）。

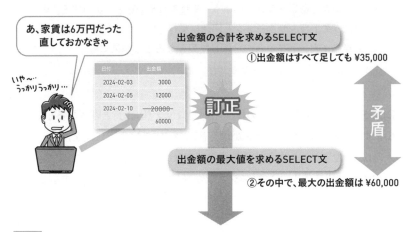

図9-7　2回の統計の間に値が書き換わると、整合性が崩れる

常識的に考えれば、②の結果が①の結果より大きくなることはありません。しかし、図9-7にあるように、①のSELECT文が実行された直後に、ほかの人によって一部のデータが書き換えられると、②の結果が①より大きくなり、データの整合性が崩れてしまうことがあり得ます。

副作用3　ファントムリード

ファントムリード（phantom read）は、反復不能読み取りと似ています。2回のSELECT文の間に、ほかの人がINSERT文で行を追加すると、最初と次のSELECTで取得する結果の行数が変わってしまうという副作用です。1回目の検索結果の行数に依存する処理を行うと、問題となることがあります。

9.3.3 トランザクションの分離

前項で紹介した副作用は、トランザクションによって解決できます。なぜなら、DBMSは個々のトランザクションについて分離性（isolation）を維持するために次のような制御を行うからです。

DBMSによるトランザクション制御（2）

DBMSは、あるトランザクションを実行する際、ほかのトランザクションから影響を受けないよう、それぞれを分離して実行する。仮にほかのトランザクションと同時に実行していたとしても、あたかも単独で実行しているのと同じ結果となるよう制御する。

DBMSはこの制御を行うために、内部でロック（lock）と呼ばれるしくみを使います。あるトランザクションが現在読み書きしている行に鍵をかけ、ほかの人のトランザクションからは読み書きできないようにしてしまうのです。

このように、あるトランザクションが特定の行などをロックすることを「ロックを取る」「ロックを取得する」と表現することもあります。

自分のトランザクションがコミットまたはロールバックで終了すると、かけた鍵は解除され、ほかの人のトランザクションがその行を読み書きできるようになります（図9-8）。

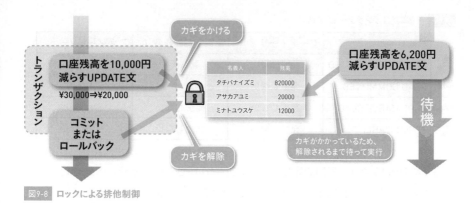

図9-8 ロックによる排他制御

　自分が読み書きしたい行を他人がロックしている間、その相手のトランザクションが完了するまで自分は待たされます。このロック待ち時間は通常数ミリ秒以下と大変短いものですが、ロックがたくさん発生すると、データベースの動作は非常に遅くなってしまう点には注意が必要です。

9.3.4 分離レベル

> ロックがかかると遅くなるから、トランザクションは使わないようにしようっと。

> もう、極端ねぇ。速さと安全性はどちらかしか選べないってわけじゃないのよ。

　ここまで紹介したように、トランザクションを使うとロックのしくみが有効になり、副作用は発生しないようになる一方、DBMSのパフォーマンスは損なわれてしまいます。このように、正確なデータ操作とパフォーマンスは二律背反の関係にありますが、どちらか片方しか選べないわけではありません。

　多くのDBMSでは、どの程度厳密にトランザクションを分離するかをトランザクション分離レベル（transaction isolation level）として指定できます。

表9-1　一般的なトランザクション分離レベル

分離レベル	ダーティーリード	反復不能読み取り	ファントムリード
READ UNCOMMITTED	恐れあり	恐れあり	恐れあり
READ COMMITTED	発生しない	恐れあり	恐れあり
REPEATABLE READ	発生しない	発生しない	恐れあり
SERIALIZABLE	発生しない	発生しない	発生しない

↑ 高速 危険

安全 低速 ↓

　多くのDBMSでは、初期設定でREAD COMMITTEDという分離レベルで動作します。これは、さほど厳しいロックをかけないためダーティーリードしか防ぐことはできませんが、ある程度高速に動作するという特徴を持っているレベルです。

　ほかの分離レベルを利用したい場合、多くのDBMSでは「SET TRANSACTION ISOLATION LEVEL命令」を使用して任意の分離レベルを選択できます。

 ## トランザクション分離レベルの指定

```
SET TRANSACTION ISOLATION LEVEL 分離レベル名
SET CURRENT ISOLATION    分離レベル名
```
※ どちらの構文を使うかは、DBMSによって異なる。

　たとえば、最も安全ではあるものの、データベースの処理速度は落ちてしまうSERIALIZABLEという分離レベルを使う場合、リスト9-2のように指定します。

リスト9-2 SERIALIZABLE分離レベルを選択する

```
01  SET TRANSACTION ISOLATION LEVEL SERIALIZABLE
```

　なお、DBMSによっては表9-1で挙げた4つの分離レベルのうち一部しか使えないものもありますので注意してください。たとえばOracle DBの場合、READ COMMITTEDとSERIALIZABLEのみ利用可能です。

どの分離レベルを選べばいいのか、迷っちゃいそう…。

たいていの場合はREAD COMMITTEDを選んでおけば大丈夫よ。
必要に応じて適切な分離レベルを活用してね。

column

READ UNCOMMITTEDが無効である理由

Oracle DBやPostgreSQLには、分離レベルとしてREAD UNCOMMITTEDが存在しません。これはデータベースの内部機構上、コミットされていない情報は読めないようになっているからです。

これらのDBMSでは、あるトランザクションによってデータが書き換えられている最中も書き換え前の情報が残っており、ほかのトランザクションから利用可能になっています。つまり、わざわざロックをかけずともダーティーリードが起こらないのです。

このように、あるデータについて、「書き換え済み（ただし未確定）」と「書き換え前」の2つのバージョンを併存させることをMVCC（multi-version concurrency control）といいます。

9.4 { ロックの活用

9.4.1 明示的なロック

> 実は、私たちDBMSの利用者もSQL文を使ってロックをかける
> ことができるのよ。

　前節で紹介したように、DBMSはトランザクションの分離性を確保するた
めに自動的に行にロックをかけます。私たち自身が具体的に「いつ」「どの
行に対して」ロックをする、という指示をする必要はありません。その一方、
SQL文を使って指定した対象を明示的にロックすることもできます。また、
行以外にもテーブル全体やデータベース全体のロックも可能です。

明示的なロックの種類

行ロック　　　　　ある特定の行だけをロックする。
表ロック　　　　　ある特定のテーブル全体をロックする。
データベースロック　データベース全体をロックする。
※ DBMSによっては「ページ」や「表スペース」などもロック対象となる。

　ロックをかけるときには、その制限の強さを指定できます。排他ロック
（exclusive lock）は、ほかからのロックを一切許可しないため、主にデータ
の更新時に利用されます。共有ロック（shared lock）は、ほかからの共有ロッ
クを許す特性があるため、データの読み取り時に多く利用されます。

① 行ロックの取得 – SELECT 〜 FOR UPDATE

　通常、SELECT文で選択した行には自動的に共有ロックがかかります。し

かしSELECT文の末尾に `FOR UPDATE` を追加すると、排他ロックがかかり、ほかのトランザクションからは該当行のデータを書き換えられなくなります。

A 明示的な行ロックの取得

SELECT 〜 FOR UPDATE (NOWAIT)

　明示的なロックを取得しようとしたとき、すでにほかのトランザクションによって同じ行がロックされている場合、通常はロックが解除されるまで自分のトランザクションは待機状態となります。

　しかし、NOWAITオプションを指定した場合には、DBMSはロックの解除を待機せずにすぐさまロック失敗のエラーを返すため、トランザクションは即時終了します。これは、処理を待たせたくないアプリケーションなどに有効です。

　かけたロックは、コミットまたはロールバックによってトランザクションが終了すると解除されます。たとえば、家計簿テーブルの2月以降のデータについて、いくつも複雑な集計処理を行う場合、リスト9-3のように行ロックをかけておけば、ほかから更新されることがなくなるため安心でしょう。

リスト9-3　**2月以降の行をロックして集計する**

```
01  BEGIN;
02  SELECT * FROM 家計簿
03   WHERE 日付 >= '2024-02-01'
04    FOR UPDATE;          ← 2月以降のデータを明示的にロック
05  -- 集計処理1
06  SELECT 〜 ;
07  -- 集計処理2
08  SELECT 〜 ;
09  -- 集計処理3
10  SELECT 〜 ;
11  COMMIT;               ← ロックが解除される
```

② 表ロックの取得 – LOCK TABLE

ある特定の表全体をロックするには、LOCK TABLE命令を利用します。

 明示的な表ロックの取得

```
LOCK TABLE テーブル名 IN モード名 MODE (NOWAIT)
```
※ モード名は EXCLUSIVE で排他ロック、 SHARE で共有ロックとなる。

なお、取得された表ロックは、行ロック同様にトランザクションの終了に伴って解除されます。リスト9-3を表ロックの形に書き換えたものがリスト9-4です。

リスト9-4 家計簿テーブルをロックして集計する

```
01  BEGIN;
02  LOCK  TABLE 家計簿 IN EXCLUSIVE MODE ;    ─── 表を明示的にロック
03  -- 集計処理1
04  SELECT～;
05  -- 集計処理2
06  SELECT～;
07  -- 集計処理3
08  SELECT～;
09  COMMIT;                                   ─── ロックが解除される
```

やっぱり安全なのが最優先だし、処理中にほかの人に触られたくないし、基本的に表をまるごと排他ロックしておいたほうがいいのかしら…。

でも、そんなことしたら、ほかの人が全然使えなくなっちゃうじゃないか！

朝香さんの言うように、表ごと排他ロックをかけてしまえば、自分のトランザクション処理中に、ほかの人のトランザクションにデータを操作される心配はなくなります。しかし、それでは湊くんが指摘するように、「大勢の人が同時に利用できる」というDBMSの大きな利点が損なわれてしまいます。

　そのため、ロックは「できるだけ最小の範囲に留める」のが原則です。明示的にロックをかけるときは、必要のない行や表までロックしていないか、排他ロックではなく共有ロックでも事足りるかを検討してみましょう。

ロックは最小限に！

・明示的にロックするときは、必要最小限の範囲に留める。
・排他ロックの代わりに共有ロックを使用できないかを検討する。

9.4.2　デッドロック

> ロックはDBMSに欠かせない機構だけど、ときに困った事態が起きる要因にもなるの。

　データベースで同時にたくさんのトランザクションが実行されると、まれにデッドロック（dead lock）と呼ばれる状態に陥り、トランザクションの処理が途中で永久に止まってしまうことがあります。デッドロックは、次のような2つのトランザクションの動作によって引き起こされます（図9-9）。

デッドロックの発生

「X」をロックしたトランザクションAが、
　　　次に「Y」もロックしようとしている一方で、
「Y」をロックした別のトランザクションBが、
　　　次に「X」をロックしようとするとき、デッドロックが発生する。

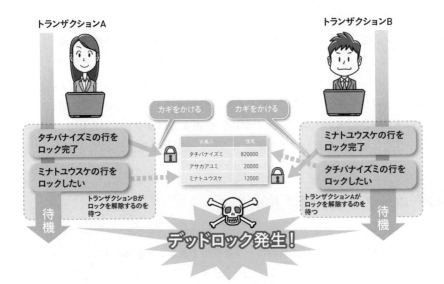

名義人	残高
タチバナイズミ	820000
アサカアユミ	20000
ミナトユウスケ	12000

トランザクションA

タチバナイズミの行を
ロック完了

ミナトユウスケの行を
ロックしたい

トランザクションBが
ロックを解除するのを
待つ

待機

カギをかける

カギをかける

トランザクションB

ミナトユウスケの行を
ロック完了

タチバナイズミの行を
ロックしたい

トランザクションAが
ロックを解除するのを
待つ

待機

デッドロック発生！

図9-9　デッドロックの発生

なるほど、お互いに自分は譲らず、相手が譲るのを待っちゃう
のね…。

っていうか、処理が永久に止まっちゃうなんて、困るよ！

こんなときは、DBMSが2つのトランザクションの間に立って、
調停をしてくれるの。

　デッドロックが発生して処理が完全に停止してしまうことを防ぐため、多
くのDBMSにはデッドロックを自動的に解決するしくみが備わっています。
DBMSは、実行中のトランザクションの中にデッドロックに陥っているもの
がないかを定期的に調べ、もし発見したら、片方のトランザクションを強制
的に失敗させて、デッドロック状態から抜け出せるようにします（図9-10）。

第Ⅲ部

トランザクションA

トランザクションB

タチバナイズミの行を
ロック完了

ミナトユウスケの行を
ロックしたい

カギをかける

ミナトユウスケの行を
ロック完了

タチバナイズミの行を
ロックしたい

トランザクションAによる
ロックが解除され次第、
処理を継続

待機

カギを解除

失敗させる

ロールバック

待機

名義人	残高
タチバナイズミ	820000
アサカアユミ	20000
ミナトユウスケ	12000

ゆずってあげなさい！
お姉ちゃんでしょ？

え〜〜、
ゆうすけばかり
ズルいィ〜！

図9-10　デッドロックの解決

　このように、片方のトランザクションに強制的に道を譲らせて、デッドロック状態は解決されます。しかし、少なくとも1つのトランザクションが失敗してしまう事実や、処理が停止してしまう時間の存在を考えると、可能な限りデッドロックは避けるべきです。

　もちろん、デッドロックを100%防ぐのは難しいですが、次のような対策を講じて、発生する確率を減らすことは可能です。

 デッドロックを予防する方法

対策①　トランザクションの時間を短くする。
対策②　行やテーブルを同じ順番でロックする。

対策①は、直感的に理解しやすいでしょう。ロックしている時間が短いほど、ほかのトランザクションと競合してしまう確率は低くなります。

　また、対策②も、ロックを行うときの基本的な心がまえです。そもそもデッドロックは、2つのトランザクションが互いに相手と違う順番でロックしようとするために発生する現象です。たとえば、図9-9では、2つのトランザクションがそれぞれ「X→Y」「Y→X」の順番にロックを試みています。しかし、もし両者が「X→Y」の順にロックするトランザクションであれば、デッドロックは決して発生しません。

　従って、行やテーブルをロックする際には、すべてのトランザクションにおいて、同じ順番でロックがかかるようにSQL文を工夫すれば、デッドロックの未然の防止が可能になるのです。

同じ順番でロックする

SQL文を組み立てる際には、可能な限り同じ順番で行やテーブルにロックがかかるよう意識する。

column

ロックエスカレーション

　DBMSにとって、膨大な数の行をロックするのは大変な仕事です。ロックによって、負荷も上がり、メモリも逼迫してしまいます。

　そこでDb2やSQL Serverなどの一部のDBMSは、あるテーブルについて多数の行ロックがかけられると1つの表ロックに自動的に切り替わるロックエスカレーション（lock escalation）という機構を持っています。

　ロックエスカレーションによってDBMSの負荷が下がり、性能が向上することもありますが、同時に実行できるトランザクション数が減って逆に遅くなったり、デッドロックの原因になったりすることもあります。

　ロックエスカレーションは、詳細な発動条件を設定したり、発動そのものを禁止したりすることも可能です。必要に応じて上手に活用していきましょう。

9.5 この章のまとめ

9.5.1 この章で学習した内容

トランザクション

- 複数のSQL文を不可分な1つの命令として扱うことができる。
- DBMSは、トランザクションの原子性や分離性を保つよう制御を行う。

原子性

- トランザクションに含まれる複数のSQL文は、すべて実行されたか、1つも実行されていないかのどちらかであることが、DBMSにより保証される。
- コミットでトランザクション中のすべての処理が確定する。
- ロールバックでトランザクション中のすべての処理がキャンセルされる。
- DBMSに付属する多くのSQLクライアントは、デフォルトで自動コミットモードになっている。

分離性

- トランザクションは、同時実行中のほかのトランザクションからの影響を受けないよう、分離して実行される。
- 代表的な副作用には「ダーティーリード」「反復不能読み取り」「ファントムリード」がある。
- トランザクション分離レベルで、性能と分離のバランスを選ぶことができる。

ロック

- 行やテーブル、データベース全体に、明示的にロックをかけることができる。
- デッドロックを防ぐには、できるだけ同じ順番で行やテーブルにロックがかかるよう処理を工夫する。

> 家賃60,000円の振込と同時に、手数料420円の支払いを記録したい。

※ QR コードは、この項のリストすべてに共通です。

```
01  BEGIN;
02  INSERT INTO 家計簿
03  VALUES('2024-03-20', '住居費', '4月の家賃', 0, 60000);
04  INSERT INTO 家計簿
05  VALUES('2024-03-20', '手数料', '4月の家賃の振込', 0, 420);
06  COMMIT;
```

> 3月20日のデータを削除したけれど、やっぱりなかったことにしたい。

```
01  BEGIN;
02  DELETE FROM 家計簿 WHERE 日付 = '2024-03-20';
03  ROLLBACK;
```

> 処理中にほかの人の操作で家計簿テーブルの内容が変化しないようにしながら、各種統計を記録したい。

```
01  BEGIN;
02  LOCK TABLE 家計簿 IN EXCLUSIVE MODE;
03  INSERT INTO 統計結果
04  SELECT 'データ件数', COUNT(*) FROM 家計簿;
05  INSERT INTO 統計結果
06  SELECT '出金額平均', AVG(出金額) FROM 家計簿;
07  COMMIT;
```

9.6 練習問題

問題9-1

次の文章の空欄A〜Eに当てはまる適切な言葉を答えてください。

DBMSは、複数のSQL文をひとかたまりの [(A)] として取り扱うことができます。[(A)] は [(B)] によってすべての内容を確定するか、もしくはロールバックによってすべての内容をキャンセルするかのどちらかの状態になることが保証されています。こうした性質を [(C)] といいます。また、同時実行する複数の [(A)] が互いに影響を与えない性質である [(D)] については、[(E)] で性能と安全性のバランスを指定することができます。

問題9-2

あるオンラインブックストアのシステムでは、ブラウザの注文画面でユーザーが購入ボタンを押すたびに次のようなSQL文が実行されます。

```
01  INSERT INTO 受注 (注文番号, 日付, 顧客番号, 商品番号, 注文数)
02  VALUES ('1192296', '2024-04-08', '8828', '0008', 12);
03  UPDATE 在庫 SET 残数 = 残数 - 12
04   WHERE 商品番号 = '0008';
```

受注テーブルに書き込まれる内容は定期的に出荷管理プログラムが分離レベルREAD COMMITTEDで監視しており、新たな受注が入るとすぐに商品が宅配便で出荷されるようになっています。このとき、以下の設問に答えてください。

1. 正確なデータ処理の観点から、このシステムで懸念されることを2つ挙げてください。

2. その懸念を克服できるよう、SQL文を修正してください。

問題9-3

問題9-2のオンラインブックストアのシステムでは、毎日深夜0時に自動的に次の統計処理が実行されます。利用しているDBMSは4つの分離レベルすべてをサポートしており、ロックエスカレーションは発生しないものとします。

```
01  BEGIN;
02  SET TRANSACTION ISOLATION LEVEL READ UNCOMMITTED;
03  UPDATE 受注統計 -- (1)
04    SET 統計値 = (SELECT COUNT(*) FROM 受注)
05   WHERE 項目名= '注文回数';
06  UPDATE 受注統計 -- (2)
07    SET 統計値 = (SELECT AVG(注文数) FROM 受注)
08   WHERE 項目名 = '平均受注数';
09  UPDATE 受注統計 -- (3)
10    SET 統計値 = 20240413    -- 本日の日付を整数表記したもの
11   WHERE 項目名= '統計実施日';
12  COMMIT;
```

受注統計テーブル

列名	データ型	備考
項目名	VARCHAR(10)	統計の種類
統計値	INT	統計の値

以上のSQL文とテーブルに基づき、次の各項目について、正しければ○を、誤っていれば×を付けてください。

ア. このSQL文は1つのトランザクションとして実行される。
イ. (2) のSQL文の実行でエラーが発生した場合、(1) までの処理が確定される。
ウ. 受注統計テーブルにまだ行が1つも存在しないと、ロールバックが発生する。

エ. 最後の1行を `ROLLBACK;` に書き換えると、受注統計テーブルのデータは更新されなくなる。

オ. (1) のSQL文では副問い合わせを使っているので、受注の回数を常に正確に取得できる。

カ. (1) のSQL文の実行と、(2) のSQL文の実行の間に書籍の注文が入ると、受注統計テーブルの「注文回数」と「平均注文数」を掛け算しても、合計注文数と一致しなくなってしまう恐れがある。

キ. このSQL文が実行されている間、受注統計テーブルにはロックがかかり、ほかのトランザクションからは一切アクセスできなくなる。

ク. 統計処理の実行中に、READ UNCOMMITTED分離レベルで `SELECT * FROM 受注統計` を実行すると、統計実施日のみ、古い情報が取得できてしまう可能性がある。

ケ. 2行目で選択する分離レベルは、SERIALIZABLEにしたほうがDBMS全体のパフォーマンスは向上することが多い。

column

クラウドデータベース

　一昔前まで、データベースを利用するためには、サーバを購入して自社やデータセンターに設置し、自らDBMSをインストールして環境を構築する必要がありました。この方法はオンプレミス（on-premises）といわれ、現在でもデータベースを利用する主要な方法の1つですが、高額な初期費用が必要となるほか、導入や運用には専門知識や経験のある技術者が求められます。

　そこで近年、DBMS機能そのものをクラウド上に配置し利用する形態のデータベースが急増しています。クラウド事業者が提供するWeb画面から必要な製品やスペックを設定するだけでDBMSが自動的に構築され、数分後には利用が可能となります。利用者側でバックアップや保守作業が不要となり、商用DBMSのライセンス費用も使用状況に応じた支払いができるなど、さまざまなメリットを享受できます。

2フェーズコミット

　2つ以上のデータベースに分けて情報を格納している場合、通常のトランザクションではデータの整合性を確保できない場面があります。たとえば、データベースAに入出金情報を、データベースBに入出金の更新日時を記録している場合、データベースAのトランザクションをコミットした直後にデータベースBがダウンしてしまうケースです。

　このような場合、2フェーズコミット（two phase commit, 2PC）と呼ばれる手法が利用されることがあります。2フェーズコミットでは、各データベースに対してトランザクションの「確定準備」と「確定」の2段階の指示を出して、複数のデータベースにまたがったトランザクションの整合性を維持します。

第III部

chapter 10
テーブルの作成

これまでは、既存のテーブルに対するデータの格納や
取り出しの命令を学んできました。
この章では、新しいテーブルを作成する命令を学びます。
併せて、テーブル作成に伴うさまざまなオプションについての知識を
身に付け、データベースが提供してくれる機能や
高い信頼性を実現するためのしくみも理解していきましょう。

chapter
10

contents

10.1 SQL命令の種類

10.1.1 データベースを使う2つの立場

先輩、実はまた勉強用に新しいテーブルを作ってもらいたいのですが…。

いいわよ。でも、せっかくだから、自分で作ってみましょうか。

これまで私たちは、SELECT、INSERT、UPDATE、DELETEなどの命令を使って、既存のテーブルに対してデータを操作する方法を学んできました。本書の学習では、入力したSQL文を私たちが直接DBMSに送っていますが、一般的な情報システムの内部では、Javaなどで開発したプログラムが生成したSQL文をDBMSに送ってデータ操作を指示する方法が大半です（1.1.4項）。

つまり、これまでの私たちや情報システムにおけるプログラムは、**データの操作を指示する立場（立場①）**としてDBMSを利用しています。

図10-1 データの操作を指示する立場でのデータベース利用

しかし、立場①の人がSELECT文やINSERT文でデータの出し入れを行うには、そもそもデータベース内部にテーブルが存在している状態を前提とし

ています。そこで必要になるのが、テーブルの作成や各種の設定など、**デー**
タベース自体の操作を指示する立場（立場②）の存在です。

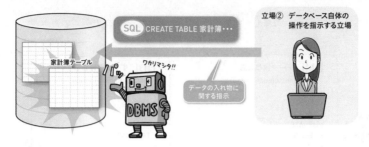

図10-2 データベース自体の操作を指示する立場でのデータベース利用

データベースを利用する2つの立場

立場① データベースにデータの出し入れを指示する立場
立場② 立場①の人が、効率よく、安全にデータの出し入れができ
るよう必要なテーブルの準備や各種設定を指示する立場

　湊くんと朝香さんは、これまでずっと立場①でさまざまなSQL文を学んで
きました。これが可能だったのは、いずみさんが立場②を引き受けてテーブ
ルなどを準備してくれていたからです。
　ここまでの9つの章を通して、私たちは立場①として知っておくべき事柄
をひととおり学びました。そこで、この章からは、立場②としてデータベー
スの設定や構築についての方法を学んでいきます。

10.1.2 4種類の命令

> テーブルを作るには、専用のツールが必要だったり、難しそうな
> コマンドを打ち込まないといけなかったりするのかな…。

　実は、立場②としてテーブル作成を指示する場合にも、SQLを使います。
ただし、これまで学んだSELECTやINSERTではなく、CREATE TABLEとい

う新しい命令を使います。立場②として使う命令はほかにもたくさん準備されていますが、すべてのSQL文は、最終的に4種類の命令に分類できます。

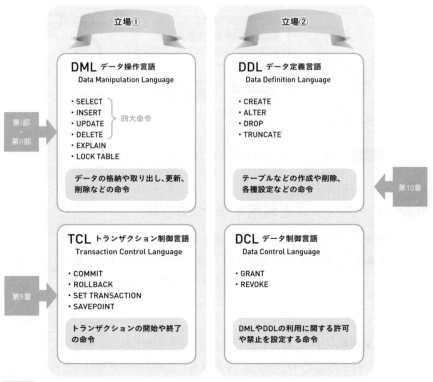

図10-3 SQL 命令の分類

なるほど。これまで、私たちは主にDMLを学んできたのね。

これからはDDLとDCLを学べばいいんだね！

10.1.3 | DCLとは

DDLについて学ぶ前に、データ制御を行うDCLについて、少し触れておきましょう。

DCLは、誰に、どのようなデータ操作やテーブル操作を許すかといった権限を設定するためのSQL命令の総称です。権限を付与するGRANT文と権限を剥奪するREVOKE文があります。

 GRANT文とREVOKE文

> GRANT　**権限名** TO　**ユーザー名**
>
> REVOKE　**権限名** FROM　**ユーザー名**
>
> ※ 権限名やユーザー名の記述の詳細は、DBMSによって異なる。

　これらは、立場②の中でも特にデータベースの全権を管理する、データベース管理者（DBA：Database Administrator）だけが使う命令です。また、DBMSによって構文や位置づけが大きく異なるため、詳細は各製品のマニュアルに譲ることにします。

　この章と次の章では、残るDDLについて学びながら、データベース自体の操作を行う方法について学んでいきましょう。

column

SQL文の分類方法

　どのSQL命令がDML、TCL、DDL、DCLのいずれに分類されるかは、DBMSや資料によって異なる場合があります。たとえば、第9章で紹介したBEGIN、COMMIT、ROLLBACKは、DCLに分類する製品もあります。

10.2 { テーブルの作成

10.2.1 テーブル作成の基本

テーブルを作成するには、代表的なDDLである CREATE TABLE 文を使います。この文には、作成したいテーブルの名前、テーブルを構成する列とそのデータ型をカンマで区切って指定します。

[A] テーブルの作成（基本形）

```
CREATE TABLE テーブル名 (
    列名1    列1の型名,
    列名2    列2の型名,
    :
    列名X    列Xの型名
)
```

たとえば、これまで利用してきた家計簿テーブルを作成するには、リスト10-1のようなSQL文を実行します。

リスト10-1 家計簿テーブルを作成する

```
01  CREATE TABLE 家計簿 (
02      日付       DATE,
03      費目ID     INTEGER,
04      メモ       VARCHAR(100),
05      入金額     INTEGER,
```

```
06    出金額    INTEGER
07  )
```

テーブル作成のSQL文がこんなに単純だったなんて。

副問い合わせや結合のSQL文に比べれば楽勝よね。テーブルが
作成できたら、次は列に対する設定を見ていきましょう。

10.2.2 デフォルト値の指定

INSERT文でテーブルに行が追加されるとき、一部の列の値が指定されない場合があります。たとえば、家計簿テーブルに行を追加する次のリスト10-2のように、「費目ID」や「入金額」が省略されるかもしれません。

リスト10-2 家計簿テーブルに対する行の追加

```
01  INSERT INTO 家計簿 (日付, メモ, 出金額)
02      VALUES ('2024-04-12', '詳細は後で', 60000)
```

このSQL文の実行後、該当行を検索すると、テーブルに追加された行の「費目ID」と「入金額」の列の内容は、次のようにNULLとなります。

リスト10-2で追加した行の検索結果

日付	費目ID	メモ	入金額	出金額
2024-04-12	NULL	詳細は後で	NULL	60000

しかし、INSERT文で具体的な値を指定しない列には、NULLではなく特定のデフォルト値（初期値）を格納できたら便利だと思いませんか。テーブルを作成する段階でデフォルト値を決めておけば、「特に指定しないときは入金額には0が格納される」というような設定が可能です。

そのためには、CREATE TABLE文にDEFAULT（デフォルト）キーワードを指定します。

デフォルト値の指定を含むテーブルの作成

```
CREATE TABLE テーブル名 (
    列名　型名 DEFAULT デフォルト値,
    :
)
```

　このしくみを活用して家計簿テーブルを作成するには、次のSQL文を実行します。4～6行目で、デフォルト値として0や'不明'を指定しています。

リスト10-3	家計簿テーブルを作成する（デフォルト値を活用）

```
01  CREATE TABLE 家計簿 (
02      日付          DATE,
03      費目ID        INTEGER,
04      メモ          VARCHAR(100) DEFAULT '不明',
05      入金額        INTEGER      DEFAULT 0,
06      出金額        INTEGER      DEFAULT 0
07  )
```

デフォルト値の指定

10.2.3 DROP TABLE文

　　あれっ？　リスト10-3を実行するとエラーになっちゃう…。

　本書の解説の順にSQL文を実行すると、朝香さんのように、リスト10-3の実行に失敗してしまいます。なぜなら、リスト10-1を実行した際に、すでに家計簿テーブルが作成されているためです。データベース内に、同じ名前のテーブルを複数作ることはできません。つまり、家計簿テーブルを作り直すために、家計簿テーブルをいったん削除しなければなりません。

待ってました！　DELETE FROM 家計簿 だね！

…と言いたいところだけど、それじゃテーブルの中身しか消えないのよ。

　図10-3（p.300）で紹介したように、DELETE文はDMLに属する命令です。テーブルに登録されたデータの削除はできますが、その入れ物である家計簿テーブル自体を削除することはできません。
　テーブルそのものを削除するにはDDLに属する<ruby>DROP TABLE<rt>ドロップ テーブル</rt></ruby>文を利用します。

 テーブルの削除

DROP TABLE テーブル名

DROP TABLE はキャンセルできない？

column

　DMLに属するDELETE文などは、ロールバック命令によりキャンセルできるのが一般的です。しかし、DDLをロールバックができるか否かはDBMSによって異なります。
　たとえば、Oracle DBでは基本的にDDLはロールバックできず、一度実行すると取り消しができません。重要な操作を行う場合には、念のためバックアップをしておくなど安全面への配慮も大切です。

作成、削除ときたら…次は「更新」だね！　UPDATE TABLE文
とか？

惜しい！　いい線いってるわよ。

　テーブル定義の内容を変更するには、ALTER TABLE文を使います。この
文では、具体的にテーブルの「何を」「どう」変えるかを指定します。さまざま
な変更が可能ですが、ここでは列の追加と削除について紹介しましょう。

 テーブル定義の変更

・列の追加

ALTER TABLE **テーブル名** ADD **列名 型**

・列の削除

ALTER TABLE **テーブル名** DROP **列名**

　たとえば、家計簿テーブルにDATE型の「関連日」列を追加してすぐ削除
するには、リスト10-4のようなSQL文を実行します。

リスト10-4　列の追加と削除

```
01  ALTER TABLE 家計簿 ADD 関連日 DATE;      -- 追加する
02  ALTER TABLE 家計簿 DROP 関連日;          -- 削除する
```

　既存のテーブルに列を追加する場合、新しい列が挿入される位置は、原則
としていちばん後ろになります（DBMSによっては、挿入位置を任意に指定
できるものもあります）。

column

テーブルの存在を確認してから作成／削除する

　テーブルの作成や削除の命令は、同名テーブルが存在しているかどうかで成功の可否が左右されてしまいます（10.2.3項）。そこで、DBMSによっては、実行の前にテーブルの存在を確認し、実行を制御できるオプションを提供しています（付録AのDBMS比較表を参照）。

```
-- 存在しないときのみテーブルを作成
CREATE TABLE IF NOT EXISTS 家計簿 ( … );
-- 存在するときのみテーブルを削除
DROP TABLE IF EXISTS 家計簿;
```

　また、MariaDBでは、既存のテーブルが存在する状態のまま CREATE TABLE 文を実行できるオプションがありますが、テーブルは一度削除されてしまう点に注意が必要です。

```
CREATE OR REPLACE TABLE 家計簿 ( … )


-- 同じ動作をする命令
DROP TABLE IF EXISTS 家計簿 ( … );
CREATE TABLE 家計簿 ( … );
```

chapter
10

10.3 制約

10.3.1 人為的ミスに備える

いけねっ…「日付」列を指定せずにINSERTしちゃった！

もう。家計簿なんだから、日付がNULLなんてあり得ないでしょ？

　データベースの本来の役割を考えると、テーブルに異常な値が格納されてしまう事態は絶対に避けなければなりません。そこで第9章では、予期しない中断や同時実行など、システム的な理由でデータが異常な状態になってしまう状況を避けるためにトランザクションの利用を学びました。

　しかし、SQLの文法としては正しいものの、システムの意図から見れば誤ったSQL文をDBMSに送ってしまう人為的ミスに対して、トランザクション制御はまったくの無力です。「誤った内容のSQL文」が、「指示どおりに正しく実行」されてしまいます。

そんなの、SQL文を書く人が気をつければ済む問題だよね。

いくら気をつけていても、人間は必ずミスをするわ。だからミスを防ぐしくみを考えるべきなの。

　DBMSは、人為的ミスによって意図しないデータが格納されないためのしくみをいくつも備えています。

　たとえば、本書の冒頭から利用してきた「データ型」もそんな安全機構の

1つです。テーブルの各列に型を指定しておけば、その列に格納できるデータの種類を制限できます。型など指定せず、文字列でも数値でも格納できたほうが便利と感じるかもしれません。しかし、たとえば「出金額」の列がINTEGER型で定義されているからこそ、万が一にも誤って文字列を格納してしまう人為的ミスを回避できるのです。

あえて制限することで安全性を高める

予期しない値を格納できないように制限をかけ、人為的ミスによるデータ破壊の可能性を減らすことができる。

加えて、多くのDBMSは制約（constraint）というしくみを備えており、型よりもさらに強力な制限をかけることができます。制約を使えば、「日付の列は絶対にNULLになってはならない」「入金額や出金額の列は0以上の数値しか格納してはならない」などのきめ細かい制限が可能になります。

現在、広く用いられているDBMSでは5種類の制約をサポートしています。まずはその中から、比較的シンプルな3つについて紹介していきましょう。

10.3.2 | 基本的な3つの制約

制約は、CREATE TABLE文でテーブルを定義する際に、列定義の後ろに指定が可能です。

A 制約の指定を含むテーブルの作成

```
CREATE TABLE テーブル名 (
    列名　型　制約の指定,
    :
)
```

なお、1つの列に複数の制約を指定することもできますが、その場合はカ

ンマではなく半角の空白で区切って、並べて記述します。

さっそく、例を見てみましょう。次の図10-4のようなデータを格納するために、2つのテーブルを作成する場合を考えます。

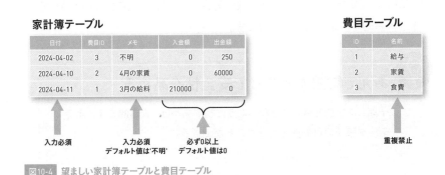

家計簿テーブル

日付	費目ID	メモ	入金額	出金額
2024-04-02	3	不明	0	250
2024-04-10	2	4月の家賃	0	60000
2024-04-11	1	3月の給料	210000	0

入力必須　　　入力必須　　　必ず0以上
　　　　デフォルト値は'不明'　デフォルト値は0

費目テーブル

ID	名前
1	給与
2	家賃
3	食費

重複禁止

図10-4 望ましい家計簿テーブルと費目テーブル

この場合、NOT NULL、CHECK、UNIQUE という基本的な3種類の制約の指定を伴う次のような CREATE TABLE 文を実行します。

リスト10-5 基本的な3つの制約を指定

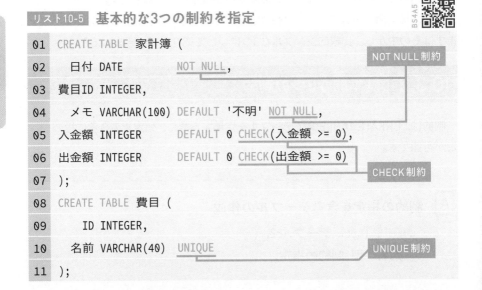

```
01  CREATE TABLE 家計簿 (
02    日付 DATE          NOT NULL,              NOT NULL制約
03    費目ID INTEGER,
04    メモ VARCHAR(100) DEFAULT '不明' NOT NULL,
05    入金額 INTEGER     DEFAULT 0 CHECK(入金額 >= 0),
06    出金額 INTEGER     DEFAULT 0 CHECK(出金額 >= 0)   CHECK制約
07  );
08  CREATE TABLE 費目 (
09     ID INTEGER,
10    名前 VARCHAR(40) UNIQUE              UNIQUE制約
11  );
```

それでは、この3つの種類の制約について、その内容を具体的に見ていきましょう。

① NOT NULL 制約

NOT NULL（ノットヌル）制約が設定された列には、NULLの格納は許可されません。仮に、家計簿テーブルがリスト10-5のように作られていた場合、この節の最初の湊くんのように、日付を指定せずにINSERTを実行するとエラーが発生して行の追加は失敗します。

> 安全装置のおかげで、意図しない処理をちゃんと中断してくれるんですね。

なお、リスト10-5の「メモ」列のように、NOT NULL制約はDEFAULT指定と組み合わせて利用されるのが一般的です。デフォルト値が設定されていれば、INSERT文で特に値を入力しなくても自動的に値が設定されるため、エラーにならないからです（リスト10-6）。

リスト10-6 デフォルト値の利用

```
01  -- メモを明示的に指定してINSERT → '家賃' が入る
02  INSERT INTO 家計簿 (日付, 費目ID, メモ, 入金額, 出金額)
03      VALUES ('2024-04-04', 2, '家賃', 0, 60000);
04  -- メモを省略してINSERT → '不明' が入る
05  INSERT INTO 家計簿 (日付, 費目ID, 入金額, 出金額)
06      VALUES ('2024-04-05', 3, 0, 1350);
```

> 列にNOT NULL制約がついていれば、複数行副問い合わせの落とし穴（p.212）についても心配が減るわよ。

② UNIQUE 制約

ある列の内容が決して重複してはならない場合、UNIQUE（ユニーク）制約を付けます。たとえば、費目テーブルは家計簿で利用される費目の一覧が格納されるテーブルです。通常、同じ名前の費目が複数あってはならないため、リスト10-5ではこの列にUNIQUE制約が指定されています（図10-5）。

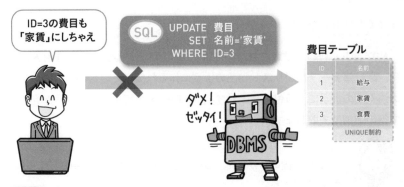

図10-5 UNIQUE制約が指定されていれば安全

　なお、UNIQUE制約が指定されていても、NULLの格納は許されます。「NULLはNULLとも等しくない」（3.3.2項）からです。

③ CHECK制約

　ある列に格納される値が妥当かどうかを細かく判定したい場合は、CHECK（チェック）制約を用います。CHECKの後ろのカッコ内に記述した条件式が真となる値だけが格納を許されます。たとえば、リスト10-5では、入金額と出金額に0以上の数値しか格納できないよう制約をかけています。

10.3.3 主キー制約

　ところで、2人は「主キー」が持つべき性質を覚えてるかしら？

　主キーって確か、「行を一意に識別する」ための列だったよね。ええと…。

　私たちが第3章で初めて主キーについて学んだときのことを思い出してください。主キーの列とは、「その列の値を指定すれば、ある1つの行を完全に特定できる」役割を与えられた列のことでした（p.97）。リスト10-5の費目テーブルでいえば、「ID」列が主キーの役割を期待されている列でしょう。

家計簿テーブル

日付	費目ID	メモ	入金額	出金額
2024-04-02	3	不明	0	250
2024-04-10	2	4月の家賃	0	60000
2024-04-11	1	3月の給料	210000	0

費目テーブル

主キー	
ID	名前
1	給与
2	家賃
3	食費

図10-6　費目テーブルの「ID」列は主キーの役割を担う

そして、主キーがその役割を果たすための条件には、「ほかの行と重複してはならない」「必ず値が格納されなければならない（NULLであってはならない）」という2つが含まれていました。

…ということは、UNIQUE制約とNOT NULL制約の両方を指定すればいいんですね！？

そうね、それも間違いじゃないけど、もっといい方法があるのよ。

主キーの役割を担う列には、主キー制約（PRIMARY KEY制約）を付けましょう。この制約が付いている列は、単なる「NULLも重複も許されない列」ではなく、そのテーブルで管理しているデータを一意に識別する、主キーとしての役割が期待されている意味（セマンティクス）を持ちます。

主キー制約を付ける方法は2つあります。ある単独の列に指定したい場合は、次のリスト10-7にあるように、これまで紹介してきたほかの制約と同様、列名の後ろに記述します。

リスト10-7　主キー制約の指定（単独列）

```
01  CREATE TABLE 費目 (
02    ID   INTEGER   PRIMARY KEY,   ← 主キー制約
03    名前 VARCHAR(40) UNIQUE
04  )
```

この記法を用いる場合、複数の列に主キー制約を指定することはできません。

一方、次のリスト10-8のようにCREATE TABLE文の最後に記述する記法を用いれば複合主キー（p.99）の指定も可能です。

リスト10-8 主キー制約の指定（複合主キー）

```
01  CREATE TABLE 費目 (
02    ID   INTEGER,
03    名前 VARCHAR(40)  UNIQUE,
04    PRIMARY KEY(ID, 名前)          ID列と名前列で複合主キーを構成する
05  )
```

主キーの役割を担うべき列に関しては、万が一にもNULLや重複値が格納されると行を識別できない致命的な状況に陥るため、特別な理由がない限り、必ず主キー制約を指定するようにしましょう。

NOT NULL、UNIQUE、CHECK、PRIMARY KEYと。これで4つだね。最後の1つはどんな制約なの？

それを紹介するためにも、ちょっと試してほしいSQL文があるの。詳しくは、また後でね。

10.4 外部キーと参照整合性

10.4.1 参照整合性の崩壊

ちょっとミナト！ 勝手に費目の行を削除したでしょ！ おかしくなっちゃったじゃない！

だって、姉さんが試してみろって言うから…。

いずみさんが2人に体験させたかったのは、次のような状況です（図10-7）。

家計簿テーブル

日付	費目ID	メモ	入金額	出金額
2024-04-02	3	不明	0	250
2024-04-10	2	4月の家賃	0	60000
2024-04-11	1	3月の給料	210000	0

費目テーブル

ID	名前
1	給与
3	食費

ない！

4月10日の費目は、具体的に何かというと…

図10-7 外部キーで指しているはずの費目がない！

　家計簿テーブルの4月10日の行は、費目IDに2が設定されています。費目IDの列は外部キー（p.234）で、費目テーブルに存在していた「家賃」（ID=2）を参照していました。しかし、費目テーブルから「家賃」の行が削除されたため、4月10日の支出は、費目が不明な状態になってしまいました。

家計簿テーブルには「ID=2の行を見てね」って書かれてるのに、費目テーブルにはそんな行はないんだもんなぁ…。

外部キーが指し示す先にあるべき行が存在してリレーションシップが成立している状態を参照整合性（referential integrity）といいます。図10-7のような異常な状態は「参照整合性の崩壊」といわれ、データベース利用において絶対に避けなければなりません。

参照整合性の崩壊

外部キーで別テーブルの行を参照しているのに、その行が存在しない状態をいう。このような状況は、絶対に避けなければならない。

10.4.2 崩壊の原因

ほかにも参照整合性が壊れちゃう操作はあるんですか？

全部で4つのパターンがあるのよ。

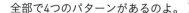

　参照整合性の崩壊を引き起こすデータ操作には、次に挙げる4つのパターンがあります。

参照整合性の崩壊を引き起こすデータ操作

① 「ほかの行から参照されている」行を削除してしまう。
② 「ほかの行から参照されている」行の主キーを変更してしまう。
③ 「存在しない行を参照する」行を追加してしまう。
④ 「存在しない行を参照する」行に更新してしまう。

図10-7（p.315）の状況で参照整合性を崩す、具体的な4つのSQL文を次に表します。コメントの丸数字は、4つのパターンを示しています。

リスト10-9　参照整合性制約を崩す4つの操作

```
01  -- ①家計簿テーブルで利用中の費目について、費目テーブルから削除
02  DELETE FROM 費目 WHERE ID = 2;
03  -- ②家計簿テーブルで利用中の費目について、費目テーブルのIDを変更
04  UPDATE 費目 SET ID = 5 WHERE ID = 1;
05  -- ③費目テーブルに存在しない費目を指定して、家計簿テーブルに行を追加
06  INSERT INTO 家計簿 (日付, 費目ID, 入金額, 出金額)
07      VALUES ('2024-04-06', 99, 0, 800);
08  -- ④費目テーブルに存在しない費目を指定して、家計簿テーブルの行を更新
09  UPDATE 家計簿 SET 費目ID = 99
10    WHERE 日付= '2024-04-10';
```

10.4.3　外部キー制約

参照整合性を崩す4つの操作は絶対やっちゃいけないのはわかったけど…うっかりやってしまいそうな気もするなぁ。

人によるミスを防ぐには…そう、制約ね。

　参照整合性が崩れるようなデータ操作をしようとした場合にエラーを発生させ、強制的に処理を中断させる制約が外部キー制約（FOREIGN KEY制約）です。この制約は、参照元のテーブルの外部キー列に設定します。図10-7でいえば、家計簿テーブルの費目IDの列に外部キーの制約を付けます。
　CREATE TABLE文で外部キー制約をかけるには、次ページの構文を利用します。

外部キー制約の指定（1）

```
CREATE TABLE テーブル名 (
  列名 型  REFERENCES 参照先テーブル名(参照先列名)
  :
)
```

リスト10-10 外部キー制約の指定

01	CREATE TABLE 家計簿 (
02	日付　　DATE　　　　　　NOT NULL,
03	費目 ID INTEGER　　　　REFERENCES 費目(ID),　　外部キー制約
04	メモ　　VARCHAR(100) DEFAULT '不明' NOT NULL,
05	入金額　INTEGER　　　　DEFAULT 0 CHECK(入金額 >= 0),
06	出金額　INTEGER　　　　DEFAULT 0 CHECK(出金額 >= 0)
07	)

　また、主キーの場合と同様に、CREATE TABLE文の最後にまとめて定義も
できます。この場合は、 FOREIGN KEY で制約を付ける列を指定します。

 外部キー制約の指定（2）

```
CREATE TABLE テーブル名 (
  :
  FOREIGN KEY (参照元列名)
    REFERENCES 参照先テーブル名(参照先列名)
)
```

　こちらの構文を用いる場合の家計簿テーブルでは、費目IDの列定義に制
約を記述せず、最後に FOREIGN KEY(費目ID) REFERENCES 費目(ID) と
いう記述を加えます。

「人はミスをする」という前提に立って、人為的なミスに強い
データベースを作れるようになってね。

はい、この章で学んだ制約を使って、どんな家計簿テーブルを
作れるか考えてみます！

column

制約が付いていなくても「主キー」

主キー制約が付いている列は、主キーの列です。しかし、この制約が付いてい
ないからといって、主キーの列ではないとは言い切れません。

主キー制約は、あくまでもその列に「主キーであれば果たすべき2つの責任（非
NULL、重複なし）を確実に果たさせるための安全装置」に過ぎません。制約が
設定されていなくても、利用者が「行を識別するための列」として利用する列が
あれば、それは主キー列です。

chapter
10

10.5 この章のまとめ

10.5.1 この章で学習した内容

4種類のSQL命令

- データを格納したり取り出したりするには、DMLに属する命令を使う。
- データを格納するテーブル自体を作成したり削除したりするには、DDLに属する命令を使う。
- トランザクションの開始や終了を指示するには、TCLに属する命令を使う。
- DMLやDDLに関する許可や禁止を設定するには、DCLに属する命令を使う。

テーブルの作成と削除

- CREATE TABLE文を用いて、新規のテーブルを作成できる。
- テーブル作成時に、列にデフォルト値を指定できる。
- DROP TABLE文でテーブルを削除できる。
- ALTER TABLE文でテーブルの定義を変更できる。

制約

- テーブル作成時に各列に制約を設定し、予期しない値が格納されないように安全装置を設けることができる。
- NOT NULL制約は、NULLの格納を防ぐことができる。
- UNIQUE制約は、重複した値の格納を防ぐことができる。
- CHECK制約は、格納しようとする値が妥当かどうかをチェックできる。
- 主キーとして取り扱いたい列には、主キー制約を設定する。
- データの更新や削除によって外部キーによる参照整合性が崩壊しないように、外部キー制約を設定する。

「ID」列を主キーとする費目テーブルを作りたい。

※ QR コードは、この項のリストすべてに共通です。

```
01  CREATE TABLE 費目 (
02    ID   INTEGER    PRIMARY KEY,
03    名前 VARCHAR(40) UNIQUE
04  )
```

適切な制約を設定した家計簿テーブルを作りたい。

```
01  CREATE TABLE 家計簿 (
02    日付    DATE        NOT NULL,
03    費目ID INTEGER      REFERENCES 費目(ID),
04    メモ   VARCHAR(100) DEFAULT '不明' NOT NULL,
05    入金額 INTEGER      DEFAULT 0 CHECK(入金額 >= 0),
06    出金額 INTEGER      DEFAULT 0 CHECK(出金額 >= 0)
07  )
```

費目テーブルに「備考」列を追加したい。

```
01  ALTER TABLE 費目 ADD 備考 VARCHAR(50)
```

家計簿テーブルを削除したい！

```
01  DROP TABLE 家計簿
```

10.6 { 練習問題

問題10-1

次のSQL命令の中からDDLに属するものを選んでください。

ア. SELECT　　イ. DROP TABLE　　ウ. CREATE TABLE　　エ. INSERT
オ. DELETE　　カ. UPDATE TABLE　　キ. ALTER TABLE

問題10-2

ある大学の学部一覧を管理する学部テーブルを作るため、次のようなSQL文を準備しました。

```
01  CREATE TABLE 学部 (
02    ID   CHAR(1),        -- 学部を一意に特定する文字
03    名前 VARCHAR(20),     -- 学部の名前（必須、重複不可）
04    備考 VARCHAR(100)     -- 特にない場合は、'特になし'を設定
05  )
```

このテーブルの趣旨と目的を考慮し、適切なデフォルト値や制約を加えるようSQL文を改善してください。

問題10-3

問題10-2の学部テーブルとリレーションシップを持つ学生テーブルがあります。

学生テーブル

列名	データ型	備考
学籍番号	CHAR(8)	学生を一意に特定する番号（必須）
名前	VARCHAR(30)	学生の名前（必須）
生年月日	DATE	学生の生年月日（必須）
血液型	CHAR(2)	学生の血液型　※ A、B、O、AB のいずれかで不明な場合は NULL
学部 ID	CHAR(1)	学部テーブルの ID 列の値を格納する外部キー

　制約やデフォルト値も活用して、このテーブルを生成するDDLを作成してください。

問題10-4

　問題10-3で学生テーブルに正しく制約が設定されると、学生テーブルや学部テーブルに対するデータ操作時に参照整合性が崩れないか検証されるようになります。どのようなデータ操作が行われると「参照整合性を崩す恐れがある操作」としてエラーになるか、具体例を2つ挙げてください。

問題10-5

　問題10-2〜10-4で取り扱ってきた大学では、理学部（IDは「R」）を廃止することが決まりました。現在理学部に所属するすべての学生は、工学部（IDは「K」）に所属学部が変更になります。

　データベース内のデータについて、整合性の維持を考慮しながら、理学部の廃止と学生の所属変更の処理を行うSQL文を作成してください。

全データを高速に削除する

テーブルの全行を削除する場合、TRUNCATE TABLE文（トランケート テーブル）が利用される場合があります。

```
TRUNCATE TABLE 家計簿
```

実行結果は DELETE FROM 家計簿 とほぼ同じですが、その動作には次のような違いがあります。

- DELETEはWHERE句で指定した行だけ削除できるが、TRUNCATEは必ず全行を削除する。
- DELETEはDMLだが、TRUNCATEはDDLに属する命令である。
- DELETEはロールバックに備えて記録を残しながら仮の状態で削除していくが、TRUNCATEは記録を残さずに行を削除する（ロールバック不可）。
- DELETEは記録を残すため低速だが、TRUNCATEは高速。

TRUNCATE TABLE は、厳密にはデータ削除ではなくテーブル初期化の命令です。「テーブルを一度DROPして同じものをCREATEする」という動作をイメージするとわかりやすいでしょう。

chapter 11
さまざまな支援機能

DBMSには、データベースを「より速く」「より便利に」「より安全に」
使うためのさまざまな機能が存在します。
この章では、それらの中から代表的なものを紹介します。
データベースを使うための命令をひととおり学び、
データを格納するテーブルの作成もできるようになったいま、
もう1歩、階段を上ってみましょう。

contents

chapter
11

11.1 データベースを
より速くする

11.1.1 検索を速くする方法

検索を何倍も速くできる方法があるって聞いたんだけど、ホント！？

場合によってはもっと速くなることもあるわよ。ヒントは、今手にしているこの本かしら。

えっ？　本ってこの「スッキリわかる SQL 入門」ですか？

「できるだけ素早く、本書の中から GROUP BY について解説しているページを探してください」と言われたら、あなたはどうやって検索するでしょうか。

記憶をたどりながらページをめくる、目次を見ながら場所の目処をつける、最初のページからしらみつぶしに1ページずつ調べていくなど、さまざまな方法が考えられます。しかし、最も効率がよいのは巻末の「索引」を使って検索する方法ではないでしょうか。

実は、データベース内のテーブルに対しても、書籍の索引と似たものを作ることができます。

11.1.2 インデックスの作成と削除

データベースで作成することのできる索引情報はインデックス（index）と呼ばれ、次のような特徴があります。

インデックスの特徴

- インデックスは、指定した列に対して作られる。
- インデックスが存在する列に対して検索が行われると、DBMSは自動的にインデックスの使用を試みるため、高速になる場合が多い（検索の内容によってはインデックスの利用はできず性能が向上しない場合もある）。
- インデックスには名前を付けなければならない。

　特に重要なのは、インデックスが「列ごとに」作られるという点です。たとえば、家計簿テーブルの「費目ID」列に関するインデックスを作ると、検索条件に費目IDを指定した検索は高速になります（図11-1）。もし、「メモ」列でも検索することが多ければ、メモ列にもインデックスを作成すべきでしょう。

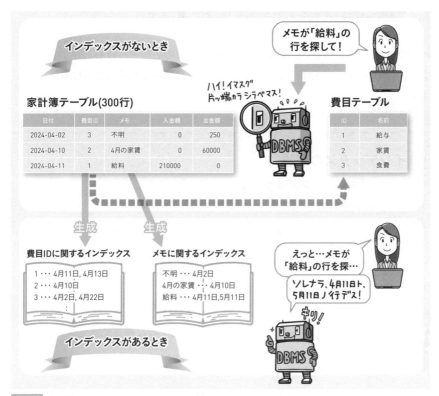

図11-1 家計簿テーブルの費目ID列とメモ列に対してインデックスを作成

インデックスを作成するには、DDLに属する命令である CREATE INDEX 文
を使います。

 インデックスの作成

CREATE INDEX インデックス名 ON テーブル名(列名)

リスト11-1は、図11-1のように2つの列にそれぞれインデックスを作る例
です。費目IDやメモのそれぞれの値が家計簿テーブルのどの行に格納され
ているのかを記録したインデックスを、データベース内に作成できます。

リスト11-1 家計簿テーブルにインデックスを2つ作る

```
01  CREATE INDEX 費目IDインデックス ON 家計簿(費目ID);
02  CREATE INDEX メモインデックス ON 家計簿(メモ);
```

インデックス名は、ほかと重複しない範囲で任意の名前を付けることがで
きます。この名前は、DROP INDEX 文でインデックスを削除するときにも使
います。

 インデックスの削除

DROP INDEX インデックス名

※ SQL ServerやMySQL、MariaDBでは、ON テーブル名 を付ける。

なお、複数の列を1つのインデックスとする複合インデックスも作成可能
です。

> CREATE に DROP、テーブル作成と同じような構文で覚えやす
> いですね。

11.1.3 高速化のパターン

> よし、インデックスも作れたし、これで検索はみんな爆速になるんだね！

> 残念ながら無条件に何でも速くなるわけじゃないの。効果が得られやすい典型的な3つのケースを紹介するわ。

　前述のとおり、ある列についてインデックスを作成すると、その列に関する検索が高速化します。図11-1の下の部分のように「費目ID」「メモ」の列に対するインデックスを生成してある状況では、具体的にどのようなSQL文の実行によって高速化が見込まれるのでしょうか。ここでは、3つのケースに分けて紹介します。

ケース1　WHERE句による絞り込み

　最もわかりやすいのは、WHERE句の絞り込み条件でインデックスを作成した列を利用する場合です（リスト11-2）。

リスト11-2　インデックス列をWHERE句に指定（完全一致検索）

```
01  SELECT * FROM 家計簿
02  WHERE メモ = '不明'
```

　DBMSの種類やインデックスの内部構造にもよりますが、文字列比較の場合、完全一致検索（まったく同じ値であることを条件とした検索）だけではなく、前方一致検索（最初の部分の一致を条件とした検索）でも、インデックスを利用した高速な検索が行われる可能性があります（次ページのリスト11-3）。

　ただし、部分一致検索（位置に関係なく任意の部分の一致を条件とした検索）や、後方一致検索（末尾の部分の一致を条件とした検索）では、通常、インデックスは利用されませんので注意が必要です。

インデックス列をWHERE句に指定（前方一致検索）

```
01  SELECT * FROM 家計簿
02    WHERE メモ LIKE '1月の%'
```

ケース2　ORDER BY による並び替え

　インデックスには並び替えを高速化する効果もあるため、ORDER BYの処理が速くなります（リスト11-4）。

リスト11-4 **インデックス列を ORDER BY句に指定**

```
01  SELECT * FROM 家計簿
02    ORDER BY 費目ID
```

ケース3　JOIN による結合の条件

　結合処理は内部で並び替えを行っているため、インデックスが設定された列を結合条件に使うと高速になります（リスト11-5）。

リスト11-5 **インデックス列を JOIN の結合条件に指定**

```
01  SELECT * FROM 家計簿
02    JOIN 費目
03      ON 家計簿.費目ID = 費目.ID
```

　これらのパターンからわかるように、一般的には、次のような列にインデックスを設定すると高い効果が得られるでしょう。

インデックス設定の効果が得られやすい列

・WHERE句やORDER BY句に頻繁に登場する列
・JOINの結合条件に頻繁に登場する列（外部キーの列）
※ インデックス利用の有無は、DBMSやインデックスに採用されているアルゴリズム
　に依存する。

11.1.4 インデックスの注意点

何倍も高速化するんだったら、いっそのこと全部の列にインデックスを付けちゃえばいいんじゃない！？

相変わらず極端ねぇ。インデックスを作る列はしっかり選んで設定しなきゃダメなのよ。

　設定するだけで高速化が叶うインデックスは、大変魅力的な道具です。処理性能で困った場面では、気軽に頼りたくなるのも無理はありません。

　しかし、インデックスはただ作ればよいというものではありません。なぜなら、作成により、次のようなデメリットも生じるからです。

インデックスの作成によるデメリット

・索引情報を保存するために、ディスク容量を消費する。
・テーブルのデータが変更されるとインデックスも書き換える必要があるため、INSERT文、UPDATE文、DELETE文のオーバーヘッドが増える。

　インデックスは、データベース内に保存される物理的な索引情報ですから、ディスク容量を消費します。使い方によっては大した容量にはならない場合もありますが、テーブルのデータ量が増えればインデックスとして消費される容量も確実に増加します。

　特に重要なのがもう1つのデメリットです。みなさんが手にしている本書にも索引がありますが、たとえば、GROUP BYを紹介するページを3ページ後ろに変更するとしたら、併せて索引の内容も書き換える必要があります。

　同じ理由から、インデックスが作成されている列のデータを変更する場合、DBMSはそのたびにインデックス情報を更新する必要があり、更新処理に時間がかかってしまうのです（次ページの図11-2）。

家計簿テーブル

日付	費目ID	メモ	入金額	出金額
2024-04-02	3	不明	0	250
2024-04-10	2	4月の家賃	0	60000
2024-04-11	1	~~給料~~ 不明	210000	0

メモに関するインデックス

不明 ・・・ 4月2日, ~~4月11日~~
4月の家賃 ・・・ 4月10日
給料 ・・・ ~~4月11日~~,5月11日

SQL
UPDATE 家計簿 SET メモ='不明'
WHERE 日付='2024-04-11'

ハイ、テーブルヲ
書キ換エマス.

オット、コレモ
書キ換エナキャ…

図11-2 テーブルデータが変更されると、インデックスも書き換えなければならない

 インデックスは乱用しない

インデックスによって検索性能は向上するが、データ書き換え時の
オーバーヘッドは増加する。

なお、UPDATE文やDELETE文は、通常、WHERE句とともに使用されま
す。そのため、インデックスの書き換えで多少のオーバーヘッドを伴ったと
しても、WHERE句の絞り込みによる高速化の効果が上回る可能性も少なく
ありません。

一方、INSERT文は、原則としてWHEREやJOIN、ORDER BYなどと一緒
に使われないため、インデックスの副作用には特に注意が必要です。

メリットとデメリットを検討して、インデックスを効果的に使っ
てね。

トホホ…。やっぱりそんなにうまい話はないかぁ。

332

主キー制約によるインデックス

　主キー制約は制約の1つであり、インデックスとは異なるものです。しかし、主キー列はWHERE句における検索条件やJOIN句における結合条件として頻繁に利用されます。また、データの登録時には重複チェックが必要などの理由から、多くのDBMSでは主キー制約を設定すると内部的にインデックスも作成されます。

高速化の効果を測ろう

　DBMSは指示されたSQL文をただ闇雲に実行するわけではありません。DBMSの環境に応じて、どの表に、どの順番で、どのような方法でアクセスすれば最も高速であるかを分析し、プラン（plan）と呼ばれる作戦を立ててから実行に移ります。プランには、インデックスを使って検索を行うか、1行ずつ地道に調べていくかなど、方策の決定も含まれています。

　詳細な構文はDBMSごとに異なりますが、EXPLAIN PLAN文（エクスプレイン　プラン）またはEXPLAIN文（エクスプレイン）を使って、指定したSQL文を実行するプランを調べることができます。インデックスによって処理がどのくらい速くなるか、目安を得たい場合にも有効です。

```
-- MySQL、MariaDB、PostgreSQLの場合
EXPLAIN SELECT * FROM 家計簿 WHERE メモ='不明'
```

11.2 〜 データベースを より便利にする

11.2.1 ビューの作成とメリット

この節では、データベースをより便利にする機能を紹介してい
くわ。まずは面倒くさがりなアナタのための機能よ。

えっ、なになに？

データベースを利用していると、同じようなSQL文を頻繁に実行する場面
があります。たとえば、「4月のすべての入出金を表示」し、「4月に使った費
目を一覧表示」するには、リスト11-6のようなSELECT文を実行します。

リスト11-6 4月の家計簿に関するさまざまなSELECT文の実行

```
01  SELECT * FROM 家計簿
02    WHERE 日付 >= '2024-04-01'          ┐
03      AND 日付 <= '2024-04-30';         ┘  重複している
04  SELECT DISTINCT 費目ID FROM 家計簿
05    WHERE 日付 >= '2024-04-01'          ┐
06      AND 日付 <= '2024-04-30';         ┘
```

2つのSELECT文にまったく同じWHERE句が記述されていますね。4月に
関する検索を行うたびに同じ検索条件を書くのは面倒です。このような場合
に便利なのが、結果表をテーブルのように扱えるビュー（view）という機能
です。たとえば、「家計簿テーブルから4月の分だけを抽出したもの」を「家
計簿4月」ビューとして作成し、それをテーブルのように利用できます。

家計簿テーブル

日付	費目ID	メモ	入金額	出金額
2024-03-31	3	チョコ	0	190
2024-04-02	3	不明	0	250
2024-04-10	2	4月の家賃	0	60000
2024-04-11	1	給料	210000	0
2024-04-12	3	不明	0	300
2024-05-11	1	給料	210000	0
2024-05-13	3	お菓子	0	450

CREATE VIEW…
（4月だけの検索結果を指定）

家計簿4月ビュー

日付	費目ID	メモ	入金額	出金額
2024-04-02	3	不明	0	250
2024-04-10	2	4月の家賃	0	60000
2024-04-11	1	給料	210000	0
2024-04-12	3	不明	0	300

SQL　SELECT * FROM 家計簿4月

いちいちWHEREを
書かなくていいからラクチン♪

図11-3　ビューを定義してテーブルのように使う

ビューの作成には CREATE VIEW 文を、削除には DROP VIEW 文を使います。

ビューの作成と削除

```
CREATE VIEW　ビュー名 AS SELECT文
DROP VIEW　ビュー名
```

※ 多くのDBMSでは CREATE OR REPLACE VIEW で既存ビューの再定義が可能（SQLiteを除く）。
　SQLServerでは CREATE OR ALTER VIEW とする。

4月のデータだけを抽出した「家計簿4月」のビューは、リスト11-7のような SQL文によって作成することができます。

リスト11-7　4月の家計簿データのみを持つビューを定義

```
01  CREATE VIEW 家計簿4月 AS
02  SELECT * FROM 家計簿
03    WHERE 日付 >= '2024-04-01'
04      AND 日付 <= '2024-04-30'
```

このビューを使ってリスト11-6を書き換えると、次ページのリスト11-8の ようにとてもシンプルな記述になります。

リスト11-8 家計簿4月ビューを使ったSELECT文の実行

```
01  SELECT * FROM 家計簿4月;
02  SELECT DISTINCT 費目ID FROM 家計簿4月;
```

　ビューにはもう1つメリットがあります。仮に、テーブルAのある列に秘密情報が含まれており、一般の利用者にはその列を見せたくない状況とします。そのような場合、テーブルAから秘密情報の列だけを除いたビューBを定義しておきます。DCL（データ制御言語）として紹介したGRANT文（p.301）を使って、一般の利用者に対して「テーブルAはアクセス禁止、ビューBは許可」と設定すれば、データ参照を許可する範囲を利用者の立場に応じて適切に定めることができます。

> **ビューのメリット**
>
> ・シンプルでわかりやすいSQL文を書くことができる。
> ・権限と組み合わせて、データ参照を許可する範囲を柔軟に定めることができる。

11.2.2 ビューの制約とデメリット

> 結合して検索する機会が多いテーブルは、結合済みのものをビューとして定義しておくと便利よ。

> なるほど。でもきっと、ビューにも制約やデメリットはあるんですよね？

　ビューは、テーブルとよく似ていますが、テーブルとまったく同じわけではありません。たとえば、テーブルに対しては自由にINSERTやUPDATEできますが、ビューに対してはいくつかの条件（DBMSによって異なります）

が揃わなければSELECTしか行えません。

　これは、ビューがあくまでも仮想的なテーブルに過ぎず、データを内部に持っているわけではないからです。**ビューの実体は単なる「名前を付けたSELECT文」**でしかありません。

　事実、リスト11-8のSQL文の実行指示を受け取ると、DBMSはビューを展開し、リスト11-6のSQL文に変換して実行しています。つまり、DBMSに対して私たちが送信しているSQL文は非常にシンプルであるのに対し、実際に実行されるSQL文は非常に複雑になってしまいます。そのため、たくさんのビューを参照するようなSQL文を実行すると、想像以上に負荷の高い処理をDBMSに課す可能性もあるので注意が必要です（図11-4）。

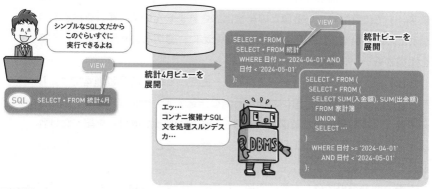

図11-4　ビューを展開すると長く複雑で冗長なSQL文になることも

💡 **ビュー使用時の注意点**

実際に実行されるSQL文は、一見するよりも負荷の高い処理になる可能性がある。

11.2.3 重複しない番号の管理

先輩、費目テーブルのIDなんですが、いつも新しい費目を登録するたびに、使っても大丈夫な番号を調べるのが面倒で…。

主キーの値をどうやって決めればいいか、悩んでいるのね。

　テーブルに行を追加するとき、主キーの値を何にすべきか迷う場面があります。すでに使われている値との重複は許されませんので、連番を振る方法がよく用いられます。独自の番号を振るために、適切な番号を取得する作業を採番ともいいます。

　たとえば、図11-5の費目テーブルでは、主キーであるID列は連番です。しかし、連番を振る行為は思いのほか面倒な作業です。行を追加するときには必ず使うべき番号を決める必要があり、「最後に使った番号」を調べなければなりません。それには、「最後に使った番号」をどこかに記録しておく必要に迫られます。

　実際の開発現場では、すでに採番した番号や最後に採番した番号を、専用のテーブルに記録しておくなどの手法がよく使われます。この記録用のテーブルは採番テーブルと呼ばれ、工夫次第では記号や数字が混じった独自の形式の番号も重複せず採番できます。管理するのは手間がかかりますが、すべてのDBMSにおいて共通に利用できる、最も汎用的な方法です。

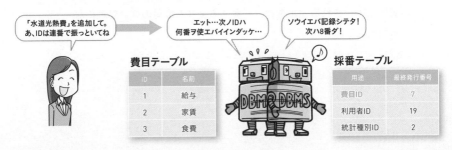

図11-5　すでに使った番号を管理するために採番テーブルを利用する

こんなの面倒だよ。費目IDはただの連番なんだから、わざわざ
管理なんてしたくないよ。

　湊くんが面倒だと感じるのももっともです。この方法では、新しい行の追
加時に採番テーブルを必ず参照する、採番後は忘れずに番号を更新しておく
など、必要となる処理が増えてしまいます。

安心して。DBMSにお願いすれば、そんな面倒な作業からも解
放されるわ。

　DBMSには連番を管理する機能が提供されています。ただし、製品によっ
て具体的な利用方法が異なるため、実際の利用にあたっては、必ずマニュア
ルを確認してください。

(1) 連番が自動的に振られる特殊な列を定義できる

　CREATE TABLE文で列を定義する際に「連番を振る列である」と宣言する
だけで、データが追加されるタイミングで自動的に連番が振られる列を定義
できます（次ページのリスト11-9）。それぞれのDBMSにおいて列定義に指
定できるキーワードは、表11-1のとおりです。

表11-1　各DBMSにおける連番指定のキーワード

	キーワード	Oracle DB	Db2	SQL Server	My SQL	Maria DB	SQ Lite	Postgre SQL	H2
宣言に修飾	GENERATED ALWAYS AS IDENTITY	○	○					○	○
	IDENTITY			○					
	AUTO_ INCREMENT				○	○			○
	AUTOINCREMENT						○		
型を利用	SERIAL 型							○	

リスト11-9 連番指定の例

```
01  -- 宣言に修飾する
02  CREATE TABLE 費目 (
03    ID   INTEGER GENERATED ALWAYS AS IDENTITY PRIMARY KEY,
04    名前 VARCHAR(40)
05  );
06
07  -- 型を利用する
08  CREATE TABLE 費目 (
09    ID  SERIAL PRIMARY KEY,
10    名前 VARCHAR(40)
11  );
```

(2) 連番を管理してくれる専用の道具を利用できる

　Oracle DB、Db2、SQL Server、MariaDB、PostgreSQLでは、専用の道具としてシーケンス（sequence）が利用できます。シーケンスは採番した最新の値を常に記憶しており、シーケンスに指示すると「現在の値」（最後に採番した値）や「次の値」（次に採番すべき値）を取り出すことができます（図11-6）。

　ただし、シーケンスから値を取り出すと、その操作はすぐに確定し、トランザクションをロールバックしてもシーケンスの値は戻りません。これは、1つのシーケンスが複数のトランザクションから利用される可能性を考慮しているためです。

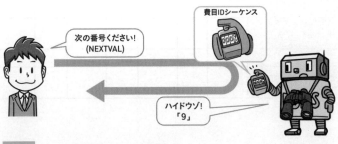

図11-6 シーケンスはカウンターのようなもの

シーケンスは、CREATE SEQUENCE文で作成し、DROP SEQUENCE文で
削除することができます。

 シーケンスの作成と削除

> CREATE SEQUENCE シーケンス名
> DROP SEQUENCE シーケンス名

※ 作成時に「デフォルト値」「増加値」「最大値」などのオプションを指定可能。

シーケンスから値を取り出す方法はDBMSによって大きく異なります。
OracleDBやDb2では、シーケンスを擬似的なテーブルとみなし、SELECT
文で値を取り出したり、次の値に進めたりできます（リスト11-10、同11-11）。

リスト11-10 Oracle DB におけるシーケンスの作成と取得

```
01  -- シーケンスを作成
02  CREATE SEQUENCE 費目シーケンス;
03  -- 次の値に進み、その値を取得
04  SELECT 費目シーケンス.NEXTVAL FROM DUAL;        ダミーテーブル (p.165)
05  -- 現在の値を取得
06  SELECT 費目シーケンス.CURRVAL FROM DUAL;
```

chapter 11

リスト11-11 Db2におけるシーケンスの作成と取得

```
01  -- シーケンスを作成
02  CREATE SEQUENCE 費目シーケンス;
03  -- 次の値に進み、その値を取得
04  SELECT NEXTVAL FOR 費目シーケンス FROM SYSIBM.SYSDUMMY1;
05  -- 現在の値を取得                      ダミーテーブル (p.165)
06  SELECT PREVVAL FOR 費目シーケンス FROM SYSIBM.SYSDUMMY1;
```

Oracle DBやDb2では、シーケンスを作成した直後に CURRVAL や PREVVAL
で現在の値を取得することはできません。現在の値を知るには、必ず、

`NEXTVAL` でシーケンスを次の値に進めておく必要があります。

　PostgreSQLでも、作成直後に現在の値を調べることができないのは同様
ですが、シーケンスの値には関数でアクセスします（リスト11-2）。

リスト11-12 PostgreSQLにおけるシーケンスの作成と取得

```
01  -- シーケンスを作成
02  CREATE SEQUENCE 費目シーケンス;
03  -- 次の値に進み、その値を取得
04  SELECT NEXTVAL('費目シーケンス');    CURRVALの前に値を進めておく
05  -- 現在の値を取得
06  SELECT CURRVAL('費目シーケンス');
```

　リスト11-10〜11-12では、単純にシーケンスの値を取得するだけのSELECT
文を紹介しました。しかし、次のリスト11-13のように、これをINSERT文の
副問い合わせとして記述すれば、シーケンス値の採番と同時にデータを追加
することができます。

リスト11-13 PostgreSQLにおける費目行の追加

```
01  INSERT INTO 費目 (ID, 名前)
02      VALUES ((SELECT NEXTVAL('費目シーケンス')),
03              '接待交際費'
04              )
```

(3) そのほかの方法

　DBMSによっては、独自の採番機構を提供しているものもあります。たと
えばSQLiteの場合、INTEGER型かつ主キー制約が付いた列にNULLを意図
的に格納すると、自動的に連番を生成し、その列に格納してくれます。

column

最大値を用いた採番

シーケンスなどを使わなくても、テーブルに格納された値を調べて、その最大値から連番を取得する方法も考えられるかもしれません。

```
SELECT MAX(ID) + 1 AS 採番 FROM 費目
```

しかし、この方法は次の2つの理由からおすすめできません。

- **ロックを用いない限り、複数の人に同じ番号が採番されてしまう。**
  - ⇒ **ロックによるパフォーマンス低下の懸念**
- **最後に採番した行を削除すると、同じ番号を再利用してしまう。**
  - ⇒ **主キーの持つべき特性（p.98）の1つ「不変性」の崩壊**

column

マテリアライズド・ビュー

ビューは実体を持たないので、ビューを参照するたびに、物理的にデータを持っているテーブルへのSELECT文が実行されます。そのため、性能上の問題となる可能性があります。そのような場合に一部のDBMSで利用可能なのが、マテリアライズド・ビュー（materialized view）です。

マテリアライズド・ビューは、SELECT文による検索結果をキャッシュしているテーブルのようなものと考えて差し支えありません。データの実体を持つのでディスク容量を消費しますが、テーブルを経由せずにデータを直接参照できるため高速に動作します。インデックスの作成も可能ですから、性能を重視したい場合には利用を検討してみるとよいでしょう。

chapter
11

11.3 データベースをより安全に使う

11.3.1 信頼性のために備えるべき4つの特性

> データベースを安全に使う機能は、これまでもたくさん勉強してきたよね。

> そうね。復習しながら、データベースの信頼性についてさらに考えてみましょう。

　第9章や第10章でも、DBMSに備わるさまざまな安全のためのしくみについて学んできました。あらためて振り返ると、データベースにとって「データを正確かつ安全に管理すること」がいかに大切かがわかります。

これまでに学んだ安全機構

コミットやロールバック（9.2節）
　途中で処理が中断しても、データが中途半端な状態にならない。
型（2.2節）・**制約**（10.3節）
　あらかじめ指定した種類や条件に従った値だけを格納する。
分離レベル（9.3.4項）・**ロック**（9.4節）
　同時に実行しているほかの人の処理から副作用を受けない。

　ITの世界では、「データを正確かつ安全に取り扱うためにシステムが備えるべき4つの特性」として、ACID特性が広く知られています。これまで学んだ安全機構は、それぞれACID特性の原子性、一貫性、分離性の3つをカバーします。

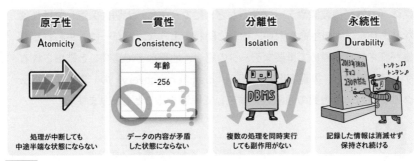

原子性 Atomicity	一貫性 Consistency	分離性 Isolation	永続性 Durability
処理が中断しても 中途半端な状態にならない	データの内容が矛盾 した状態にならない	複数の処理を同時実行 しても副作用がない	記録した情報は消滅せず 保持され続ける

図11-7 データベースが備えるべき4つの特性（ACID特性）

残る1つは永続性ですが、「保存したデータが消えない」って、当たり前の話じゃないですか？

その「当たり前」が崩れ去ってしまう事態に備えるのも大事なのよ。

　データベースに格納されたデータが勝手に消えたり壊れたりする事態はあってはなりません。そのため、情報はメモリなどの一時的な保存領域ではなく、ハードディスクなどの磁気記憶媒体に記録されます。

　しかし、ハードディスクも物理的な存在である以上、ある日突然データを読み書きできなくなってしまう可能性もゼロではありません。そのような事態が発生したとしても、情報の永続性をなんとか確保するためのしくみがDBMSには備わっているのです。

11.3.2 バックアップのしくみ

　多くのDBMSは、万が一のデータ消失に備えてバックアップ（backup）のしくみを備えています。これは、データベースの全内容（テーブル構成や格納されたデータなど）をファイルに出力できるしくみです。

　具体的に使われるツールやコマンドはDBMSごとに異なりますが、通常の業務用システムの場合、バックアップは、毎日や毎週などの定期的な間隔で自動的に行われるように設定されます。

　出力されたバックアップファイルは、データベースから独立した別の記憶

媒体（磁気記憶装置やテープ装置など）にコピーし、大切に保管しなければなりません。人の生命や財産、権利に関わるような、万が一にも失われる事態が許されない極めて重要なデータの場合、地震などで建物ごと破壊されるケースも想定し、災害復旧対策（DR：disaster recovery）の一環としてバックアップ媒体を複数の遠隔地に輸送して保管することもあります。

「もしも」を何重にも想定しておく対策が必要なのよ。

11.3.3 バックアップの整合性

データがたくさん入ってるデータベースは、バックアップするのに時間がかかるんじゃないかな。

そうよね。バックアップ中にUPDATE文とかで更新されたら、整合性は大丈夫なのかしら？

　もし、INSERTやCREATE TABLEなどでデータベースの内容を書き換えている間にバックアップが行われると、作成したバックアップファイルは中途半端な状態となり、バックアップデータとして整合性がとれなくなる恐れがあります。

　整合性を保ちつつバックアップを行う最も簡単な方法は、データベースを停止してからバックアップを行うオフラインバックアップです。

　しかし、オフラインバックアップ中は一切のデータ処理が行えません。データベースのバックアップには、データ量にもよりますが、短くても数分、長い場合には数時間かかる場合もあります。この間、データベースやシステムが停止してしまうのは状況によっては許されないかもしれません。

　そのため、多くのDBMSは、稼働しながら整合性のあるバックアップデータを取得できるオンラインバックアップ機能も備えています。この機能は、便利な反面、制約を伴う場合もあるので、製品マニュアルをよく確認して利用してください。

第Ⅲ部

2つのバックアップ方式

オフラインバックアップ　DBMSを停止して行うバックアップ
オンラインバックアップ　DBMSを稼働させながら行うバックアップ

11.3.4 ログファイルのバックアップ

素朴な疑問なんだけど、毎晩深夜0時にバックアップするとして、翌日の昼12時にディスクが壊れたらどうするんだろう？

「午前中に処理したデータは全部なくなりました」、では困るわよね。

　10分ごとなど高い頻度でバックアップを行えればいいのですが、バックアップは時間がかかる処理でもあり、頻繁に行うわけにはいきません。しかし、バックアップを毎晩0時の1回だけにすると、翌日の正午にディスクが壊れてしまった場合、午前中に行った処理結果がすべて失われてしまいます。

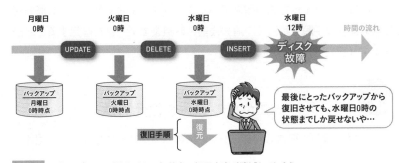

図11-8　正午にディスクが壊れると、午前中の処理内容が消滅してしまう

　このような事態に陥らないために、重要な情報システムではもう一工夫します。通常のバックアップは1日ごとなどの低い頻度で行い、さらに、データベースが出力するログファイルだけを高頻度でバックアップするのです（10分や1時間周期など）。

バックアップを組み合わせる

データベースの内容は低頻度（日次、週次、月次など）に、
ログファイルの内容は高頻度（数分ごと〜数時間ごとなど）に行う。

でもログファイルなんてバックアップして意味あるんですか？
「○時○分○秒に起動しました」とかが書かれてるだけのファ
イルですよね？

大ありよ。DBのログファイルはアプリのものとは全然違うの。

ログファイルというと、プログラムの稼働状況やエラーメッセージなどが
書き込まれており、分析や障害調査のために人間が読むファイルという印象
を持つ人もいるかもしれません。しかし、DBMSが出力するログファイルは、
そもそも人間が読むためのものではありません。データベースのログは、REDO
ログやアーカイブログ、またはトランザクションログなどとも呼ばれ、その
内容はそれまでにデータベースを更新したすべてのSQL文です。

このログファイルを高い頻度でバックアップしておくと、データ消失時に
は次のような手順を踏んで、消失直前の時点までデータを復元することがで
きます（図11-9）。

バックアップからのデータ復元方法

(1) 最後に取得したデータベースのバックアップを復元する（図
11-9の①）。
(2) ログに記録されているSQL文のうち、「最後のデータベースバッ
クアップ以降に実行されたもの」を再実行する（図11-9の②）。

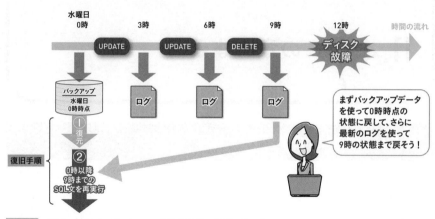

図11-9 2段階の手順で、データベースを障害直前の状態に復元する

なるほど！ ログもしっかり保管しておかないと、いざという
ときに最新の状態まで復元できないんですね。

　なお、ログに記録されているSQL文を再実行して、障害が発生する直前の
状態までデータを更新する処理を**ロールフォワード**（roll forward）といい
ます。ロールバックと名前が似ており、処理内容としても両者は対照的な関
係にありますが、混同しないようにしましょう。

ロールバックとロールフォワード

ロールバック（実行した処理を取り消す）
　データベースの利用中に実行失敗やデッドロックなどを要因とし
て、たびたび発生する。

ロールフォワード（まだ実行されていない処理を実行する）
　障害復旧時に行われる処理であるため、滅多に発生しない。

11.4 この章のまとめ

11.4.1 この章で学習した内容

インデックス

- テーブルの列に対して、索引情報を生成することができる。
- インデックスが存在する列に対する検索は、多くの場合、高速になる。
- すべての検索でインデックスが使われるわけではない。
- インデックスは書き込み性能の低下を招く可能性もあるため乱用は禁物である。

ビュー

- SELECT文の結果表を仮想的なテーブルとして扱うことができる。
- ビューを使うとSQL文はシンプルになるが、その実体は単なるSELECT文のため、DBMSの負荷は変わらない。

採番とシーケンス

- 連番を生成する列定義やシーケンスを使って、連番を簡単に取得できる。
- 数字と記号を組み合わせたような複雑な採番を行う場合は、採番テーブルを作るなどして自力で実装する必要がある。

バックアップ

- 正確なデータ処理には、原子性、一貫性、分離性に永続性を加えた4特性（ACID特性）が求められる。
- 記憶媒体が障害を起こした場合に備え、定期的にバックアップを取得する。
- データベースの内容だけでなく、ログファイルもバックアップしておき、障害時にはロールフォワードによって障害発生直前の状態までデータを復元できる。

この章でできるようになったこと

> 日付での並び替えや費目IDによる結合を行う家計簿テーブルの
> 検索を高速に行いたい。

※ QR コードは、この項のリストすべてに共通です。

```
01  CREATE INDEX 日付インデックス ON 家計簿(日付);
02  CREATE INDEX 費目IDインデックス ON 家計簿(費目ID);
```

BS4Ba

> 費目テーブルと結合済みの家計簿を、ビューを利用して手軽に
> 使えるようにしたい。

```
01  CREATE VIEW 費目名付き家計簿 AS
02  SELECT * FROM 家計簿
03    JOIN 費目
04    ON 家計簿.費目ID = 費目.ID
```

> 費目IDに連番を振るためのシーケンスを準備したい(PostgreSQL
> を想定)。

```
01  CREATE SEQUENCE 費目シーケンス
```

> シーケンスを使って、費目テーブルに「接待交際費」を追加し
> たい(PostgreSQL を想定)。

```
01  INSERT INTO 費目 (ID, 名前)
02     VALUES ((SELECT NEXTVAL('費目シーケンス')),
03             '接待交際費'
04             )
```

11.5 練習問題

問題11-1

次の文章の空欄A～Eに当てはまる適切な言葉を答えてください。

データベースが正確にデータを取り扱うために備えるべき4つの特性は　(A)　と総称されます。この4つのうち一貫性とは、不適切で矛盾のあるデータが格納されないことを意味し、多くのDBMSでは、型や　(B)　によって担保されます。保存したデータが失われずに保持されるという特性は　(C)　といわれ、万が一に備えてバックアップなどの対策を行います。

ディスク障害時に失うデータを最小限にとどめるには、テーブルやデータなどを含んだデータベース自体だけではなく、　(D)　もバックアップしなければなりません。なぜなら、障害復旧時にその内容に書かれたSQL文を再実行する　(E)　処理を行う必要があるからです。

問題11-2

ある大学では、次のような学生テーブルを利用する学生管理システムを運用しています。

学生テーブル

列名	データ型	備考
学籍番号	CHAR(8)	学生を一意に特定する番号、PRIMARY KEY 制約付き
名前	VARCHAR(30)	学生の名前（必須）
生年月日	DATE	学生の生年月日（必須）
血液型	CHAR(2)	学生の血液型　※ A、B、O、AB のいずれかで不明な場合は NULL
学部 ID	CHAR(1)	学部テーブルの ID 列の値を格納する外部キー ※ 学部テーブルには併せて学部名が格納されている
登録順	INTEGER	学生がこのデータベースに登録された順番 ※ 過去に登録された行ほど数字が小さい（欠番あり）

学生管理システム

・学籍番号を入力すると、その学生の学生情報（学籍番号、名前、生年月日、学部名、血液型）が表示される。

・名前をフルネームで入力して学生を検索すると、その学生情報（上記と同様）が表示される。

・学部名を入力すると、その学部に所属する全学生の学生情報（上記と同様）が表形式で表示される。

このとき、次の問いに答えてください。

1. 学生テーブルの主キー列以外の5つの列について、インデックスの作成が有効と思われる列を2つ選んでください。

2. この学生テーブルの用途を考慮してビューを作成する場合、適当と思われるSQL文を作成してください。ビュー名は任意とします。

3. 次の学生情報を追加するときに実行すべきSQL文を作成してください。ただし、PostgreSQLの利用を前提とし、「登録順」はすでに作成されているシーケンス「ISTD」から取得して利用するものとします。

学籍番号	B1101022
名前	古島 進
生年月日	2004-02-12
血液型	A
学部 ID	K

データベースオブジェクトとは

　データベース内に作成するテーブルやビュー、インデックスや制約、シーケンスなどを総称して、データベースオブジェクトといいます。一般的に、CREATE文で作成、ALTER 文で変更、DROP 文で削除できます。

 ## UUIDを用いた主キー設計

　この章では、重複しない主キーを生成する方法として、古くから利用されてきた連番を用いる方法を紹介しました（p.338）。しかし、近年ではUUIDという数値を用いた設計も増えています。

　UUID（universal unique identifier）とは、世界標準として定められたあるアルゴリズムに従って生成される、128ビットのランダムな数値です。まれに同じ値が生成されてしまう可能性がある通常の乱数とは異なり、「生成した値がほかのUUIDと偶然衝突してしまう確率は限りなく0に近い」という特性を持っています。

　UUIDを生成する手段として、Webサイトや、アプリ用のライブラリも広く普及しており、いつでも・どこでも・誰でも・いくつでも、自由に生成でき、しかもそれらが重複することはありません。

　そのため、UUID方式の主キーを用いれば、シーケンスなどで管理する必要はなく、RDBにアクセスする各アプリケーション側で発番が可能です。結果としてRDBが単一障害点（SPOF：single point of failure）や性能ボトルネックになりづらくなるため、特に大規模分散システムにおけるキーとして幅広く活用されています。

　なお、近年のDBMSには、UUIDを生成する関数や、データ型としてUUID型を備えているものもあります。

生成されたUUIDの例（16進表記）

1bd8e361-c340-4f7d-b487-1ef73514e31f

第Ⅲ部

354

第IV部

データベースで
実現しよう

chapter 12　テーブルの設計

誰かのためにデータベースを作ろう

いよいよ本格的に、2人に我が家の家計管理データベースの作成をお願いしようかしら。

待ってました！ SQLもデータベースの機能もしっかり勉強したから、どんな複雑なものでも頑張れば作れると思います。

でも、2人とも「誰かのためにデータベースを作る」のは初めてでしょう？ わからないこともあるだろうから、いつでも相談してね。

ま、朝香と2人ですごいデータベースを作るから、楽しみにしててよ。

頼もしいわね、期待してるわよ。

これまで、私たちはSQLの各種文法やDBMSの機能について幅広く学習してきました。しかし、データベースだけではただの情報格納庫にすぎません。家計の管理や商品在庫の管理など、ある特定の目的を達成するために、必要なテーブルを準備し、適切にデータを出し入れするシステムとなってはじめて、データベースは誰かの役に立つことができます。

最後のステップとなる第IV部では、これまで学んだスキルを組み合わせて、誰かの願いを実現するための方法や手順について学びます。

chapter 12
テーブルの設計

私たちはこれまでの学習を通して、
データの操作やテーブルの作成などができるようになりました。
しかし、「家計を管理したい」というような
漠然とした要件を満たすには、
どのような構造のテーブルをどのくらい作ればよいのか、
頭を悩ませてしまうのではないでしょうか。
この最終章で、要件に応じて適切なテーブル設計を行う手順と
方法を学び、SQL とデータベース入門の学習を締めくくりましょう。

chapter
12

contents

12.1 システムとデータベース

いよいよ我が家の家計管理も紙から卒業できるのね。

データベースのことはしっかり学んだし、任せてください！

12.1.1 システム化と要件

　現代の社会生活の至るところで、情報システムは欠かせない存在になっています。システム化によって、かつては人力で行っていた処理をプログラム

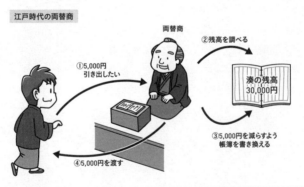

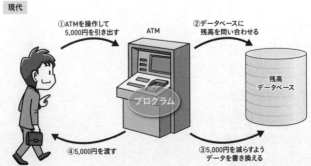

図12-1 　江戸時代の両替商の仕事は、プログラムとデータベースに置き換わった

が行うようになり、紙の帳簿などに記録していた情報はコンピュータ上の
データベースに保存するようになりました（図12-1）。

　しかし、図12-1における江戸時代と現代の様子でまったく変わっていない
ものがあります。それは、「お金の入出金を管理したい」という両替商（銀
行）の要件（requirements）です。現代社会では、要件の実現手段が「人
と紙」から「ATMプログラムとデータベース」に置き換わったに過ぎません。

　今回、朝香さんと湊くんの2人が挑む「立花家の家計管理データベース開
発」も、「家計を管理したい」という目的でいずみ先輩夫妻がノートに書き
込んでいる家計簿をコンピュータで管理しようというものです。

でも、いざ取りかかろうとしたら、頭の中が真っ白になっちゃっ
て…。

そうなんです。具体的に何をしたらいいのか、よくわからない
というか…。

始めてすぐ壁にぶつかってしまったのね。何が2人の壁になっ
ているのか、整理してみましょう。

　2人がこの段階でデータベースをうまく作れない理由は2つあります。

理由1　家計管理の要件を知らない

　そもそも2人は、いずみ先輩夫妻がどのような家計管理をしたいのか、現
在どのように管理しているのかをよく知りません。家計に関するどんな情報
を管理すれば要件を満たせるかがわからないため、当然、「どのようなテー
ブルを作ればよいか」も決めることができません。

　2人は、まず先輩夫妻にインタビューをして、「データベースを使ってどん
な家計管理をしたいか」という要件をしっかり聞き出さなければなりません。

理由2　要件をテーブル設計に落とし込む方法を知らない

　先輩夫妻から要件を聞き出せたとしても、その内容は「毎月の入出金の合
計を一覧で見られるようにしたい」「システムは夫妻2人で使えるようにした

い」といった曖昧なものでしょう。つまり、要件をただ聞いただけでは「具体的にどんなテーブルを作ればよいか」までは明らかにならないのです（図12-2）。

SQLは自由に書けても…

データベース詳しい？

はい！ いろんなSQL文を書けるし、テーブルも自分で作れます

データベースを作れるとは限らない

商品在庫を管理したいんだけど、データベース作ってよ。全国の倉庫に商品が置いてあってさ、毎日夕方に一斉に出荷するんだけど、そのとき商品コードを調べて注文と突き合わせて…

あ、えっと。どんなテーブルを作ればいいんだろう…

図12-2 SQLは自由に使えるのに、データベースを作れない

　もちろん要件を意識しながら何となくテーブルを作ってみる方法も考えられますが、しっかりとした根拠のないまま経験や勘、度胸で作ったデータベースが、速くて、便利で、安全である確率は極めて低いでしょう。私たちが誰かの役に立つデータベースを作るためには、聞き出した要件を優れたテーブル設計に確実に変換できる手法や手順を学ぶ必要があります。

データベースを用いたシステムを開発するには

SQLやDBMSの機能に関する知識だけでは、データベースを用いたシステムは開発できない。要件をしっかりと理解し、その要件をデータベース設計に適切に落とし込むための方法を活用する必要がある。

12.1.2　データベース設計の流れ

要件を聞いてデータベースを作っていくためには、どんなことをすればいいのかな。

システム開発の一環としてデータベースを作ろうとする場合、私たちは何をすればよいのでしょうか。それを明らかにするには、まず私たちが使える材料（INPUT）と、作るべきもの（OUTPUT）を明確にすることが大切です。

図12-3　データベース構築の INPUT と OUTPUT

　最初に行うのは要件聴取（インタビュー）です。前述したようにお客様（今回はいずみ先輩夫妻）から要件を聞き出すことは、私たちエンジニアにとって非常に大切な作業です。インタビューした要件は、後からでも確認しやすいように一覧表にまとめるとよいでしょう。これを材料として、最終的には、必要十分なテーブルを内部に持つデータベースを作ります。各テーブルは、CREATE TABLE文やCREATE INDEX文などの複数のDDLを実行すれば作ることができるので、成果物はDDLと考えてもよいでしょう。

データベース構築の INPUT と OUTPUT

INPUT　要件の一覧表（お客様から聴取したもの）
OUTPUT　DDL一式（実行して必要十分なテーブルを生成する）

　なるほど…。流れはわかりました。でも、設計作業って、具体的に何をすればいいのかしら？

　問題は、「データベース設計作業」の具体的な内容です。どのような手順でどのような作業をすれば、このINPUTからOUTPUTを生み出せるのでしょうか。たくさんの先人がさまざまな方法を試してきましたが、その多くに共通するのが、次ページの図12-4の流れです。

chapter
12

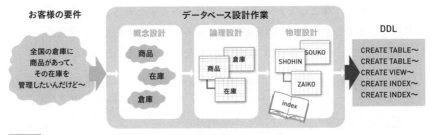

図12-4 データベース構築のおおまかな流れ

それぞれの工程は次節からじっくり取り組んでいきますが、まずは概要を
イメージしておきましょう。

概念設計

管理すべき情報はどのようなものなのかを整理します。データベースやシ
ステムに関することは考えず、要件に登場する情報だけをザックリと把握し
ます。

たとえば、立花家の家計管理データベースであれば、扱うべき情報として
「利用者情報」や「入出金情報」などがあることを明確にします。また、情
報同士に関連がある場合、どのような関係なのかも併せて整理します。

論理設計

概念設計で明らかになった情報について、RDBを使う前提で構造を整理し、
詳しく具体化していきます。論理設計では「どのようなテーブルを作り、そ
れぞれのテーブルにどのような列を作るか」まで明らかにすれば十分です。
型や制約など、付随的な部分については考えません。

物理設計

特定のDBMS（たとえばOracle DB）を使う前提に立ち、論理設計で明ら
かになった各テーブルについて、その内容を詳しく具体化していきます。す
べてのテーブルのすべての列について、型、インデックス、制約、デフォル
ト値など、テーブル作成に必要なすべての要素を確定させます。

この物理設計に基づいて、CREATE TABLE文などを含む一連のDDLを作
成し、最終的にデータベース内にテーブルを作成します。

12.2 家計管理データベースの要件

ではまず、要件のインタビューをしたいと思います。いずみさん、どんなふうに家計を管理したいですか？

えっとね。たとえば…。

12.2.1 立花いずみの要件

朝香さんと湊くんは、お客様であるいずみ先輩にインタビューして、次のような要件を聞き出すことができました。

立花いずみの要件

① 毎日のお金の出入りを記録したい（家計簿の高機能版）。
② 利用者は家族全員で、それぞれ自分の入出金の行為を記録できるようにしたい。また、現在の家族は2人だが、将来増える可能性も考慮したい。
③ 費目の種類は後から追加できるようにしたい。
④ 支出にも関わらず誤って収入として集計してしまうことがあるので、費目の「入金」「出金」を明確に区別したい。
⑤ 1回の入出金行為で、複数の入出金が発生する場合についても、その明細（費目と入出金の金額）をきちんと分けて記録したい。

（例）『家賃を振り込んだ』場合

行為の日付	行為の内容	費目	入出金額
2024-04-10	家賃を振り込んだ	住居費	65,000
		振込手数料	550

⑥ 1回の入出金行為の中に、同じ費目で複数の明細は作らない。たとえば、「住居費」の明細を2つ含む行為は記録できない。

⑦ 将来的にはさまざまな集計をしたいけれど、今はいらない。

⑧ 入力時には入力ミスを防ぐしくみが欲しい。

大変だ朝香！　週末に姉ちゃんの家に遊びに行ったら！！

　湊くんがいずみさんの家に遊びに行った際、その場でいずみさんの夫である立花コウジさんから次のような要件をお願いされたようです。

立花コウジの要件

⑨「利用者別の費目ごとの合計金額」を集計して、たとえば次のように表示したい。

利用者名	費目名	合計金額
立花いずみ	給与	871,900
立花いずみ	住居費	238,800
立花コウジ	給与	921,900
立花コウジ	飲食費	13,550

⑩ できれば、入出金行為にいろいろなタグを付けたい。タグの内容は「いいね！」「ムダ遣い！」「反省中」などで、後から追加できるようにしたい。

えっ…集計機能は、今はいらないっていずみさん言ってたのに。

　要件を抱えているお客様が複数いる場合は特に注意が必要です。別の相手にインタビューをすると新たな要件が出てきて、概念設計の結果が変わって

しまう可能性があるからです。特に、ほかの要件と矛盾する要件が出てきた場合は、お客様同士で話し合い、どのようにするのかを決定してもらわなければなりません。

結局2人で話し合ってもらって、集計機能は付けてほしいってことになったんだ。

12.2.3 | 既存の家計管理ノート

湊くんは、いずみさんの家でもう1つ重要な材料を仕入れてきました。夫妻が現在記録している家計管理ノートです。このノートには、家計管理の要件が詰まっています。データベースの設計をしていくうえでのヒントになるでしょう。

日付	誰が？	内容	費目	金額	コメント
4/10	いずみ	家賃を振り込んだ	住居費	65000	
			振込手数料	525	
4/12	コウジ	『スッキリわかる Java入門』	図書費	2730	イイネ！ ⑰
4/12	コウジ	2次会で後輩に おごった	飲食費	11000	反省してます コ

図12-5 立花夫妻が使っている家計管理ノート

このように、すでに紙などを使って情報を管理している場合、それを入手しておくとテーブル設計の補助資料として活用することができます。

12.3 | 概念設計

えーと…僕、概念とか難しいのニガテだし…。ちょっと借りて
きたノート調べて来るから！　朝香、あとよろしく！

こら雄輔、待ちなさい！　…もう、逃げ足だけは速いんだから。

12.3.1 | 概念設計で行うこと

まずは概念設計の流れを確認しておきましょう（図12-6）。

図12-6　概念設計の流れ

　概念設計では、要件を実現するために、抽象的な概念として管理すべき
「情報の塊」を明らかにします。

　この情報の塊を**エンティティ**（entity）といい、通常、エンティティは複
数の**属性**（attribute）を持っています。さらに、エンティティ同士にどのよ
うな関連があるかも、この概念設計で明らかにします。

エンティティ…。聞き慣れない言葉ですね。

第IV部

最初のうちは、「テーブルみたいなもの」と考えてもいいわよ。

　概念的な存在であるエンティティは、初心者にはなかなかイメージしにくいものです。慣れるまでは、これまで慣れ親しんだ「テーブル」のようなもの、と考えてもよいでしょう。実際、エンティティはこのあとの論理設計や物理設計を経てテーブルになるので、いわば「テーブルの原石」と捉えることができます。

概念的なイメージをつかむためのヒント

エンティティ	「テーブル」のようなもの
属性	テーブルの「列」のようなもの
関連	「リレーションシップ」のようなもの

　たとえば、書店の在庫管理を概念モデルで表す場合、エンティティとしては書籍情報や在庫情報が考えられます。書籍エンティティは、タイトルや価格などの書籍そのものに関する情報を属性として持っています。また、在庫エンティティには「どの書籍が何冊あるか」という情報が含まれるため、書籍エンティティと在庫エンティティには関連があるだろう、というように考えていきます。

chapter
12

書店で「書籍」の在庫を管理するように、家計簿では「お金を使った事実」を管理するわよね？　だから、家計簿では「入出金行為」がエンティティになるのよ。

そうか、「書籍」のように形のあるものだけじゃなく、「事実」とか「行為」みたいな形のないものもエンティティになるんですね。

12.3.2 ER図

　概念設計の成果は、ER図（ERD：entity-relationship diagram）と呼ばれる図にまとめるのが一般的です。ER図を使うと、エンティティ、属性、リレーションシップを俯瞰して見ることができます。

　次の図12-7は、家計管理に登場する概念をER図にとりまとめたものです。

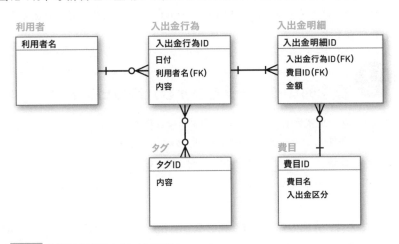

　ER図には、2つの記述形式があります。図12-7は、ジェームズ・マーチンという人が考案したIE（Information Engineering）と呼ばれる形式に基づくER図です。本書では、IE形式によるER図を紹介していきますが、アメリカ空軍が開発したIDEF1Xと呼ばれる形式も広く使われています。

12.3.3 ER図の記述ルール

　ER図に登場する四角形はエンティティを表しています。四角形の上にはエンティティの名前が、四角形の中には属性の一覧が記述されます。図12-7では「利用者」や「入出金行為」などのエンティティがそれぞれ四角形で表されています。

　属性の一覧は、2つのグループに分かれます（図12-8）。四角形の中の横線より上には、エンティティを一意に特定する主キーとなる属性を記述します。

複数の属性で複合主キーを構成するときは、横線より上に複数の属性を記述します。また、外部キーとなる属性には「(FK)」を付記します。

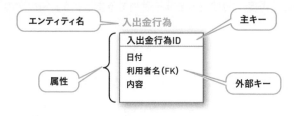

図12-8 IEによるエンティティの書き方

 図12-7のエンティティの外側に書かれている、鳥の足みたいな不思議な線は何ですか？

エンティティ同士のリレーションシップを表しているのよ。

　エンティティ間にリレーションシップがある場合には、エンティティ同士を線でつなぎます。外部キーを持つエンティティは、おのずとほかのエンティティとリレーションシップを持つでしょう。

　家計管理の場合、1人の「利用者」が複数の「入出金行為」をする可能性があります。このとき「利用者」と「入出金行為」の2つのエンティティは「1対多」の関係にあるといえます。このように、エンティティ同士の数量的な関係を多重度やカーディナリティといいます。

　ER図では、多重度を図12-9のように表します。

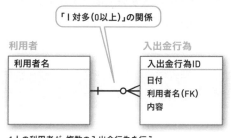

1人の利用者が、複数の入出金行為を行う。
1つの入出金行為は、1人の利用者によって行われる。

図12-9 IEによるリレーションシップの表現

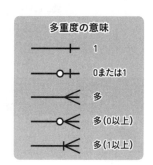

なお、ER図のより詳細な書き方については付録Aにまとめていますので参考にしてください。

　このルールを念頭に、再度、図12-7の全体を眺めてみましょう。特に次の点を確認してください。

家計管理に関するER図のチェックポイント

1. 立花夫妻が考える家計管理には、5つのエンティティが登場する。
2. 1人の「利用者」が、複数の「入出金行為」を行う（利用者が1件も「入出金行為」を行っていない状況もありえるので多重度は0以上）。

   (例)『立花いずみ』が、『家賃の振込』と『スーパーで買い物』を行う。

3. 1つの「入出金行為」には、1つ以上の「入出金明細」が含まれる（「入出金行為」には必ず1件以上の「入出金明細」があるはずなので多重度は1以上）。

   (例)『家賃の振込』には、『家賃の支払い』と『振込手数料の支払い』が含まれる。

4. 1つの「費目」が、複数の「入出金明細」に付けられる（多重度0以上）。

   (例)『家賃の支払い』を行った明細には、『住居費』費目が割り当てられる。

5. 1つの「タグ」が複数の「入出金行為」に付けられる（使われていないタグも考えられるので多重度0以上）。また、1つの「入出金行為」に複数の「タグ」が付けられる（タグが付かない「入出金行為」もあるので多重度0以上）。

   (例)『ありがとう！』タグが、『家賃の振り込み』と『スーパーで買い物』に付けられる。また、『外食の立て替え』には、『ありがとう！』と『反省中』タグが付けられる。

12.3.4 エンティティを導き出す方法

図12-7のような答えを見せられると、なるほどって思えるけど…。実際に自分でできるか、ちょっと不安です。

何もないところから独力でエンティティを思いつくのは、なかなか難しいわよね。

　前節でインタビューしたようなお客様からの要件だけを聞いて、「どのようなエンティティが必要か」を導き出すのは、実は非常に高度な作業です。曖昧な要件に基づいてデータベースの利用イメージを頭の中に広げ、そこに登場する情報を見つけ出さなければならないからです。

　そこで、要件からエンティティを導き出すヒントを次に紹介します。

ステップ1　候補となる用語を洗い出す

・要件の中から「名詞」を抜き出す。
・要件が実現されている姿を仮定して、登場する「人」「物」「事実」「行為」などの用語を書き出す。

ステップ2　不要な用語を捨てる

・ほかの用語の具体例でしかないものを捨てる。
　（例）「利用者」がすでにあれば、「いずみ」は捨ててよい。
・計算や集計をすれば算出可能な値は捨てる。

ステップ3　関連がありそうなものをまとめる

・同じ用語に関連するものを集める。
　（例）「日付」「利用者」「内容」はいずれも「入出金行為」に関連する。なぜなら「入出金行為をした日付」や「入出金行為の内容」だから。

ステップ4　エンティティ名と属性名に分ける

・ステップ3でまとめたグループの中で、「〜をした〜」や「〜の〜」という表現が成り立つ場合、前者がエンティティ名に、後者がその属性名になる。
　（例）「入出金行為をした日付」の「入出金行為」はエンティティ名に、「日付」はその属性になる。

　しかし、ここに挙げたヒントを使っても、概念設計はかなり曖昧で難しいと感じるはずです。でも、安心してください。これまで、練習を繰り返して

次第にSQLに慣れていったように、たくさんのデータベース設計を行ったり、ほかの人が行った設計の結果を見たりするうちに、自然と頭の中にエンティティが浮かぶようになっていきます。

　データベースを学び始めたばかりの段階で、いきなり「概念設計を完璧にできるようになろう！」と意気込むと挫折しやすいので、まずは概念設計の目的や流れの把握に専念します。その後、身の回りのさまざまなものについて、「どんなエンティティになるか、どんな属性を持つか」を自由に想像し、ER図に書き出してみるとよいでしょう。

> 公園を散歩しながら樹木や遊具について考えてみたり、通勤中に鉄道や街について考えたり…。「概念化遊び」はいつでもどこでもできるのよ。

　いずみさんが挙げたような身近な題材について、正解かどうかこだわらずに自由に数多く妄想してみるのが上達の近道です。特に概念設計は、「その人が現実をどう整理し、どう捉えたか」によって、正解がいくつも考えられます。そのため、「自分の設計結果が正解か」にこだわるより、先輩や同僚などと「自分なりの正解」を見せあったり、意見を交換したりするほうが、上達によい影響を与えてくれるでしょう。

概念設計の上達のコツ

世界のどこかに「唯一の正解」があるとは考えない。「さまざまな正解」との出会いで、「自分なりの正解」に自然と自信が持てるようになる。

12.3.5　二重構造エンティティは作らない

　いくつも正解が考えられるとはいえ、1つだけ注意点があります。概念設計を行っていると、エンティティの中にほかのエンティティを登場させたくなる場合があります。たとえば今回の家計管理の場合も、「1回の入出金行為

の中に、入出金の明細がいくつか入るはずだ…」などと頭の中にイメージを広げたくなるかもしれません（図12-10左側）。

しかし、ER図ではエンティティの中にエンティティを作ること（二重構造）はできません。このような場合、「入出金明細」は別のエンティティとして、外部に取り出すようにしましょう（図12-10の右側）。

このとき、外部に取り出したエンティティは、元のエンティティと関連があるはずです。元のエンティティと関連付けられるように、取り出したエンティティに、元のエンティティの主キーを外部キーの属性として追加しておきます。図12-10では、取り出した入出金明細エンティティに、入出金行為エンティティの「入出金行為ID」を追加しました。

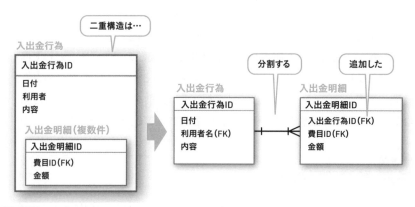

図12-10 二重構造になってしまいそうなエンティティは、分割する

ここまでで概念設計は一段落ね。

ちょっと不安だったけど、「いろんな正解があっていい」って思えてからは、楽しくなってきました。私、概念設計が好きになれるかも！

12.4 論理設計

12.4.1 論理設計で行うこと

　概念設計で作成したER図は、あくまでも概念の世界における理想的なエンティティ構造を表しているに過ぎないため、このままの姿でデータベースに格納できるとは限りません。そこで、利用する予定のデータベースが扱いやすい構造にエンティティを変形する作業を行います。

　私たちが学習しているRDBは、「関係性のある複数の二次元表」として情報を扱う**リレーショナルデータモデル**（relational data model）でデータを管理します。このデータモデルでは、たとえば、前ページの図12-10の左側にあるような「二重構造のテーブル」を格納することができません。

論理設計の目的

概念上のエンティティをリレーショナルデータモデルで取り扱いやすい形のテーブルに変形する。

　それでは、具体的にどのような変形を行えばよいのか、論理設計の流れを確認しておきましょう（図12-11）。

図12-11 論理設計の流れ

374

12.4.2 | 「多対多」の分解

図12-7（p.368）のER図によると、「タグ」と「入出金行為」は「多対多」
の関係になっています。ですが、リレーショナルデータベースは「多対多」
の関係をうまく扱えません。そこで、2つのエンティティの対応を格納した
中間テーブル（**連関エンティティ**ともいいます）を追加して、「多対多」を2
つの「1対多」の関係に変換します。

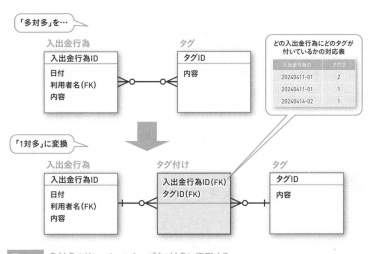

図12-12　多対多のリレーションシップを1対多に変形する

難しそうに見えるけど、やり方はワンパターンだから、すぐで
きるようになるわよ。

12.4.3 | キーの整理

ここで、出揃ったすべてのエンティティのキーについて整理と確認をしま
す。特に重要なのは、主キーです。主キーを持たないエンティティには、管
理をしやすくするために人工的な主キー（人工キー）を追加します（3.5.3
項）。たとえば、「入出金行為」エンティティには、概念設計の段階ですでに
「入出金行為ID」という人工キーを追加しています。

そのほか、不適切な主キーを持つエンティティがないかを確認しておきましょう。

「利用者」エンティティの主キーは、「利用者名」で問題ないように思えますが…。

確かに家族内で名前は重複しないけど、主キーにするのはちょっととおすすめできないわね。

朝香さんの言うように、利用者エンティティの主キーは「利用者名」属性でよいようにも思えます。家族内で名前が重複するケースは考え難く、名前で利用者を一意に特定できるからです。

しかし、いずみさんがこれに対して懸念を示したのは、第3章でも紹介した「主キーが備えるべき3つの特性」に合致しないためです（p.98）。

主キーが備えるべき3つの特性

非NULL性　必ず何らかの値を持っている。
一意性　　ほかと重複しない。
不変性　　一度決定されたら値は変化しない（主キーは、一貫して同じ1行を指し示す）。

第IV部

名前を持たない家族はいませんし（非NULL性を備える）、一部の例外を除いて、日本の法律では同一戸籍内に同姓同名は許されません（ほぼ一意性を備える）。その一方で、法律には「名前は正当な事由があれば変更できる」とも定められています。つまり、名前は不変性を備えない情報なのです。

これらを考慮すると、やはり利用者テーブルについても、「利用者ID」のような人工キーを追加してあげるとよいでしょう。

それに、将来「登録する名前を本名からニックネームに変更したい」って思うかもしれないし！

それでは、図12-7の概念設計の結果に対して、ここまで学んだ論理設計の作業を行ったものを図12-13に示します。ここからは、エンティティをテーブルとして、属性を列として考えていきます。

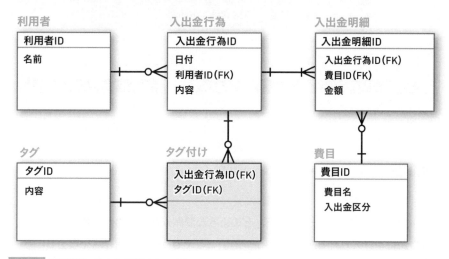

図12-13 論理設計の途中まで実施したER図

12.4.4 正規化

論理設計における最も中心的な作業は、正規化（normalization）の作業です。正規化とは、矛盾したデータを格納できないよう、テーブルを複数に分割していく作業をいいます。

> テーブルを分ける作業は、以前やったような気がします。

> 結合（JOIN）の解説をしたときにちょっと紹介したわね。

第8章では、「家計簿テーブルと費目テーブルに分割する」ケースを紹介しました（8.1.2項）。実は、このとき行ったテーブル分割も正規化です（次ページの図12-14）。

(旧)家計簿テーブル

日付	費目	費目の区分	費目の備考	メモ	入金額	出金額
2024-02-03	食費	支出	食事代	カフェラテ購入	0	380
2024-02-05	食費	支出	食事代	昼食	0	750
2024-02-10	給料	収入	給与や賞与	1月の給料	280000	0

家計簿テーブル

日付	費目ID	メモ	入金額	出金額
2024-02-03	2	カフェラテ購入	0	380
2024-02-05	2	昼食	0	750
2024-02-10	1	1月の給料	280000	0

費目テーブル

費目ID	区分	名前	備考
1	収入	給料	給与や賞与
2	支出	食費	食事代

図12-14 家計簿テーブルから費目テーブルを分割した

その際、テーブルを分割しないとどのような問題が起きるのか、具体的に3つの例を挙げて紹介しました（8.1.4項）。ここでもう一度、問題点を復習しておきましょう。特に致命的な問題は次の2点でした。

> 💡 **テーブルを分割しない場合の懸念**
>
> ・内容に重複が多く、わかりにくい（p.236の例2）。
> ・データ更新時には複数の関連箇所を正確に更新しなければならず、更新を忘れたり間違えたりすると、データの整合性が損なわれる（p.237の例3）。

人間は忘れたり間違えたりする生き物です。ですから、複数の箇所に対して100％の正確さで更新できるなどと期待すべきではありません。同じ情報が複数の関連箇所にわたって格納されている限り、ある日、その一部の更新を忘れ、データの整合性が失われてしまうと考えるべきです。

整合性が崩れにくい優れたテーブル設計の原則は、**1つの事実は1箇所に**（one-fact in one-place）です。私たちは正規化という手法を用いて正しくテーブルを分割し、この原則に則ったテーブル構造を手に入れることでヒューマンエラーを防止できるのです。

12.5 〉正規化の手順

でも、具体的にどういうルールでテーブルを分割すればいいんですか？

そうね、この節では、じっくりと正規化の手順について学んでいきましょう。

12.5.1 正規化の段階

　正規化によってテーブルが適切に分割された状態を正規形（normalized form）といいます。どの程度正規化されているかによって、正規形は第1正規形から第5正規形まで存在します。ただし、一般的なシステム開発を目的とする場合は、第3正規形まで理解していれば問題ないでしょう。

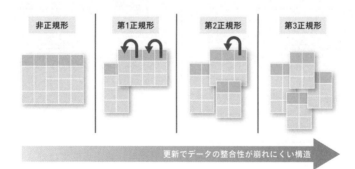

| 非正規形 | 第1正規形 | 第2正規形 | 第3正規形 |

更新でデータの整合性が崩れにくい構造 →

図12-15　正規形の種類

　私たちがここまでに導き出したテーブル（図12-13）が、すでに第3正規形になっていると理想的ですが、多くの場合そうではありません。そこでこの節では、テーブルを現在の形から第3正規形まで変形する作業を行っていきます。もし、概念設計の結果得られたテーブルが第1正規形であれば、それ

を第2正規形に変形し、さらに第3正規形に変形するという手順を踏みます。

正規化の流れ

手元にあるテーブル構造を、非正規形から第3正規形まで順次変形していく。

慣れたら機械的に行える作業だから、これも練習あるのみよ！
付録のドリルにも、ぜひチャレンジしてみてね。

12.5.2 | 非正規形

まずは最も整合性の崩れやすい非正規形を変形していきましょう。もし手元にあるテーブルが図12-16のような特徴を持つなら、非正規形といえます。

「セルの結合」を行っている

日付	内容	費目	金額
2024-04-11	家賃支払い	住居費	65000
		手数料	525
2024-04-12	書籍購入	図書費	2730

1つのセルに複数行書いている

日付	内容	費目	金額
2024-04-11	家賃支払い	住居費	65000
		手数料	525
2024-04-12	書籍購入	図書費	2730

図12-16 非正規形のテーブルの姿

ええっと…図12-13のテーブルはどれも、非正規形ではなさそうです。図12-16のようにはなっていません。

概念設計をしっかりやったおかげね。

しっかりと概念設計を行った場合、その結果が非正規形になっている可能

性はほとんどありません。なぜなら、非正規形の構造は通常のER図では表現できないからです。なお、実は図12-10（p.373）の左側の段階が非正規形です。これを同じ図の右側に変形した時点で、非正規形から卒業しています。

> ただいま！ 概念設計は難しそうだったから、「家計管理ノート」からテーブル設計を作ってみたよ！

　非正規形となる可能性が高まるのは、湊くんのように、現実のノート、帳票、画面などからテーブル設計を持ち込んだケースです。湊くんは、立花夫妻が現在使っている「家計管理ノート」（p.365）をそのままテーブルにすればいいと考え、図12-17のようなテーブルを考えました。

入出金行為テーブル

入出金行為ID	日付	利用者ID	利用者名	内容	費目ID	費目名	金額
41001	2024-04-10	1	立花いずみ	家賃を振り込んだ	H01	住居費	65000
					H17	振込手数料	525
41201	2024-04-12	2	立花コウジ	『スッキリわかるJava入門』	H19	図書費	2730
41202	2024-04-12	2	立花コウジ	2次会で後輩におごった	H03	飲食費	11000

図12-17 　湊くんが持ち込んだテーブル設計（タグ機能を除く）

> ノートと比べると、「〜ID」という列が増えてるみたいだけど…。

> DBに入れることを考えて、まず主キーを加えたんだ。あと、繰り返し同じ値が使われそうな「利用者」と「費目」にも、IDを付けてみたよ。あとは…あ、タグはちょっと相談したいことがあって、とりあえず無視！

chapter 12

　図12-17には「セルの結合」が含まれています。別の見方をすると、「1つの日付や内容に対して、複数の費目ID、費目名、金額が繰り返し登場している」ともいえます。このことから、「非正規形は繰り返しの列を含む」とも表現されます。
　ここからは、湊くんが持ち込んだテーブル設計について、手順を踏んで第3正規形まで変形していきましょう。

　まずは、非正規形のテーブルを第1正規形に変形しなければなりません。第1正規形とは、次のような条件を満たす形をいいます。

> **第1正規形の目指す姿と達成条件**
>
> テーブルのすべての行のすべての列に1つずつ値が入っているべきである。「繰り返しの列」や「セルの結合」が現れてはならない。

　非正規形を第1正規形に変形するには、次の3つの手順を実施します。次ページの図12-18と併せて読み進めてください。

ステップ1　繰り返しの列の部分を別の表に切り出す

　元のテーブルから「繰り返しの列」の部分を別テーブルとして切り出し、切り出したテーブルに名前を付けます。今回の場合、繰り返されている「費目ID」「費目名」「金額」の列を切り出し、入出金明細テーブルとしました。

ステップ2　切り出したテーブルの仮の主キーを決める

　入出金明細テーブルの主キーとなる列を決めます。ステップ1で切り出した入出金明細テーブルには、「費目ID」「費目名」「金額」の3つの列がありますが、1つの入出金行為で同じ費目が複数使われないという要件（立花いずみの要件⑥、p.364）がありますので、「費目ID」を仮の主キーと定めます。

ステップ3　主キー列をコピーして複合主キーを構成する

　元のテーブルの主キー列を、切り出したテーブルにも加え、ステップ2の仮の主キーとあわせて複合主キーを構成します。今回の場合は、入出金明細テーブルに「入出金行為ID」列を追加し、「費目ID」と併せて複合主キーを構成します。

第Ⅳ部

最初の状態（非正規形）

入出金行為テーブル
繰り返し列

入出金行為ID	日付	利用者ID	利用者名	内容	費目ID	費目名	金額
41001	2024-04-10	1	立花いずみ	家賃を振り込んだ	H01	住居費	65000
					H17	振込手数料	525
41201	2024-04-12	2	立花コウジ	『スッキリわかるJava入門』	H19	図書費	2730
41202	2024-04-12	2	立花コウジ	2次会で後輩におごった	H03	飲食費	11000

ステップ1 繰り返し列の部分を別テーブルに切り出し名前を付ける

切り出し

入出金行為テーブル

入出金行為ID	日付	利用者ID	利用者名	内容
41001	2024-04-10	1	立花いずみ	家賃を振り込んだ
41201	2024-04-12	2	立花コウジ	『スッキリわかるJava入門』
41202	2024-04-12	2	立花コウジ	2次会で後輩におごった

入出金明細テーブル

費目ID	費目名	金額
H01	住居費	65000
H17	振込手数料	525
H19	図書費	2730
H03	飲食費	11000

ステップ2 切り出し先の列から仮の主キーを選ぶ

入出金行為テーブル

入出金行為ID	日付	利用者ID	利用者名	内容
41001	2024-04-10	1	立花いずみ	家賃を振り込んだ
41201	2024-04-12	2	立花コウジ	『スッキリわかるJava入門』
41202	2024-04-12	2	立花コウジ	2次会で後輩におごった

入出金明細テーブル

費目ID	費目名	金額
H01	住居費	65000
H17	振込手数料	525
H19	図書費	2730
H03	飲食費	11000

← 仮の主キーに決定

ステップ3 切り出し元の主キーをコピーし、複合主キーを構成

主キー列をコピー

入出金行為テーブル

入出金行為ID	日付	利用者ID	利用者名	内容
41001	2024-04-10	1	立花いずみ	家賃を振り込んだ
41201	2024-04-12	2	立花コウジ	『スッキリわかるJava入門』
41202	2024-04-12	2	立花コウジ	2次会で後輩におごった

入出金明細テーブル

入出金行為ID	費目ID	費目名	金額
41001	H01	住居費	65000
41001	H17	振込手数料	525
41201	H19	図書費	2730
41202	H03	飲食費	11000

← 複合主キーとする

完成（第1正規形）

図12-18 非正規形を第1正規形に変形する

入出金明細テーブルに加えた入出金行為ID列は、それぞれの
明細がどの「入出金行為」に属するかを表すんだね。

chapter

12

12.5.4 関数従属性

次は第2正規形への変形ですね。

その前に、新しく覚えておいてほしい言葉があるの。

ここで関数従属性（functional dependency）という用語を新たに紹介しましょう。これは列と列との間にある次のような関係性を示す用語です。

 関数従属性

「ある列Aの値が決まれば、自ずと列Bの値も決まる」関係。このとき、「列Bは列Aに関数従属している」という。

図12-18の入出金行為テーブルでは、入出金行為IDがわかれば、いつの入出金か（「日付」列の内容）を確定できます。よって、「日付」は「入出金行為ID」に関数従属しているといえます。ほかにも、「費目ID」と「費目名」、「利用者ID」と「利用者名」など、あちこちに関数従属性が見つかりますね。

関数従属性っていう言葉は知らなかったけど、そういう関係性があることはなんとなく感じていました。

それはきっと主キーを勉強したからね。

主キーとは、「その値を決めればどの行なのか（各列の内容が何か）を完全に特定できる」列です。つまり、そもそもテーブルに含まれる主キー以外の列（非キー列）は、主キー列に対して関数従属しているべきなのです。

テーブルにおける理想的な関数従属

すべての非キー列は、主キーにきれいに関数従属しているべきである。

ここでのポイントは、「主キーにきれいに関数従属している」ことです。実は、テーブルの列が何らかの理由で「主キーにきたなく関数従属してしまう」場合があります。これを排除することこそ、第2正規形の目的なのです。

> データベースにも「きれい」とか「きたない」っていう考え方があるんだね。僕の机の上みたいなもの？

12.5.5 第2正規形への変形

さて、次に第2正規形を目指しましょう。第2正規形への変形は、主キーに対する「きたない関数従属」の排除が目的です。それでは、どのような状態が「きたない関数従属」なのでしょうか。

第2正規形の目指す姿と達成条件

複合主キーを持つテーブルの場合、非キー列は、複合主キーの全体に関数従属すべきである。「複合主キーの一部の列に対してのみ関数従属する列」が含まれてはならない。

chapter
12

第2正規形では、すべての非キー列が「複合主キーの全体」に関数従属することを求めています（これを本書では「きれいに」と表現します）。複合主キーの一部の列にしか関数従属しない点が、「きたない関数従属」となるわけですね。専門用語では、この状態を部分関数従属といいます（次ページの図12-19）。

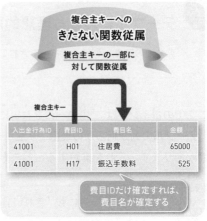

図12-19　主キーに対する「きれいな従属」と「きたない従属」

入出金行為テーブル（図12-18）には複合主キーはありませんが、こういう場合はどうするんですか？

　そもそも複合主キーを持たないテーブルは「きたない関数従属」が含まれようがありません。すでに第2正規形になっているため、変形は不要といえます。従って、図12-18のテーブルのうち、今回考慮しなければならないのは入出金明細テーブルのみとなります。

　さて、あらためて図12-18の入出金明細テーブルを見てみましょう。このテーブルに含まれる「費目ID」と「費目名」の2つの列は、次のように部分関数従属になってしまっています。

- **費目名は費目IDに関数従属している。**
- **入出金行為IDと費目IDは複合主キーを構成している。**

　この部分関数従属を排除し、第2正規形に変形するには、次の手順を実施します。図12-20と併せて読み進めてください。

ステップ1　複合主キーの一部に関数従属する列を切り出す

　複合主キーの一部の列に関数従属している列を、別のテーブルとして切り出して名前を付けます。今回の場合は「費目名」を切り出し、費目テーブルとします。

ステップ2 部分関数従属していた列をコピーする

切り出した列が関数従属していた列を、ステップ1で作ったテーブルにコピーして主キーとします。今回の場合は、切り出した費目テーブルに「費目ID」列を追加して主キーとします。

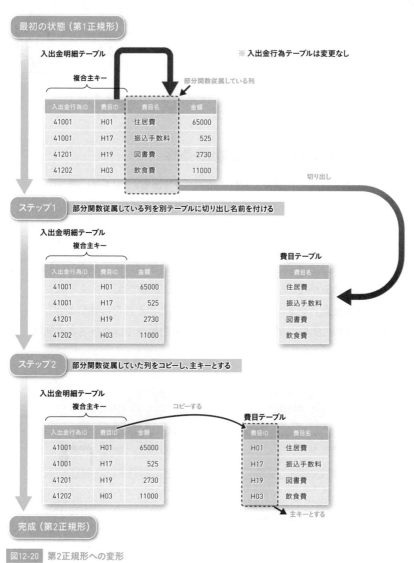

図12-20 第2正規形への変形

実は、「きたない関数従属」はもう1種類あるの。

それを排除すれば第3正規形になるんだね！

最後に目指すのは、第3正規形です。目的を確認してみましょう。

第3正規形の目指す姿と達成条件

非キー列は、主キーに直接、関数従属すべきである。「主キーに関数従属する列にさらに関数従属する列」は存在してはならない。

これまでの第1、第2正規形と同じく、きたない関数従属の排除がその目的ですが、排除する対象が異なります。第3正規形への変形では、「主キーに対する間接的な関数従属」をきたない関数従属とみなし、それを排除しようとしています。間接的に関数従属している状態を、専門用語では推移関数従属といいます（図12-21）。

図12-21 間接的な関数従属（推移関数従属）

今回は、入出金行為テーブルの「利用者名」列が問題です。この列が関数従属する「利用者ID」はさらに主キーである「入出金行為ID」に関数従属していますから、「利用者名」は推移関数従属しているといえるでしょう。

次のような手順を踏んで、推移関数従属を排除しましょう（図12-22）。

ステップ1　間接的に主キーに関数従属する列を切り出す

間接的に主キーに関数従属している列を、別のテーブルとして切り出して名前を付けます。「利用者名」を切り出し、利用者テーブルとします。

ステップ2　直接的に関数従属していた列をコピーする

切り出した列が関数従属していた列を、切り出したテーブルにコピーして主キーとします。「利用者名」列が関数従属していた列は「利用者ID」列ですから、利用者テーブルに「利用者ID」列を追加して主キーとします。

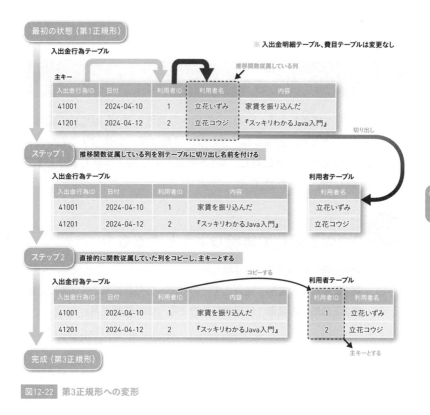

図12-22　第3正規形への変形

これで湊くんが持ち込んだテーブル設計の正規化が終了しました。この時点でのテーブル構造をER図にまとめておきましょう（図12-23）。最初の姿（図12-17、p.381）と比べてみてください。

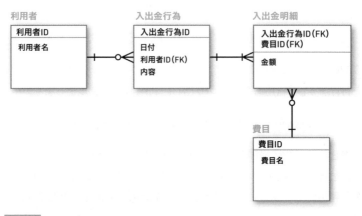

図12-23　正規化された湊くんのテーブル設計（タグ機能を除く）

12.5.7　正規化を覚えるコツ

　これまで述べてきたように、第2正規形への変形と第3正規形への変形は非常によく似ています。どちらも「きたない関数従属」を排除するという点では同じだからです。それに対し、第1正規形への変形が排除しようとするのは「繰り返し列」でしたね。

3つの正規化で排除しようとするもの

第1正規形への変形	繰り返し列
第2正規形への変形	複合主キーの一部への関数従属（部分関数従属）
第3正規形への変形	間接的な関数従属（推移関数従属）

　正規化を1つひとつ覚えようとすると難しく感じるかもしれません。しかし、まず繰り返し列を、次に「きたない関数従属」を排除する、というように、ザックリと2つに分けて捉えれば、かなり気持ちが楽になるはずです。

12.5.8 トップダウンとボトムアップの統合

よし、正規化も終わったし、これをベースに次は物理設計だね！

ちょっと待って。私の作ったER図もあるのよ。これ、ムダになっちゃうの？　概念設計も頑張ったし、論理設計も確認してちゃんと第3正規形になっているのよ。

　私たちはこの節を通して、「湊くんが持って帰ってきた家計簿ノート」の情報に基づいて正規化を体験してきました。その最終成果として、図12-23のER図が導き出されたわけですが、私たちの手元にはもう1つ、朝香さんが作ったER図（図12-13、p.377）もあるのを思い出してください。

　湊くんのER図は、「相談が必要」という理由でタグ関連のエンティティを含んでいないようですが（p.381）、その他の部分が朝香さんのER図と似ているのは偶然ではありません。両者は、「立花家の家計簿」という1つの対象について、異なる2つのアプローチで情報を整理しながら導いた図だからです。

- **朝香のER図**　：立花家へのインタビューを起点に、概念設計を経て、論理設計（多対多の解決・キー整理・正規化）をして求めたもの。
- **湊のER図**　：立花家で使用している家計簿ノートを起点に、キーを補い正規化して求めたもの。

　実際のシステム開発の現場でも、1つのシステムを作るために2種類の異なるアプローチで2つのER図を作るのは一般的です。なぜなら、論理設計という工程を無事に終了するには、実務上とても大切な条件があるためです。

論理設計の重要な終了条件

システムに必要なすべてのテーブルと列をもれなく明らかにする。

この後に続く物理設計では、論理設計で明らかにした各テーブルについて、利用するDBMSに基づいて詳細な設計に落とし込んでいくだけです。そのため、万が一論理設計で導いておくべきテーブルに見落としがあると、実際のシステムにもそのテーブルが登場しなくなってしまうのです。

そうよね…。私が考えた6つのテーブルで「本当に全部なのか、不足はないのか」って考えたら、不安になってきちゃった…。

今回はたぶん大丈夫よ。その不安を解消するために、「概念がニガテな人」がいい仕事してくれたんだから。

　短時間のインタビューで聴取した「お客様の実現したいこと」を起点に、あれこれ机上で想像して作った論理設計には、どうしても見落としや想定の誤りが含まれがちです。そして、システム開発プロジェクトにおいては、後になって論理設計の穴が発覚すると、アプリケーション開発やシステム間の通信設計まで波及する莫大な手戻りが発生してしまう可能性さえあります。

　可能な限りもれを防ぐためには、お客様への初期インタビューの際、「現在使っている帳票」や「現在使っているシステム（旧システム）の画面」など、具体的な情報が掲載されているものの提供を依頼するのが一般的です。これらの情報はユーザービュー（user view）と総称され、データベースで取り扱えない非正規形であることが少なくありません。また、現在まさに利用されている資料ですから、当然「新システムで新たに取り扱いたい要件」を読み取ることはできません。しかし、お客様が実際に現実として用いている情報がリアルに含まれているため、見逃していたテーブルや列、想定しなかったリレーションシップに気づける可能性があるのです。

　今回、主に朝香さんが辿った「お客様の理想・要件を起点とする設計の流れ」をトップダウン・アプローチ（top down approach）、湊くんが行った「お客様の今の現実を起点とする設計の流れ」をボトムアップ・アプローチ（bottom up approach）といいます。実務上は、前者によるER図を基本にしつつ、後者によるER図から得られる情報を適切に取り込んでいき、新たな要件を満たしながら見落としを防ぐ手法を採ります（図12-24）。

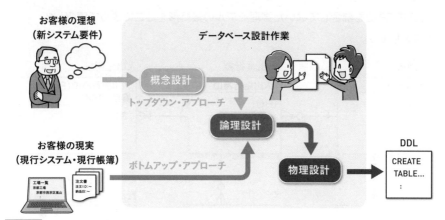

図12-24 より実務的なデータベース設計の流れ

2人のER図を見比べると、タグ機能以外の違いは2つだけね。まず1つは「入出金明細」の主キーだけど、これは複合キーでも人工キーでもどっちもアリよ。

　もう1つの違いは、「費目」テーブルの「入出金区分」です。朝香さんはいずみさんからインタビューで聞き出した要件④（p.363）から、それぞれの費目が「入金」と「出金」のどちらを意味するかを管理するために、この列を追加しました。この要件は「これから実現したいこと」であり、湊くんが参考にした「家計簿ノート」にはその情報が書かれていないため、湊くんはER図にこの要件を盛り込めませんでした。このことから、「入出金区分」は必要な列であるとわかります。

あ、思い出した！　タグで相談したかったのは、このノート、よく見たらコメントに「い」とか「コ」とか書いてあるんだよ（図12-5、p.365）。

ほんとだ！　これ、実はタグに「記入者」っていう属性が必要ってことよね。ありがと湊、「タグ」テーブルに取り込みましょう！

2人のER図を統合して導いた論理モデルの最終形をここで改めて確認して
おきましょう。

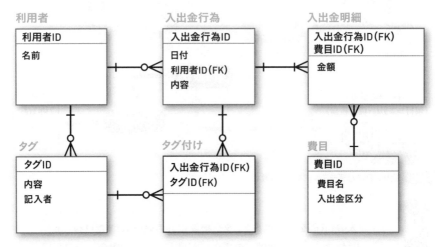

※「入出金明細」の主キーは、人工キーである「入出金明細ID」としてもよい。その場合、「入出金行為ID(FK)」
　「費目ID(FK)」は主キーとしない。

図12-25　完成した家計管理データベースER図

column

データベースに関する用語の対応

　データベースに関する用語は、同じものを指す場合でも、分野（下記の表にお
ける3つの世界）によって異なる言葉が用いられます。厳密に1対1では対応しな
いため、実務上はあまり区別せずに使いますが、参考情報として対応関係を整理
しておきましょう。

概念の世界 （概念設計や概念ER）	理論の世界 （関係モデル理論）	技術の世界 （RDB製品やSQL）
エンティティ	リレーション	テーブル
属性	属性	列（カラム／フィールド）
インスタンス	組（タプル）	行（レコード）

※ 関係モデル理論における「リレーション」は、外部キーによって実現される参照関係を指す「リレー
　ションシップ」とは異なる概念。なお、本書では「関係モデル理論」については紹介していない。

12.6 物理設計

12.6.1 物理設計の流れ

論理設計後、どのDBMSを利用するかを確定したうえで行うのが物理設計です。製品がサポートする型や制約、インデックス、利用するハードウェアなどの制約を考慮し、全テーブルについて詳細な設計を確定させます。完成した物理モデルは、そのままDDLに変換できる内容となります（図12-26）。

図12-26 物理設計の流れ

本書で学んだ基礎的な知識でも最低限の物理設計は行えるでしょう。しかし、真に優れた物理設計のためには、利用する製品に関する深い知識が欠かせません。大規模なプロジェクトでは、DBMSに関する専門家に物理設計を依頼することもあります。

12.6.2 物理設計の内容

それでは、家計管理データベースの利用者テーブルを例に、物理設計を行っていきましょう。DBMSはPostgreSQLを使う前提とします。

① 最終的なテーブル名、列名を決定する

論理設計までは、わかりやすいように日本語のテーブル名や列名を使うのが一般的ですが、最終的にはアルファベットを用いた名前を付ける場合が多

いでしょう（コラム「テーブル名・列名の表記ルール」、p.38）。

　なお、すでに述べたように、各DBMSでは、いくつかの単語を予約語として使っており、その単語はテーブルや列の名前として使うことができません。たとえば、「USER」という単語は多くのDBMSで予約されていますので、単独では使わないように注意してください。

　最終的にデータベース内に作られるテーブル名や列名を、物理名（physical name）といいます。対して、論理設計までの段階で利用してきた名前は論理名（logical name）といいます。たとえば、今回の利用者テーブルでは、テーブル名を「ACCOUNTS」、「名前」列を「NAME」のように、物理名を決定します。

> 物理名を付けると、ぐっとシステムっぽくなるね。

② 列の型を決定する

　各列に対して指定する型を決定します。DBMSによって型の種類や数値の精度は異なるため、マニュアルなどを参照しながら最適な型を選びます。

③ 制約、デフォルト値を決定する

　各テーブルや各列に対して、設定する制約を決定します。型と同じく、利用できる制約やデフォルト値はDBMSによって異なる場合があるため、物理設計の段階で決定します。

④ インデックスを決定する

　どの列にインデックスを設定するのかについても、物理設計で決定します。DBMSが持つインデックスの特性や、その列を利用する状況などを総合的に考慮して決定します。

⑤ その他

　利便性を考慮してビューを作成したり、性能のためにあえて正規化を崩したり、巨大なテーブルを分割したりする作業が行われることもあります。

このような過程で確定した物理モデルは情報量が多く、ER図で表現できない仕様も含んでいます。そのため、通常は、ER図とは別に「テーブル設計仕様書」などの名称で呼ばれる別文書にとりまとめられます（図12-27）。

テーブル設計仕様書

論理テーブル名	入出金行為	作成日(作成者)	2024年4月3日(湊)
物理テーブル名	TRANSACTIONS	プロジェクト名	入出金管理

カラムの定義

#	PK	FK	論理名	物理名	型(桁)	デフォルト	制約
1	*		入出金行為ID	transaction_id	CHAR(5)		NOT NULL
2			日付	transaction_date	DATE		NOT NULL
3		*	利用者ID	account_id	INTEGER		NOT NULL
4			内容	note	VARCHAR(100)		NOT NULL

図12-27 テーブル設計仕様書の例

> あとは、これを見ながらCREATE TABLE文などを書いて実行すればいいだけですね。

　完成した物理モデルを基に作成した家計管理データベースのDDLは次のようになるでしょう（リスト12-1）。

リスト12-1 家計管理DBのDDL

```
01  -- テーブルの作成
02  CREATE TABLE accounts (
03    account_id INTEGER PRIMARY KEY,
04    account_name VARCHAR(30) NOT NULL
05  );
06  CREATE TABLE expenses (
07    expense_id CHAR(3) PRIMARY KEY,
08    expense_name VARCHAR(30) NOT NULL UNIQUE,
09    category CHAR(1) NOT NULL
10                   CHECK(category IN ('I', 'O'))
```

```sql
11  );
12  CREATE TABLE transactions (
13    transaction_id CHAR(5) PRIMARY KEY,
14    transaction_date DATE NOT NULL,
15    account_id INTEGER NOT NULL
16                   REFERENCES accounts(account_id),
17    note VARCHAR(100)
18  );
19  CREATE TABLE transaction_items (
20    transaction_id CHAR(5)
21                   NOT NULL
22                   REFERENCES transactions(transaction_id),
23    expense_id CHAR(3) NOT NULL
24                   REFERENCES expenses(expense_id),
25    amount INTEGER NOT NULL DEFAULT 0,
26    PRIMARY KEY(transaction_id, expense_id)
27  );
28  CREATE TABLE tags (
29    tag_id INTEGER PRIMARY KEY,
30    note VARCHAR(100),
31    author_id INTEGER NOT NULL
32                   REFERENCES accounts(account_id)
33  );
34  CREATE TABLE taggings (
35    tag_id INTEGER NOT NULL
36                   REFERENCES tags(tag_id),
37    transaction_id CHAR(5)
38                   NOT NULL
39                   REFERENCES transactions(transaction_id),
40    PRIMARY KEY(tag_id, transaction_id)
```

```
41  );
42  -- インデックスの作成
43  CREATE INDEX idx_accounts_account_name
44          ON accounts(account_name);
45  CREATE INDEX idx_expenses_expense_name
46          ON expenses(expense_name);
47  CREATE INDEX idx_transactions_transaction_date
48          ON transactions(transaction_date);
49  CREATE INDEX idx_transactions_account_id
50          ON transactions(account_id);
51  CREATE INDEX idx_transaction_items_expense_id
52          ON transaction_items(expense_id);
53  CREATE INDEX idx_transaction_items_amount
54          ON transaction_items(amount);
55  CREATE INDEX idx_tags_author_id
56          ON tags(author_id);
```

column

非正規化は最後の手段に

　せっかく第3正規形まで分割されたテーブルが、物理設計で第1正規形などの形に戻されることがあります（非正規化）。正規化を崩すと、多数のテーブルをSELECT文などで結合する必要が減り、処理性能が向上する可能性もありますが、12.4.4項で解説したようにデータの整合性が崩れやすくなります。

　近年では、ハードウェアの高性能化や、マテリアライズド・ビューをはじめとするDBMSの機能のおかげで、苦肉の策である非正規化を行わずに済むケースも増えました。非正規化は、あくまでも最後の手段と考えましょう。

12.7.1 家計管理データベースを使おう

家計管理データベースのDDLが完成しました！　それと、操作マニュアルも作ってみました！

ありがとう！　さっそく家に帰って使ってみるわね。

　これまでの努力の甲斐もあって、家計管理データベースのDDLが完成したようです。いずみさんは、家のPCにDBMSをインストールして、受け取ったDDLを実行するだけで、必要なテーブル一式が備わったデータベースを作ることができるでしょう。

　湊くんと朝香さんの2人は、家計管理をするために「どのような状況でどのようなSQL文を実行すればよいか」も操作マニュアルとしてまとめたようです。たとえば、利用者を追加するには次のSQL文を実行してください、という指示が書き込まれています（リスト12-2）。

リスト12-2　利用者を追加する

```
01  INSERT INTO accounts VALUES (
02    1,              -- 利用者ID：重複しない整数を指定してください
03    '立花いずみ'     -- 利用者の名前を指定してください
04  )
```

コウジさんの要望を実現するの、大変だったよ。

> 正規化でかなりテーブルを分割しちゃったからね。

　今回、正規化によって最終的に6つのテーブルに分割されました。ですから、コウジさんが要望する集計（p.364）を実現するためには、かなりたくさんのテーブルを結合する必要があったようです（リスト12-3）。

リスト12-3 集計を表示する

```
01  /* 利用者と費目別の入出金統計を見るには */
02  SELECT U.account_name AS 利用者名, H.expense_name AS 費目名,
03         S.total AS 合計金額
04    FROM (SELECT K.account_id, M.expense_id,
05                 SUM(M.amount) AS total
06            FROM transaction_items AS M
07            JOIN expenses AS H
08              ON M.expense_id = H.expense_id
09            JOIN transactions AS K
10              ON M.transaction_id = K.transaction_id
11           GROUP BY K.account_id, M.expense_id) AS S
12    JOIN accounts AS U
13      ON S.account_id = U.account_id
14    JOIN expenses AS H
15      ON S.expense_id = H.expense_id
```

　整合性を維持しつつ、より効率よくデータを管理するために、データベースの設計段階で正規化をしっかり行い、データを複数のテーブルに分けて格納する必要があることを前節まで学んできました。

　しかし、データを利用する立場からは、個々のテーブルを見せられてもデータの全体像を捉えることはできません。データを便利に利用してもらうには、正規化で分割した複数のテーブルの内容を、JOINで結合して1つの結果として見せたり、それをさらに集計したりする必要があります。

そもそも私たち人間は、曖昧で、ある程度の冗長を含む情報に取り囲まれて生活しています。立花夫妻の「家計管理ノート」がそうであったように、人間にとってはあまり正規化されていない情報のほうが取り扱いやすいのでしょう。従って、データベースを利用する際に結合をたくさん行うのは、ある程度仕方のないことといえます。

12.7.2 エンジニアの使命

　私たちはこの章を通じて、情報には「管理に適した形」と「利用に適した形」があると学びました。そして、この2つの形態を必要に応じて相互に変換する方法もすでにマスターしています。

　この事実は、私たちが本書を通して「できるようになったこと」と、これから「やるべきこと」の全体像を示唆してくれます。

　次ページの図12-28は、情報をより効率よく管理したいと考えるお客様と、それを実現するデータベースシステムの全体像を示したものです。

　通常、お客様はITの専門家ではありませんから、コンピュータを思いのままに操ることはできません。そのため、人間の世界で、紙などを使った非効率な情報管理を強いられている場面もあります（図12-28の左上）。

しかし、私たちがお手伝いをすれば、お客様はITの世界の道具であるデータベースも活用して、効率的で安全なデータ管理が可能になります（図12-28右と左下）。

　なぜなら、私たちエンジニアは「正規化」や「結合」といった道具を操って、人間の世界とITの世界を自由に行き来する能力を持っているからです。

図12-28　データベースシステムとエンジニアが、お客様に果たす役割

　ITの世界では整合性を保ちやすい形に管理し、人間の世界では人が見てわかりやすい形にする、そんな「いいとこ取り」を実現してくれるからこそ、リレーショナルデータベースはこれほど広く世の中で使われるようになったのでしょう。

　だとすれば、私たちエンジニアは、人間の世界（お客様の要件）とITの世界（データベース技術）の両方に精通してこそ、この2つの世界を上手に行き来する理想のシステムを作ることができるのではないでしょうか。

　お客様とデータベースの両方に興味を持って、これからも2つの世界の架け橋になってね！

　はい！

12.8 〉 この章のまとめ

12.8.1　この章で学習した内容

データベース設計

- お客様から聴取した要件は、概念設計、論理設計、物理設計を経て、DDLや DBMSの各種設定に落とし込む。
- 概念設計では、取り扱うエンティティとその関連を明らかにする。
- 論理設計では、キー設計や正規化などを行いRDB向けのモデルに変換する。
- 物理設計では、採用するDBMSに依存した詳細な設計に落とし込む。

エンティティの関係

- エンティティ同士の多重度には「1対1」「1対多」「多対多」がある。
- ER図を用いてエンティティの関係を図示できる。

論理モデルと正規化

- 「多対多」の関係は、中間テーブルを使って「1対多」に変換する。
- 主キーが存在しないテーブルには、人工キーを追加する。
- 「1対多」を形成する概念は別テーブルとして設計する（第1正規形）。
- 複合主キーの一部に関数従属する部分を別テーブルに分割する（第2正規形）。
- 主キーに対して間接的に関数従属する部分を別テーブルに分割する（第3正規形）。
- 論理モデルには、必要な情報の見落としがないことが重要である。
- お客様の理想を起点とするトップダウンアプローチと、お客様の現実を起点とするボトムアップアプローチを組み合わせて見落としを防ぐ。

12.9 練習問題

問題12-1

次のような非正規形の社員テーブルがあります。

社員テーブル

部署番号	部署名	社員番号	社員名	役職コード	役職名	年齢
D1	開発1部	00107	菅原拓真	L	主任	31
		00121	湊雄輔	R	一般	22
		00122	朝香あゆみ	R	一般	24
D2	開発2部	00107	菅原拓真	L	主任	31
		00112	立花いずみ	C	副主任	29

　なお、この会社では同一人物が複数の部署に所属することがあります（「菅原拓真」は開発1部と開発2部の両方に所属しています）。

　このとき、以下の問いに答えてください。

1. 第1正規形に変形したものをER図で記述してください。
2. さらに第2正規形に変形したものをER図で記述してください。
3. さらに第3正規形に変形したものをER図で記述してください。

問題12-2

　問題12-1で論理設計を行った各テーブルについて、次の手順で物理設計を行ってください。ただし、利用するDBMS製品は任意とし、物理名の命名規則は自由とします。桁数や型を決定するための前提も、自由に想定してください。

1. 適切な型、制約、デフォルト値、インデックスを指定してください。
2. 1の結果に基づいて、テーブルを生成するDDLを記述してください。

　次に示したユーザービューから読み取れる情報を材料に、設問に指示された数のテーブルとその列を考え、ER図に整理してください。

1. 名刺　テーブル数：1

　　この会社では、個人の識別にメールアドレスを用いるものとする。

2. 見積書　テーブル数：少なくとも2つ

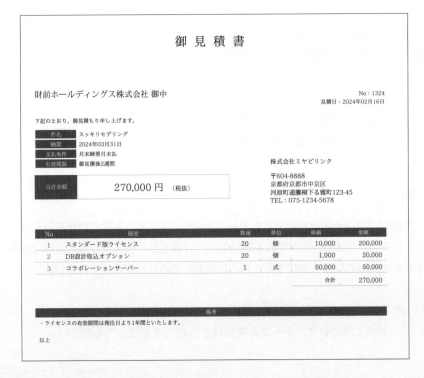

付録 A
簡易リファレンス

複雑に部品を組み合わせることのできるSELECT文をはじめとして、
SQLの構文を詳細まで正確に記憶しておくのは困難です。
この付録では、よく使うDMLの一般的な構文を示すとともに、
代表的な8つのDBMSについて、
その特性や互換性に関するポイントをまとめました。
また、ER図の代表的な表記法についても紹介します。

contents

付録
A

A.1 DBMSに共通する DMLの構文

　多くのDBMSに共通するDMLの基本的な構文を図で紹介します。この図は、DBMSのマニュアルなどでもよく用いられる、構文図（syntax diagram）と呼ばれる記法に従って記述しています。DBMSやそのバージョンによっては、厳密には異なる場合もあるため、次節以降で紹介する各DBMSの互換性に関する記述や、製品リファレンスを参照してください。

構文図の例

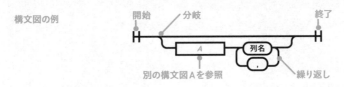

UPDATE文

DELETE文

INSERT文

列名リスト

値リスト

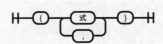

SELECT文

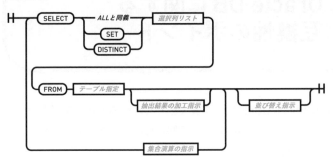

選択列リスト

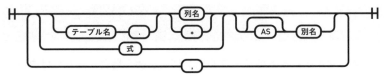

テーブル指定

結合の指示

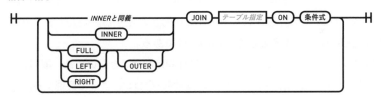

抽出結果の加工指示

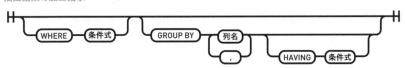

並び替えの指示

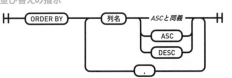

集合演算の指示

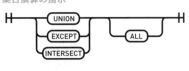

A.2 〈 Oracle DB に関する 互換性のポイント

Oracle DB は非常に高機能な DBMS で、本書で紹介した機能の多くを利用できます。一方、過去のバージョンへの対応を目的とした、標準 SQL とは互換性のない独自構文には注意が必要です。

A.2.1 一般的な事項

- 日本語を含むマルチバイトのテーブル名や列名を使う場合、正式にはダブルクォーテーション (") でくくらなければならない。
- 「INSERT ALL」を利用すると、1 回の INSERT 文で複数行を登録できる。
- 表に別名を付ける場合、「AS」は記述してはならない。
- 長さ 0 の文字列は NULL とみなされるが、今後のリリースでは同様の動作が保証されないため、空の文字列を NULL として処理してはならない。
- ALL 演算子や ANY 演算子は副問い合わせと組み合わせなくても利用が可能。
- 結果表には、行番号が格納された ROWNUM 列が存在する。ただし、この行番号は ORDER BY 句による並び替え前のものである。
- 12c より前のバージョンでは OFFSET - FETCH 句は利用できないため、取得行数の制御は ROW_NUMBER() や ROWID による副問い合わせによって実現する。
- 集合演算では、EXCEPT 演算子の代わりに MINUS 演算子を利用する。
- 23c より前のバージョンでは SELECT 文で FROM 句は省略できないが、ダミーテーブル DUAL を利用すると、演算結果のみ求めることができる。
- 自動的にトランザクションが開始する。
- DDL や DCL の実行は、その直後に自動的にコミットされる。
- 分離レベルは READ COMMITTED と SERIALIZABLE のみサポートする。
- ビューの作成時に「OR REPLACE」を記述すると、既存のビューを削除することなく再定義できる。
- CREATE SEQUENCE 文で作成した直後のシーケンスは値を持っていないため、CURRVAL で値を得る前に NEXTVAL を実行する必要がある。

A.2.2 関数に関する事項

- LENGTH 関数：長さを文字数として返す。バイト数の取得には LENGTHB 関数を利用する。LEN という関数名は使えない。
- SUBSTR 関数：文字数を指定し部分文字列を抽出する。SUBSTRING という関数名は使えない。
- COALESCE 関数：一部機能が類似した NVL 関数もよく利用される。

A.2.3 データ型に関する事項

[ ]：省略可能　　|：択一　　赤字：本書で利用した型

数値データ型	解説
NUMBER[(n[, m])]	有効桁数 n、小数部の有効桁数 m の数値
BINARY_FLOAT	32bit 浮動小数点数
BINARY_DOUBLE	64bit 浮動小数点数

NUMERIC 、DECIMAL、FLOAT、REAL、DOUBLE PRECISION：NUMBER と同義
INTEGER、INT、SMALLINT：NUMBER(38) と同義

文字データ型	解説
CHAR[(n[BYTE|CHAR])]	最大桁数 n の固定長文字列
VARCHAR2[(n[BYTE|CHAR])]	最大桁数 n の可変長文字列
CLOB	長い文字列 (4GB)
LONG	長い文字列 (2GB)

CHARACTER：CHAR と同義
VARCHAR、CHAR VARYING、CHARACTER VARYING：VARCHAR2 と同義

※ Unicode 文字列を格納する NCHAR、NVARCHAR2、NCLOB も利用可能。
※ VARCHAR は VARCHAR2 と同義とされているが、今後は仕様変更予定であり、VARCHAR2 の代わりとして用いるべきでない（23c）。
※ LONG は下位互換のための型であり、通常は CLOB を用いる。

日付データ型	解説
DATE	精度 1 秒の日付と時刻
TIMESTAMP[(n)]	秒に関する小数点以下の桁数を n とする、精度指定の日付と時刻

付録
A

A.3 〈 SQL Server に関する 互換性のポイント

SQL Serverは、マイクロソフト系プラットフォームのシステム開発で幅広く利用されており、本書で紹介した機能の多くを実装しています。ただし、関数や型の種類、ロック機構などに独自性がある点に注意が必要です。

A.3.1 一般的な事項

- INSERT 文の VALUES 句の後ろに複数の値リストを記述すると、1 回の INSERT 文で複数行を登録できる。
- 文字列の連結には、|| 演算子ではなく CONCAT 関数や + 演算子を用いる。
- 2012 より前のバージョンでは OFFSET - FETCH 句は利用できないため、取得行数の制御は TOP キーワードによって実現する。
- CURRENT_DATE は存在せず、代わりに CURRENT_TIMESTAMP を利用する。
- トランザクションの開始には、BEGIN TRANSACTION 文を使う(設定により暗黙的な開始も可能)。
- DDL や DCL の実行はトランザクションの一部として扱われ、コミットする前であればロールバックすることができる。
- SELECT 〜 FOR UPDATE 文や LOCK TABLE 文による明示的ロックは使用できない。代わりに、FROM 句に「WITH (NOLOCK)」や「WITH (ROWLOCK)」のようなヒント情報を記述して、取るべきロックの種類を DBMS に与える。
- ALTER TABLE 文での列削除には、DROP COLUMN を指定する。
- UNIQUE 制約が設定された列では、NULL による重複も許されない。
- ビューの作成時に「OR ALTER」を記述すると、既存のビューを削除することなく再定義できる。

A.3.2 関数に関する事項

- LEN 関数:長さを文字数として返す。固定長文字列型の列については、末尾

の空白を除去した文字数を返す。LENGTH という関数名は使えない。

- SUBSTRING 関数：部分文字列を抽出する。引数には文字数を指定。SUBSTR という関数名は使えない。
- TRUNC 関数：存在しないため、ROUND 関数で代用する。

A.3.3 データ型に関する事項

[ ]：省略可能　　|：択一　　赤字：本書で利用した型

数値データ型	解説
[TINY|SMALL|BIG]INT	整数。TINYINT は符号なし 1byte、SMALLINT は符号あり 2byte、INT は符号あり 4byte、BIGINT は符号あり 8byte
NUMERIC[(n[, m])]	有効桁数 n で小数点以下 m 桁の固定長小数
FLOAT[(n)]	N bit 精度の浮動小数点数
[SMALL]MONEY	SMALLMONEY は 4byte の金額情報、MONEY は 8byte の金額情報。いずれも符号あり

INTEGER：INT と同義

DECIMAL、DEC：NUMERIC と同義

DOUBLE PRECISION：FLOAT と同義

REAL：FLOAT(24) と同義

文字データ型	解説
CHAR[(n)]	最大桁数 n の固定長文字列
VARCHAR[(n|MAX)]	最大桁数 n の可変長文字列（MAX を指定した場合は 2GB）
TEXT	長い文字列 (2GB)

CHARACTER：CHAR と同義

CHAR VARYING、CHARACTER VARYING：VARCHAR と同義

※ Unicode 文字列を格納する NCHAR、NVARCHAR も利用可能。

※ TEXT は今後は削除予定であり、用いるべきでない（2022）。代用として VARCHAR(MAX) が利用可能。

日付データ型	解説
TIME[(n)]	秒の小数点以下の有効桁数が n の時刻
DATE	日付
DATETIME	秒の小数点以下の有効桁数が 3 の日付と時刻

※ DATETIME と精度が異なる DATETIME2 や SMALLDATETIME も利用可能。

付録 A

A.4 Db2に関する互換性のポイント

Db2は大規模システム構築などで世界的に使われている商用RDBMSです。Oracle DB同様に長い歴史と豊富な機能を誇る一方、一部に独自構文も見られます。

A.4.1 一般的な事項

- INSERT文のVALUES句の後ろに複数の値リストを記述すると、1回のINSERT文で複数行を登録できる。
- SELECT文でFROM句は省略できないが、SYSIBM.SYSDUMMY1テーブルを利用すると演算結果のみ求めることができる。
- 自動的にトランザクションが開始する。
- DDLやDCLの実行はトランザクションの一部として扱われ、コミットする前であればロールバックすることができる。
- 分離レベルの設定ではSET CURRENT ISOLATION文を使い、レベル名としてはUR（READ UNCOMMITTEDに相当）、CS（READ COMMITTEDに相当）、RS（REPEATABLE READに相当）、RR（SERIALIZABLEに相当）を用いる。
- ALTER TABLE文でACTIVATE NOT LOGGED INITIALLY WITH EMPTY TABLEを指定すると、TRUNCATE TABLE文とほぼ同様の処理が行われる。
- UNIQUE制約や主キー制約を指定する列には、NOT NULL制約も併せて指定する必要がある。
- 「IF NOT EXISTS」「IF EXISTS」を指定すると、テーブルの存在状況に応じて作成・削除することができる。
- ビューの作成時に「OR REPLACE」を記述すると、既存のビューを削除することなく再定義できる。

A.4.2 関数に関する事項

- LENGTH 関数：長さをバイト数として返す。文字数で長さを得たい場合は、CHARACTER_LENGTH 関数を使う。LEN という関数名は使えない。
- SUBSTRING 関数：部分文字列を抽出する。通常の引数に加え、CODEUNITS16（UTF-16 での文字単位）などのエンコーディング指定が可能。
- CONCAT 関数：2 つの引数を指定する。どちらかが NULL なら結果も NULL。

A.4.3 データ型に関する事項

[ ]：省略可能 |：択一   赤字：本書で利用した型

数値データ型	解説
SMALLINT	2byte 符号あり整数
INTEGER	4byte 符号あり整数
BIGINT	8byte 符号あり整数
NUMERIC[(n[, m])]	有効桁数 n で小数点以下 m 桁の固定長小数
REAL	4byte の浮動小数点数
DOUBLE	8byte の浮動小数点数

INT：INTEGER と同義

NUM、DECIMAL、DEC：NUMERIC と同義

DOUBLE PRECISION、FLOAT：DOUBLE と同義

文字データ型	解説
CHAR[(n)]	最大桁数 n の固定長文字列
VARCHAR[(n)]	最大桁数 n の可変長文字列
CLOB	長い文字列 (2GB)

日付データ型	解説
TIME	時刻
DATE	日付
TIMESTAMP	日付と時刻

CHARACTER：CHAR と同義

CHAR VARYING, CHARACTER VARYING：VARCHAR と同義

CHAR LARGE OBJECT, CHARACTER LARGE OBJECT：CLOB と同義

A.5 MySQLに関する互換性のポイント

MySQLは、シンプルで高性能なオープンソースの製品としてWebサービスを中心に現在最も広く利用されています。近年では、型の厳密化や機能面の拡張など、より大規模なシステムでの採用を意識した改良もされています。

A.5.1 一般的な事項

- INSERT文のVALUES句の後ろに複数の値リストを記述すると、1回のINSERT文で複数行を登録できる。
- 文字列の連結には + 演算子や || 演算子ではなく、CONCAT関数を用いる。
- || 演算子は論理演算子ORを意味するが、PIPES_AS_CONCATオプションを有効にすると文字列連結の機能を持つ。
- 取得行を制限するには、OFFSET - FETCH句ではなくLIMIT句を利用する。
- UNION以外の集合演算（EXCEPT、INTERSECT）に対応していない。
- GROUP BY句とHAVING句で、列の別名を利用できる。また、結果表がデコボコになるようなグループ集計が許される（ONLY_FULL_GROUP_BY設定が無効の場合。初期値は有効）。不足する列は自動的に補われるが、その値は不定。
- ALL演算子やANY演算子は副問い合わせと組み合わせた場合のみ利用可能。
- 副問い合わせとその外側の問い合わせでLIMIT句を利用した場合、最も外側のLIMIT句が優先される。
- FULL JOIN句を利用できない。
- DDLやDCLの実行は、その直後に自動的にコミットされる。
- 分離レベルの初期値は「REPEATABLE READ」。
- LOCK TABLE文の代わりにLOCK TABLES文を使う。

A.5.2 | 関数に関する事項

- LENGTH 関数：長さをバイト数として返す。文字数で長さを得たい場合は、CHARACTER_LENGTH 関数を使う。LEN という関数名は使えない。
- CONCAT 関数：3 つ以上の引数指定可能（いずれか NULL で結果も NULL）。
- TRUNCATE 関数：値を指定した桁で切り捨てる。TRUNC 関数は利用不可。

A.5.3 | データ型に関する事項

[ ]：省略可能　　|：択一　　赤字：本書で利用した型

数値データ型	解説
[TINY|SMALL|MEDIUM|BIG]INT	整数。TINYINT は 1byte、SMALLINT は 2byte、MEDIUMINT は 3byte、INT は 4byte、BIGINT は 8byte
DECIMAL[(n[, m])]	有効桁数 n で小数点以下 m 桁の固定長小数
FLOAT[(n, m)]	有効桁数 n で小数点以下 m 桁の単精度浮動小数点数
DOUBLE[(n, m)]	有効桁数 n で小数点以下 m 桁の倍精度浮動小数点数

INTEGER：INT と同義

NUMERIC、DEC、FIXED：DECIMAL と同義

DOUBLE PRECISION、REAL ※※：DOUBLE と同義

※ UNSIGNED（符号なし）や ZEROFILL（ゼロ埋め）指定は削除予定であり、非推奨。

※※ REAL_AS_FLOAT 設定が有効な場合は、FLOAT と同義となる。

文字データ型	解説
CHAR[(n)]	最大桁数 n の固定長文字列
VARCHAR[(n)]	最大桁数 n の可変長文字列
[TINY|MEDIUM|LONG]TEXT	TINYTEXT は 1byte、TEXT は 2byte、MEDIUMTEXT は 3byte、LONGTEXT は 4byte 以下の可変長文字列

CHARACTER：CHAR と同義

CHARACTER VARYING：VARCHAR と同義

付録
A

日付データ型	解説
TIME	時刻
DATE	日付

日付データ型	解説
DATETIME	日付と時刻
TIMESTAMP	日付と時刻（データ更新日時の記録に利用）

A.6 〉MariaDBに関する互換性のポイント

MariaDBはMySQLから派生したオープンソースのRDBMSです。MySQLとの高い互換性を保ちつつ、バージョンが上がるごとに、より堅牢でパフォーマンスに優れた性能を提供しています。Googleや主要なLinuxの標準データベースに採用されるなど、近年急速にシェアを拡大しています。

A.6.1 一般的な事項

- INSERT文のVALUES句の後ろに複数の値リストを記述すると、1回のINSERT文で複数行を登録できる。
- 文字列の連結には+演算子や||演算子ではなく、CONCAT関数を用いる。
- ||演算子は論理演算子ORを意味するが、PIPES_AS_CONCATオプションを有効にすると文字列連結の機能を持つ。
- 取得行を制限するには、OFFSET - FETCH句ではなくLIMIT句を利用する（10.6未満）。
- GROUP BY句とHAVING句で、列の別名を利用できる。また、結果表がデコボコになるようなグループ集計が許される（ONLY_FULL_GROUP_BY設定が無効の場合）。不足する列は自動的に補われるが、その値は不定。
- ALL演算子やANY演算子は副問い合わせと組み合わせた場合のみ利用可能。
- 副問い合わせの中でLIMIT句を利用できない。
- FULL JOIN句を利用できない。
- 分離レベルの初期値は「REPEATABLE READ」。
- DDLやDCLの実行は、その直後に自動的にコミットされる。
- 「IF NOT EXISTS」「IF EXISTS」を指定すると、テーブルの存在状況に応じて作成・削除することができる。
- テーブルやビューの作成時に「OR REPLACE」を指定すると、既存のものを再定義できる。ただしテーブルは一度削除されてから作成される点に注意。

A.6.2 | 関数に関する事項

- LENGTH 関数：長さをバイト数として返す。文字数で長さを得たい場合は、CHAR_LENGTH 関数を使う。LEN という関数名は使えない。
- CONCAT 関数：3 つ以上の引数指定が可能だが、どれかが NULL の場合は結果も NULL となる。
- TRUNCATE 関数：値を指定した桁で切り捨てる。TRUNC 関数は存在しない。

A.6.3 | データ型に関する事項

[ ]：省略可能　　|：択一　　赤字：本書で利用した型

数値データ型	解説
[TINY|SMALL|MEDIUM|BIG]INT	整数。TINYINT は 1byte、SMALLINT は 2byte、MEDIUMINT は 3byte、INT は 4byte、BIGINT は 8byte
DECIMAL[(n[, m])]	有効桁数 n で小数点以下 m 桁の固定長小数
FLOAT[(n, m)]	有効桁数 n で小数点以下 m 桁の単精度浮動小数点数
DOUBLE[(n, m)]	有効桁数 n で小数点以下 m 桁の倍精度浮動小数点数

INTEGER：INT と同義　　NUMERIC、DEC、FIXED：DECIMAL と同義

DOUBLE PRECISION、REAL[※※]：DOUBLE と同義

※ 型名の最後に UNSIGNED（正の数のみ）や ZEROFILL（ゼロ埋め）といった指定を付記可能。

※※ REAL_AS_FLOAT 設定が有効な場合は、FLOAT と同義となる。

文字データ型	解説
CHAR[(n)]	最大桁数 n の固定長文字列
VARCHAR[(n)]	最大桁数 n の可変長文字列
[TINY|MEDIUM|LONG]TEXT	TINYTEXT は 1byte、TEXT は 2byte、MEDIUMTEXT は 3byte、LONGTEXT は 4byte 以下の可変長文字列

CHARACTER VARYING：VARCHAR と同義

日付データ型	解説
TIME	時刻
DATE	日付
DATETIME	日付と時刻
TIMESTAMP	日付と時刻（データ更新日時の記録に利用）

付録
A

A.7 PostgreSQLに関する互換性のポイント

PostgreSQLは、MySQLと双璧をなすオープンソースのRDBMS製品です。オープンソース製品の中では機能が豊富、かつ標準SQLへの準拠度が比較的高く、本書で紹介したほぼすべてのコードを実行することができます。

A.7.1 一般的な事項

- テーブル名や列名などの名前は大文字小文字を区別せず、特に指定しない場合は自動的に小文字に変換される。大文字を使いたい場合は、ダブルクォーテーション (")で囲む必要がある。
- INSERT文のVALUES句の後ろに複数の値リストを記述すると、1回のINSERT文で複数行を登録できる。
- DDL文もトランザクション処理の一部として管理されるため、コミット前であればロールバックによりキャンセルすることができる。
- 4つすべての分離レベルを指定可能だが、内部的にはREAD UNCOMMITTEDは存在しない。この分離レベルを指定すると、実際にはREAD COMMITTEDとして動作する。
- 「IF NOT EXISTS」「IF EXISTS」を指定すると、テーブルの存在状況に応じて作成・削除することができる。
- ビューの作成時、「OR REPLACE」を記述すると、既存のビューを削除することなく再定義できる。
- シーケンスや、列定義時の修飾によって作成した列のほか、SERIAL型として定義された列を利用した採番が可能(シーケンス利用と同義)。

A.7.2 関数に関する事項

- LENGTH関数：長さを文字数として返す。バイト数で長さを得たい場合は、OCTET_LENGTH関数を使う。LENという関数名は使えない。

- CONCAT 関数：3つ以上の引数を指定することが可能。NULL は無視されるため、結果が NULL になることはない。

A.7.3 データ型に関する事項

[ ]：省略可能　　|：択一　　赤字：本書で利用した型

数値データ型	解説
SMALLINT	2byte 符号有り整数
INTEGER	4byte 符号有り整数
BIGINT	8byte 符号有り整数
NUMERIC[(n, m)]	有効桁数 n で小数点以下 m 桁の可変長小数
REAL	4byte 浮動小数点数
DOUBLE PRECISION	8byte 浮動小数点数

INT2：SMALLINT と同義　　INT4：INTEGER と同義
INT8：BIGINT と同義
DECIMAL：NUMERIC と同義
FLOAT4：REAL と同義
FLOAT8：DOUBLE PRECISION と同義

文字データ型	解説
CHAR[(n)]	最大桁数 n の固定長文字列
VARCHAR[(n)]	最大桁数 n の可変長文字列
TEXT	制限なし可変長文字列

CHARACTER：CHAR と同義
CHARACTER VARYING：VARCHAR と同義

日付データ型	解説
TIME[(n)]	秒の小数点以下の精度が n の時刻
DATE	日付
TIMESTAMP[(n)]	秒の小数点以下の桁数が n の日付と時刻

※ TIME や TIMESTAMP の型名の後ろに WITH TIME ZONE 指定を加えると、タイムゾーン情報も格納できる。

A.8 SQLiteに関する互換性のポイント

ほかのDBMSが単独で動作するのと異なり、SQLiteはアプリケーションの一部に組み込まれて動作するオープンソースのRDBMSです。多くのDBMSで利用できる機能や関数がサポートされないため大規模な利用には向きませんが、その反面、高速な動作と手軽さから中小規模の開発で活用されています。データ型の取り扱いがほかのDBMSと大きく異なる点に注意が必要です。

A.8.1 一般的な事項

- データ型を指定しない場合、列の型は BLOB となる（A.8.3 項）。
- INSERT 文の VALUES 句の後ろに複数の値リストを記述すると、1 回の INSERT 文で複数行を登録できる。
- ALL 演算子や ANY 演算子を利用できない。
- 集計関数を用いた検索の結果がデコボコでも許される。
- DDL はトランザクションの一部として実行可能であり、コミット前であればロールバックによりキャンセルできる。
- 分離レベルの指定に SET TRANSACTION ISOLATION LEVEL 文を使えず、本編で紹介した 4 つの分離レベルも使えない。代わりに、BEGIN 文の後ろに「DEFERRED」「IMMEDIATE」「EXCLUSIVE」を指定し、ロックを制御する。
- LOCK TABLE 文や SELECT 〜 FOR UPDATE 文による明示的なロックは不可。
- 「IF NOT EXISTS」「IF EXISTS」を指定すると、テーブルの存在状況に応じて作成・削除することができる。
- ALTER TABLE 文では列の追加と名称変更のみ可能。
- TRUNCATE TABLE 文はサポートされない。
- AUTOINCREMENT を設定した列に格納される値は、sqlite_sequence テーブルで管理されている。
- ユーザーやアクセス権限の概念がなく、DCL をサポートしない。

A.8.2 関数に関する事項

- LENGTH 関数：長さを文字数として返す。LEN という関数名は使えない。
- SUBSTR 関数：部分文字列を返す。開始位置に負の数を指定した場合、文字列の末尾を基準とする。SUBSTRING という関数名は使えない。
- TRUNC 関数、CONCAT 関数：利用できない。

A.8.3 データ型に関する事項

- データ型を指定した列に対しても、ある程度の変換をした上で、どのような型でも格納することができる。
- 列に定義できる型は、INTEGER、REAL、TEXT、NUMERIC、BLOB の 5 つのみ。ほかはすべてこれらの別名として扱われる。
- 日付用のデータ型はなく、INTEGER、REAL、TEXT のどれに格納するかによって取り扱いが変化する（TEXT では日付文字列）。

[ ]：省略可能　　|：択一　　赤字：本書で利用した型

数値データ型	解説
INTEGER	符号あり整数
REAL	8byte の浮動小数点数

INT、SMALLINT、BIGINT など、「INT」を含む型名：INTEGER と同義

REAL、FLOAT、DOUBLE など、「REAL」「FLOA」「DOUB」のいずれかを含む型名：REAL と同義

文字データ型	解説
TEXT	可変長文字列

CHAR、VARCHAR など、「CHAR、CLOB、TEXT」を含む型名：TEXT と同義

バイナリデータ型	解説
BLOB	入力データをそのまま格納

「BLOB」を含む型名、データ型の指定がない場合：BLOB と同義

A.9 H2 Database に関する互換性のポイント

H2 Database は Java で実装されたオープンソースの RDBMS です。単独で動作するほか、SQLite のように組み込みで動作させることもできます。その手軽さに加え、非常に小さな消費メモリで高速に動作する特徴から、テストや中小規模での利用が急速に広まっています。

A.9.1 一般的な事項

- INSERT 文の VALUES 句の後ろに複数の値リストを記述すると、1回の INSERT 文で複数行を登録できる。
- FULL JOIN 句を利用することができない。
- DDL はトランザクションとして実行できず、ロールバックできない。
- 分離レベルの指定に SET TRANSACTION ISOLATION LEVEL 文を使えず、本編で紹介した 4 つの分離レベルも使えない。代わりに、SET LOCK_MODE 文で、分離レベルを示す数値（0：READ UNCOMMITTED、1：SERIALIZABLE、2：REPEATABLE READ、3：READ COMMITTED）を指定する。
- SELECT 〜 FOR UPDATE 文による明示的なロックは可能だが、設定によってはテーブル全体にロックがかかる。LOCK TABLE 文は使えない。
- 「IF NOT EXISTS」「IF EXISTS」を指定すると、テーブルの存在状況に応じて作成・削除することができる。
- SET MODE 文を用いると、Db2、SQL Server、MySQL、Oracle DB、PostgreSQL などのほかの DBMS をエミュレーションするよう動作を変更できる。

A.9.2 関数に関する事項

- LENGTH 関数：長さを文字数として返す。バイト数で長さを得たい場合、OCTET_LENGTH 関数を用いる。LEN という関数名は使えない。
- SUBSTRING 関数：部分文字列を返す。開始位置に負の数を指定した場合、文

字列の末尾を基準とする。

- CONCAT 関数：3 つ以上の引数指定が可能。NULL は無視されるため、結果が NULL になることはない。

A.9.3 データ型に関する事項

[ ]：省略可能　　|：択一　　赤字：本書で利用した型

数値データ型	解説
TINYINT	1byte 符号付き整数
SMALLINT	2byte 符号付き整数
INTEGER	4byte 符号付き整数
BIGINT	8byte 符号付き整数
DECIMAL(n[, m])	全体桁数 n、小数部桁数 m の固定長小数

DOUBLE：倍精度浮動小数点数　　　REAL：単精度浮動小数点数

INT、INT4、MEDIUMINT、SIGNED：INTEGER と同義

INT2、YEAR：SMALLINT と同義　　　INT8：BIGINT と同義

DEC、NUMERIC、NUMBER：DECIMAL と同義

DOUBLE [PRECISION]、FLOAT、FLOAT8：DOUBLE と同義

FLOAT、FLOAT4：REAL と同義

文字データ型	解説
CHAR(n)	最大桁数 n の固定長文字列
VARCHAR[2](n)	最大桁数 n の可変長文字列
CLOB	制限なし可変長文字列

CHARACTER：CHAR と同義　　　VARCHAR2：VARCHAR と同義

TEXT、TINYTEXT、MEDIUMTEXT、LONGTEXT：CLOB と同義

日付データ型	解説
TIME	時刻
DATE	日付
TIMESTAMP	日付と時刻

DATETIME、SMALLDATETIME：TIMESTAMP と同義

付録
A

A.10 DBMS 比較表

			Oracle DB	SQL Server
SELECT 文	FROM 句	省略可能	○ ※4	○
		AS による表の別名	AS 不要	○
	結合	INNER JOIN	○	○
		RIGHT JOIN	○	○
		LEFT JOIN	○	○
		FULL JOIN	○	○
		(+)	○	×
	集合演算子	UNION	○	○
		EXCEPT	×	○
		MINUS	○	×
		INTERSECT	○	○
	行制限	OFFSET - FETCH	○	○
		LIMIT	×	×
		TOP	×	○
		ROW_NUMBER()	○	○
		ROWNUM	○	×
文字列	連結	‖ 演算子	○	×
		＋演算子	×	○
		CONCAT	○	○
関数	長さ取得	LEN	×	○
		LENGTH	○	×
	部分取得	SUBSTR	○	×
		SUBSTRING	×	○
	部分除去	TRIM	○	○
		RTRIM	○	○
		LTRIM	○	○
	置換	REPLACE	○	○
	丸め	ROUND	○	○
		TRUNC	○	×
		TRUNCATE	×	×
	NULL 判定	COALESCE	○	○
		NVL	○	×
INSERT 文	複数の値リストを指定して登録		INSERT ALL	○
データベース オブジェクト	テーブル存在確認	IF EXISTS/IF NOT EXISTS	○ ※4	×
	ビュー再定義	OR REPLACE	○	OR ALTER
トランザクション	開始	暗黙的	○	○ ※1
		BEGIN 文	×	○
	ロールバック	DML	○	○
		DDL	×	○
	分離レベル	READ UNCOMMITTED	×	○
		READ COMMITTED	○	○
		REPEATABLE READ	×	○
		SERIALIZABLE	○	○

※1 オプション設定　　※2 演算子および関数として　　※3 READ COMMITTED と同じ

※ 本書で紹介した各DBMSの相違点を一部のみ記載。

Db2	MySQL	MariaDB	PostgreSQL	SQLite	H2 Database
×	○	○	○	○	○
○	○	○	○	○	○
○	○	○	○	○	○
○	○	○	○	○	○
○	○	○	○	○	○
○	×	×	○	○	×
○	×	×	×	×	×
○	○	○	○	○	○
○	×	○	○	○	○
×	×	○	×	×	○
○	×	○	○	○	○
○	×	○	○	×	○
○	○	○	○	○	○
×	×	×	×	×	×
○	○	○	○	×	○
○※1	×	×	×	×	×
○	○※1	○※1	○	○	○
×	×	×	×	×	×
○※2	○	○	○	×	○
×	×	×	×	×	×
○	○	○	○	○	○
○	○	○	○	×	×
○	○	○	○	○	○
○	○	○	○	○	○
○	○	○	○	○	○
○	○	○	○	○	○
○	×	×	○	×	×
○	○	○	×	×	○
○	○	○	○	○	○
○	×	×	×	×	×
○	○	○	○	○	○
○	○	○	○	○	○
○	○	○	○	×	○
○	×	×	×	×	○
×	○	○	○	○	×
○	○	○	○	○	○
○	×	×	○	○	×
○	○	○	○※3	×	○
○	○	○	○	○	○
○	○	○	○	○	○
○	○	○	○	○	○

付録
A

※4　Oracle DB 23c 以降

A.11 〉 ER図の表記法

A.11.1 | エンティティの記法

基本的なエンティティ表記法

概念・論理モデルでは自然言語（日本語）、物理モデルではDBMSの制約
や運用を考慮して英数字表記とするのが一般的。

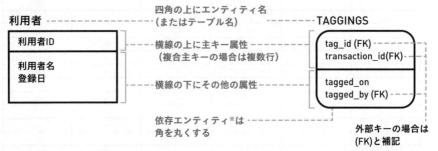

四角の上にエンティティ名
（またはテーブル名）

横線の上に主キー属性
（複合主キーの場合は複数行）

横線の下にその他の属性

依存エンティティ※は
角を丸くする

外部キーの場合は
(FK)と補記

※ 新たなエンティティ実体（DBにおける1行）が生まれるとき、ビジネスルール上、先に関連先エンティティの
実体が存在している必要があるものを依存エンティティ（dependent entity）という。依存エンティティでない
ものは、独立エンティティや非依存エンティティという。また、依存エンティティと独立エンティティが関連
を持つとき、独立側を親エンティティ、依存側を子エンティティという。

エンティティ表記法のバリエーション（参考）

（バリエーション1）

利用者	
利用者ID	利用者名 登録日

エンティティ枠をT字型に区切る
　上部：エンティティ名
　左側：主キー属性
　右側：その他の属性

（バリエーション2）

TAGGINGS	
PK, FK	tag_id
PK, FK	transaction_id
	tagged_on
FK	tagged_by

エンティティ枠をT字型に区切る
　上部：エンティティ名
　左側：主キーや外部キーの表明
　右側：すべての属性

A.11.2 リレーションシップの記法（IE方式）

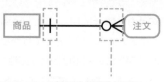

○	0
		1
＜※	多

エンティティの多重度を、関連線上の端に、
3種類の記号を組み合わせて表記する
（2つの記号が併記された場合、最小と最大を意味する）

※ 通称「鳥の足」。適切に整理されているモデルでは、通常、子エンティティ側にのみ現れる。

「鳥の足」を付けるエンティティは、「親に依存しちゃうコトリ（子・鳥）ちゃん」って覚えれば混乱しにくくておすすめよ。

A.11.3 リレーションシップの記法（IDEF1X方式）

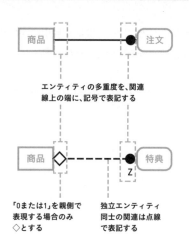

なし	1
●	0以上
●P	1以上
●Z	0または1
●3	3
●2-8	2以上8以下

エンティティの多重度を、関連線上の端に、記号で表記する

「0または1」を親側で表現する場合のみ◇とする

独立エンティティ同士の関連は点線で表記する

※ 適切に整理されているモデルでは、通常、●記号は子エンティティ側にのみ現れる。◇は、必ず「独立エンティティ同士の関連」（点線）における、親エンティティ側にしか現れない。

こっちは「親に依存しちゃうマルコ（丸・子）ちゃん」ね。

商用RDBMSを無料で体験しよう

この付録で紹介したDBMSのうち、Oracle DB、SQL Server、Db2は、商用製品として販売されているソフトウェアです。個人としてはかなり高額な製品であるため、従来、学習目的での商用DBMSの利用はかなり困難でした。

しかし近年、商用DBMSであっても、無料でダウンロードして利用できるエディションが提供されています。以下に、代表的な3つの製品を紹介します。

- **Oracle Database Express Edition**
  https://www.oracle.com/jp/database/technologies/xe-downloads.html
- **SQL Server Express**
  https://www.microsoft.com/ja-jp/sql-server/sql-server-downloads
- **Db2 Community Edition**
  https://www.ibm.com/docs/ja/db2/11.5?topic=editions-db2-database-product-offerings

これら無料エディションは、有料のものに比べて機能や利用範囲に制約がありますが、個人の学習用途としては必要十分ですので、ぜひ、興味があるDBMSを実際に試してみてください。

※ 上記URLは変更される可能性がありますので、アクセスできない場合は各社の公式サイトなどで最新情報を確認してください。

付録 B
エラー解決
虎の巻

この付録では、陥りやすいエラーや落とし穴、
およびその対応方法を紹介します。
問題を解決するには先入観にとらわれることなく、
発生している事象をさまざまな角度から切り分け、
その要因を見極めることが重要です。
エラーや不具合に困ったときは、ぜひ参考にしてください。

1-1　DBMSのインストール方法がわからない

症状　SQL を勉強したいのですが、DBMS の種類やダウンロード方法、導入方法 などが難しくて、どうしたらよいかわかりません。

原因　DBMS のインストール方法は、各 DBMS の種類やバージョン、導入先の OS によって大きく異なります。

対応　SQL の基本を学習する目的であれば、特定の DBMS を導入しなくてもかま いません。dokoQL を利用してください。

参照　1.2.1 項、p.4

1-2　日本語が文字化けする

症状　DBMS をインストールして利用し始めましたが、SELECT 文でテーブルの内 容を表示させると、日本語の情報が文字化けしてしまいます。

原因　DBMS の文字コード設定が正しくない可能性があります。なお、DBMS によっ ては、DBMS 全体やテーブル、ドライバ、文字コードなどの設定を行います。

対応　製品のマニュアルに従い、日本語文字コードの設定を行います。

1-3　本書のとおりに入力したが実行できない（1）

症状　本書の紙面どおりに SQL 文を入力したつもりですが、実行するとエラーに なってしまいます。

原因　利用する DBMS によっては、本書掲載の SQL 構文や関数をサポートしてい ない場合があります。

対応　本書の解説や付録 A を参照し、利用中の DBMS で使用可能な代替構文など に修正して実行します。

参照　1.1.3 項

1-4　本書のとおりに入力したが実行できない（2）

症状　本書の紙面どおりに SQL 文を入力したつもりですが、実行するとエラーに なってしまいます（環境によっては、「不正な文字」の存在を示すエラーメッ セージが表示されることがある）。

原因 SQL 文の中に、全角スペースが含まれている可能性があります（例：SELECT □出金額　FROM　家計簿）。全角スペースは、「Ａ」や「あ」と同じ 2 バイト文字ですので、半角スペースの代わりには使えません。

対応 全角スペースが含まれていた場合、半角スペースに置き換えます。

1-5 列名、テーブル名、関数名が「無効です」というエラーになる

症状 SQL 文を入力して実行すると「列名が無効です」「テーブル名が無効です」「関数名が無効です」のような内容のエラーメッセージが表示されます。

原因 (1) テーブルに存在しない列を指定している可能性があります。(2) 列名、関数名、テーブル名などを誤って入力している可能性があります。(3) シングルクォーテーションやカンマが全角で入力されている可能性があります。(4) カッコやシングルクォーテーションの対応が取れていない可能性があります。

対応 入力内容に誤りがないか SQL 文を確認します。

1-6 テーブル名や列名に日本語を使ってはならないと言われた

症状 本書の紙面に掲載されている SQL 文と同様に、テーブル名や列名に日本語を使っていたところ、不適切であると指摘を受けました。

原因 テーブル名や列名に日本語を許すか否かは DBMS によって異なります。許す場合も、ダブルクォーテーション (") でくくらないと動作が保証されないなどの制約がある製品もあります。本書では、読みやすさを優先して日本語のテーブル名や列名を利用していますが、業務では不要な不具合を回避する目的で日本語を避けるのが一般的です。

対応 プロジェクトや会社で定められたルールに極力従いましょう。特に決まっていない場合は、チームメンバーと相談して決めましょう。

参照 コラム「テーブル名・列名の表記ルール」(p.38)

付録
B

chapter 2 基本文法と4大命令

2-1 文字列情報として "MINATO" と記述するとエラーになる

症状 文字列を指定するために INSERT 文などで "MINATO" と記述するとエラーになります。

原因 文字列リテラルを示すにはシングルクォーテーション（'）を使います。プログラミング言語などで利用されるダブルクォーテーション（"）は、一部のDBMSで日本語のテーブル名を記述するときなどに利用されます。

対応 文字列は `'MINATO'` のようにシングルクォーテーションでくくります。

参照 2.2.1 項

2-2　テーブル中の指定した位置に新たな行を挿入したい

症状 テーブル中の任意の位置に行を挿入する方法がわかりません。

原因 テーブルに含まれる各行をどのような順番で格納および管理するかは DBMSに任されています。よって、指定した位置に行を挿入することはできません。

対応 テーブルに行を挿入する際に位置を指定できない代わりに、SELECT 文で行を取り出す際に ORDER BY 句で並べ替えることができます。

参照 4.3 節

2-3　ある行の内容を更新したら表示順が変化してしまった

症状 UPDATE 文である行の内容を更新したあと SELECT 文を実行すると、行の表示される順番が変化します。

原因 テーブルに含まれる各行をどのような順番で管理するかは DBMS に任されています。そのため、ORDER BY 句を指定しない限り、どのような順番で行が表示されるかは不定です。

対応 並べたい順序が決まる列を ORDER BY 句に指定します。

参照 4.3 節

2-4　SQL 文の末尾に付いているセミコロン（;）は何か

症状 本書の紙面や Web サイトなどを見ると、SQL 文の最後にセミコロン（;）が付いているものがありますが、どんな意味がありますか。

原因 SQL 文は途中で自由に改行を入れることが許されています。そのため、複数の SQL 文を連続して入力されると、DBMS は 1 つの文の終わりを区別できません。

対応 文末のセミコロンは SQL 標準に含まれていませんが、多くの DBMS では、SQL 文の文末を明確にするため文末にセミコロンを付けて記述することになっています。

参照 コラム「末尾のセミコロンで文の終了を表す」(p.43)

2-5　SQL文を入力して　Enter　キーを押しても、SQL文が実行されない

症状 DBMSに添付されたSQLクライアントの画面でSQL文を入力し、最後に
Enterキーを押してもSQL文が実行されません。

原因 一部のDBMSに添付されているSQLクライアントは、セミコロンが入力さ
れた位置までを1つのSQL文と見なします。そのため、末尾にセミコロン
を入力しないとSQL文と認識されず、実行されません。

対応 SQL文の末尾にセミコロンを入力します。

参照 コラム「末尾のセミコロンで文の終了を表す」(p.43)

2-6　登録した文字列情報で絞り込めない

症状 'SUKKIRI' という値を「名前」列に登録しましたが、「WHERE 名前 = 'SUKKIRI'」
という条件で検索しても取り出せません。

原因 固定長文字列であるCHAR型の列に対して文字列情報を登録すると、右の
余白にスペースが補われて登録されます。

対応 WHERE TRIM(名前) = 'SUKKIRI' のように、TRIM関数などで余白を取り除
いてから比較します。

参照 2.2.3項、5.4.2項

2-7　テーブル名にASで別名を付けるとエラーになる

症状 Oracle DBで、SELECT 〜 FROM 家計簿 AS K のようにテーブルに別名を
付けようとするとエラーになります。

原因 Oracle DBでは、テーブル名に別名を付ける場合、ASを記述できません。

対応 SELECT 〜 FROM 家計簿 K のようにASを省略して記述します。

参照 2.4.2項

2-8　UPDATEしたら全行が上書きされてしまった

付録
B

症状 ある行のデータだけを更新するために、UPDATE 家計簿 SET 入金額 = 0
などとしたらすべての行が更新されてしまいました。

原因 WHERE句による絞り込み条件を指定しないと、全行が更新対象になります。

対応 特定の行のみを更新したい場合は、UPDATE文にWHERE句による絞り込み
条件を記述します。

参照 2.5節、3.1節

2-9 DELETEしたら全行が削除されてしまった

症状 ある行のデータだけを削除するために、`DELETE FROM 家計簿`などとしたら
すべての行が削除されてしまいました。

原因 WHERE句で絞り込み条件を指定しないと、全行が削除の対象になります。

対応 特定の行のみを削除したい場合は、DELETE文にWHERE句による絞り込み
条件を記述します。

参照 2.6節、3.1節

2-10 INSERT文で行を追加できない（列名リスト省略）

症状 `INSERT INTO 家計簿 VALUES ( 値 1, 値 2…)`というSQL文を実行する
とエラーになります。

原因 INSERT文で列名リストを省略した場合、VALUESの後ろにはテーブルの全
列について追加する値を列の定義順に指定する必要があります。

対応 テーブル定義を確認し、すべての列について定義されているとおりの順番で
値を指定します。

参照 2.7.1項

2-11 INSERT文で行を追加できない（列名リスト指定）

症状 `INSERT INTO 家計簿 ( メモ ) VALUES ( 値 1, 値 2)`のようなSQL文を
実行するとエラーになります。

原因 INSERT文では、VALUESの前に指定する列名リストと、VALUESの後ろに
指定する値リストの数やデータ型を対応させなければなりません。

対応 INSERT文の列名リストと値リストの数とデータ型が正しく対応しているか
を確認します。

参照 2.7.1項

chapter 3 操作する行の絞り込み

3-1 「WHERE 列名 = NULL」で行を絞り込めない

症状 NULL である行を検索するために、`WHERE 列名 = NULL` という記述をしていますが、目的の行を絞り込めません。

原因 NULL であるかを判定する場合、= 演算子は使えません。

対応 IS NULL 演算子を利用し、`WHERE 列名 IS NULL` とします。

参照 3.3.2 項

3-2 「WHERE 列名 <> NULL」で行を絞り込めない

症状 NULL でない行を検索するために、`WHERE 列名 <> NULL` という記述をしていますが、目的の行を絞り込めません。

原因 NULL でないことを判定する場合、<> 演算子は使えません。

対応 IS NOT NULL 演算子を利用し、`WHERE 列名 IS NOT NULL` とします。

参照 3.3.2 項

3-3 「WHERE == 10」で行を絞り込めない

症状 列の値が 10 である行を絞り込むために `WHERE 列名 == 10` という記述をしていますが、エラーになります。

原因 等しいことを示すための比較演算子には = を使います。プログラミング言語などで利用される = が 2 つの演算子は、一部の DBMS でしか利用できません。

対応 = 演算子を利用し、`WHERE 列名 = 10` とします。

参照 3.3.1 項

3-4 「WHERE 列名 != 10」で行を絞り込めない

症状 列の値が 10 以外の行を絞り込むために `WHERE 列名 != 10` という記述をしていますが、エラーになります。

原因 等しくないことを示すための比較演算子には <> を使います。プログラミング言語などで利用される != 演算子は、一部の DBMS でしか利用できません。

対応 <> 演算子を利用し、`WHERE 列名 <> 10` とします。

参照 3.3.1 項

3-5 ANDとORを同時に使ったWHERE句が正しく評価されない

`症状` 出金額か入金額が 0 で、かつ、メモが NULL である行を絞り込むために WHERE 出金額 = 0 OR 入金額 = 0 AND メモ IS NULL としても、正しく絞り込めません。

`原因` AND は OR よりも優先して評価されます。そのため、先の記述では、「出金額が 0 か、または、入金額が 0 かつメモが NULL」の行が抽出されます。

`対応` 優先的に評価したい部分をカッコで囲みます。たとえば、WHERE (出金額 = 0 OR 入金額 = 0) AND メモ IS NULL のようにします。

`参照` 3.4.2 項

3-6 「WHERE メモ = '%チョコ%'」で行を絞り込めない

`症状` メモにチョコという文字を含む行を抽出するために WHERE メモ = '%チョコ%' と記述していますが、正しく絞り込めません。

`原因` パターン文字 % を使ったあいまい検索を行うためには、LIKE 演算子の利用が必要です。

`対応` WHERE メモ LIKE '%チョコ%' とします。

`参照` 3.3.3 項

3-7 「WHERE 費目='交際費' OR '水道光熱費'」で行を絞り込めない

`症状` 交際費と水道光熱費の行を絞り込むために、WHERE 費目 = ' 交際費 ' OR ' 水道光熱費 ' としていますが、正しく絞り込めません。

`原因` OR 演算子や AND 演算子は、完成された条件式をつなぐものです。よって、OR の右側が単なるリテラルであってはなりません。

`対応` WHERE 費目 = ' 交際費 ' OR 費目 = ' 水道光熱費 ' とします。

`参照` 3.4.1 項

chapter 4 | 検索結果の加工

4-1 検索するたびに並び順が変わってしまう

症状 データを変更していないのに、検索するたびに表示される結果の並び順が変わってしまいます。

原因 どのような並び順で結果を返すかは DBMS に任されています。そのため、ORDER BY 句を指定しない限り、どのような順番で行が返されるかは不定です。

対応 並べたい順序が決まる列を ORDER BY 句に指定します。

参照 4.3.4 項

4-2 文字列型の列で並び替えると、意図しない順で並んでしまう

症状 文字列型の列 (たとえば「名前」列) があるとき、ORDER BY 名前とすると、意図しない順になります。また、実行する環境によっても結果が異なります。

原因 文字列型の列に格納された値をどう並べ替えるかは、DBMS ごとに定める照合順序やその設定に依存します。

対応 DBMS のマニュアルを調べ、適切な照合順序を設定するようにします。もしくは、文字列型以外の列で並べ替えるようにします。

参照 4.3.1 項

4-3 OFFSET - FETCH句を含むSQL文が実行できない

症状 OFFSET - FETCH 句を含む SQL 文を実行するとエラーになります。

原因 MySQL、SQLite では OFFSET - FETCH 句をサポートしていません。

対応 LIMIT 句などを用いて同等の処理を実現する記述を行います。

参照 4.4.1 項

4-4 LIMITやTOPを含むSQL文が実行できない

症状 LIMIT や TOP を含む SQL 文を実行するとエラーになります。

原因 LIMIT や TOP は標準 SQL で定められた構文ではなく、一部の DBMS ではサポートされません。

対応 標準 SQL である OFFSET - FETCH 句などを用いて同等の処理を記述します。

参照 4.4.1 項

付録

B

4-5 UNIONを使って結果表をつなげると、行数が減ってしまう

症状 10行と20行の結果が得られる2つのSELECT文をUNIONでつないでも、最終的な結果表の行数が30行になりません。

原因 2つの検索結果に重複する内容が含まれる場合、重複行は1行にまとめられてしまいます。

対応 重複を許したい場合、UNION ALLを使います。

参照 4.5.2項

---

chapter 5 式と関数

5-1 式の中で||を使って文字列を結合できない

症状 SELECT 名前 || 'くん' のようにして、文字列を連結できません。

原因 一部のDBMSでは、|| 演算子で文字列を連結できません。

対応 + 演算子やCONCAT関数などを用いて文字列を結合します。

参照 5.2.1項、5.4.5項

5-2 本書のとおりに入力したが実行できない（3）

症状 SUBSTRING、LEN、TRUNCなどの関数を含むSQL文を実行するとエラーになってしまいます。

原因 利用できる関数や指定すべき引数の内容はDBMSによって異なります。そのため、利用中のDBMSによっては本書の記述どおりでは動かない可能性があります。

対応 付録Aや製品マニュアルを参照して、利用可能な関数で代替します。

参照 5.3.4項

5-3 LEN関数／LENGTH関数で正しい文字数が得られない

症状 LEN関数やLENGTH関数を使って得られる長さが、実際の文字列の長さと違っています。

原因 (1) LEN関数やLENGTH関数の結果が意味するものは、DBMSによって異なり、文字数ではなくバイト数を得ている可能性があります。(2) データの右端にスペースが付いている可能性があります。

対応 (1) DBMS のマニュアルを参照して「バイト数ではなく文字数を返す関数」で代替します。(2)TRIM 関数を利用して不要なスペースを削除します。

参照 5.4.1 項

5-4 NVL 関数を使おうとするとエラーになる

症状 NULL を別の値に置き換えるために NVL 関数を使うとエラーになります。

原因 NVL 関数は Oracle DB と Db2 でのみサポートされる関数です。

対応 COALESCE 関数を用いて同等の処理を実現することができます。

参照 5.7.2 項

5-5 DUAL というテーブルは作った覚えがない

症状 DUAL という名前のテーブルを利用する SQL 文を実行すると確かに動きますが、このようなテーブルを作った覚えがありません。

原因 DUAL (Oracle DB) や SYSIBM.SYSDUMMY1 (Db2) は、DBMS が準備しているダミーテーブルです。

対応 関数や式の処理を確認したい場合、これらのダミーテーブルを利用します。

参照 コラム「SELECT 文に FROM 句がない！？」(p.165)

5-6 DUAL テーブルを使おうとするとエラーになる

症状 関数や式の処理内容を確認するために DUAL テーブルを使うとエラーになります。

原因 DUAL (Oracle DB) や SYSTEM.DUMMY1 (Db2) はそれぞれの DBMS が準備しているダミーテーブルです。

対応 これら以外の DBMS では、**SELECT 関数や式**のように、FROM 句を記述せずに SELECT 文を実行できます。

参照 コラム「SELECT 文に FROM 句がない！？」(p.165)

付録

B

chapter 6 | 集計とグループ化

6-1　SUM関数などの集計関数を使おうとするとエラーになる

症状 SELECT メモ , SUM(出金額) 〜のような SQL 文を実行するとエラーにな
ります。

原因 SUM(出金額) のような集計関数の実行結果は 1 行になります。一方、「メモ」
のように列名だけを指定すると該当する行の数だけ取得されるため、結果表
が「デコボコ」になってしまいます。多くの DBMS では、デコボコの結果表
となる検索を許していません。

対応 集計関数を使っていない列についても、結果が必ず 1 行となるように SQL
文を修正します。

参照 6.3.2 項

6-2　グループ集計を用いたSELECT文でエラーになる

症状 SELECT メモ , 出金額 FROM 家計簿 GROUP BY 費目のような SQL 文を
実行するとエラーになります。

原因 グループ化を利用した SQL 文の選択列リストに指定する列は、(1) グループ
化の基準列、または (2)集計関数による集計の対象でなければなりません。

対応 選択列リストに指定した列をグループ化の基準列に加えるか、集計関数によ
る集計の対象とします。上記 SQL 文の場合は、たとえば、(1)メモ列をグルー
プ化の基準列に加え、(2)出金額列を集計の対象とするよう、SELECT メモ ,
SUM(出金額) FROM 家計簿 GROUP BY 費目 , メモなどとします。

参照 6.4.2 項、コラム「グループ集計と選択列リスト」(p.189)

chapter 7 | 副問い合わせ

7-1　副問い合わせを使ったSELECT文でエラーになる

症状 WHERE メモ = (SELECT 〜) という副問い合わせを含む SQL 文を実行する
と、行が多すぎる (TOO MANY ROWS)というエラーになります。

原因 WHERE 句で = 演算子による比較をしようとしていますが、副問い合わせの結果が複数行であるため、単一の値に置き換えることができません。

対応 (1)結果が単一行となるような副問い合わせ文に修正します。(2)複数行と比較するには、IN、ANY、ALL などの演算子と比較するように修正します。

参照 7.3.4 項

7-2 副問い合わせを使ったWHERE句で、1行も選択されない

症状 `WHERE 出金額 NOT IN (SELECT 〜)` のような SQL 文を実行すると、結果が 1 行も出力されません。

原因 副問い合わせの結果に NULL が含まれている可能性があります。NOT IN、<> ALL などで NULL と比較すると正しく比較できないため、結果は 0 行になります。

対応 NULL が含まれないような副問い合わせに修正します。

参照 7.3.5 項

7-3 副問い合わせの結果をテーブルに挿入するINSERT文がエラーになる

症状 `INSERT INTO 家計簿 VALUES (SELECT 〜)` のような SQL 文を実行するとエラーになります。

原因 通常、副問い合わせは丸カッコで囲みます。しかし、INSERT 文で用いる場合のみカッコは省略する必要があります。

対応 副問い合わせを囲んでいる丸カッコを除去します。

参照 7.4.3 項

---

chapter 8 | 複数テーブルの結合

8-1 JOIN句を用いて結合を行ったら、行が消えてしまった

症状 `SELECT 〜 FROM A JOIN B ON A.AA = B.BB` で結合をして得られた結果表の行数が明らかに少なすぎます。出てくるべき行が出てきません。

原因 結合条件に指定した列(A.AA と B.BB)のどちらかに NULL が含まれているか、テーブル B(右表)に結合相手がない可能性があります。その場合、その行は結果表に出力されません。

対応 結合条件に指定する列に NULL が含まれていないか、または結合相手があるかを確認します。NULL や結合相手のない行が含まれていても出力したい場合は、OUTER JOIN を利用します。

参照 8.3.2 項

8-2　FROM句にカンマ区切りで複数のテーブルを表記したSQL文は、どんな意味か

症状 `SELECT 〜 FROM A, B WHERE A.AA = B.BB` のような SQL 文を見かけましたが、その意味がわかりません。

原因 Oracle DB などの一部の DBMS で対応している結合を指示する構文です。JOIN の代わりに FROM 句に複数のテーブルを記述し、結合条件は WHERE 句に記述します。

対応 結合を行っている SQL 文であると解釈します。なお、結合条件を意味する WHERE 句を省略すると、すべての行の組み合わせを求める交差結合 (cross join) となってしまう点に注意してください。

参照 コラム「JOIN 句を使わない結合」(p.263)

8-3　結合を用いたSQL文を実行すると「ambiguous」エラーになる

症状 SQL 文を実行すると、「ambiguous」(曖昧である) というエラーメッセージが表示されます。

原因 選択列リストや結合条件に記述した列名が、結合元の複数のテーブルに存在しているため、どのテーブルの列を指定しているかを DBMS が判断できません。たとえば、テーブル A と B の両方に列 X が存在するとき、`SELECT X FROM A JOIN B 〜`という SQL 文を記述するとこのようなエラーになります。

対応 選択列リストや結合条件に、どのテーブルの列であるかを「テーブル名.列名」の形式で明示します (例:`SELECT A.X FROM A JOIN B 〜`)。

参照 8.4.1 項

8-4　FULL JOINを含むSQL文が実行できない

症状 FULL JOIN (完全外部結合) をするとエラーになります。

原因 FULL JOIN は、一部の DBMS ではサポートされません。

対応 UNION を用いて同等の処理を実現することができます。

参照 コラム「FULL JOIN を UNION で代用する」(p.254)

'''''

chapter 9 │ トランザクション

9-1　更新処理の実行後、テーブルが書き換わらない

症状 更新系の SQL 文を実行した後、SELECT 文でテーブルの中身を確認しても、書き換わっていません。

原因 更新系の SQL 文を実行した後にコミットを忘れている場合、更新が反映されていないため、ほかのトランザクション（別ウィンドウなど）として SELECT 文で検索をしても更新後のデータを確認することはできません。

対応 更新系の SQL 文を実行した後に COMMIT 文を実行します。または、SELECT を実行するトランザクションの分離レベルを READ UNCOMMITTED にします。

参照 9.2.2 項

9-2　ロールバックしてもテーブルの内容が元に戻らない

症状 UPDATE 文や DELETE 文でデータを更新した後に明示的に ROLLBACK 文を実行しても、テーブル内容が元に戻りません。

原因 SQL 実行後に自動的にコミットが行われる自動コミットモードになっている可能性があります。DBMS に付属する SQL クライアントの多くは、デフォルトで自動コミットモードです。

対応 各ツールに定められた方法で、自動コミットモードを解除します。

参照 9.2.4 項

9-3　SQL 文を実行したが、応答が返ってこない

症状 あるテーブルのデータを操作する SQL 文を実行すると、応答がなくなります。別のテーブルの場合はそのようなことはありません。

原因 ほかのトランザクションで過去に実行した SQL 文がまだコミットされておらず、行やテーブルにロックがかかったままになっている可能性があります。または、LOCK TABLE 文などによる明示的なロックがかかったままになっているかもしれません。

対応 ロックをかけたトランザクションの SQL 文をコミットするかロールバックします。明示的ロックは UNLOCK TABLE 文などで解除できます。

参照 9.3.3 項

付録
B

10-1 本書のとおりに入力したが実行できない（4）

症状 CREATE TABLE 文を実行するとエラーが発生します。

原因 (1)すでに同じ名前のテーブルやビューが存在している可能性があります。(2) 利用できるデータ型や指定すべき桁数は DBMS によって異なります。そのため、利用中の DBMS によっては、本書の記述どおりでは動作しない可能性があります。

対応 (1)重複しない名前で作成するか、同名のテーブルやビューを削除してから実行します。または、「IF NOT EXISTS」など状況に応じて実行を制御するオプションを CREATE TABLE 文に記述します。(2)本書の付録 A や製品マニュアルを参照して、利用可能なデータ型で代替します。

参照 10.2.1 項、10.2.3 項、コラム「テーブルの存在を確認してから作成／削除する」(p.307)

10-2 テーブルを削除できない

症状 DELETE FROM テーブル名で全削除を行っても、テーブルが消えません。

原因 DELETE 文はテーブル内の行を削除する命令です。すべての行を削除できたとしても、その入れ物であるテーブル自体を削除することはできません。

対応 DROP TABLE 文を利用します。

参照 10.2.3 項

10-3 同じINSERT文を2回実行しても、2行挿入できない

症状 同じ INSERT 文を 2 回実行すると、2 回目がエラーになります。

原因 テーブルのある列に主キー制約や UNIQUE 制約が設定されている場合、同じ内容の行を登録することはできません。

対応 主キー制約や UNIQUE 制約が設定されている列に登録すべきデータを見直します。どうしても登録が必要な場合、制約を削除します。

参照 10.3.2 項

10-4 主キー制約を複数の列に指定できない

症状 列Aと列Bの2つの列で複合主キーを構成するために、CREATE TABLE T (列 A INTEGER PRIMARY KEY, 列 B INTEGER PRIMARY KEY) という SQL 文を 実行するとエラーになります。

原因 主キー制約は複数の列に指定できません。複数の列にまたがる1つの複合主 キーを指定するには、各列の定義とは別に主キーの指定を行います。

対応 CREATE TABLE T (列 A INTEGER, 列 B INTEGER, PRIMARY KEY(列 A, 列 B)) のように記述します。

参照 10.3.3 項

10-5 更新系のSQL文の実行が失敗してしまう

症状 テーブルに対して INSERT、DELETE、UPDATE の各文を実行するとエラーに なります。

原因 テーブルに外部キー制約が設定されている場合、参照整合性が崩れるような テーブル更新は失敗します。

対応 参照整合性が崩れるような SQL 文になっていないか、内容を見直します。 どうしても更新を行う必要がある場合、テーブルの制約を解除します。

参照 10.4 節

---

chapter 11 | さまざまな機能

11-1 インデックスを作成したのに検索が速くならない

症状 検索に用いる列にインデックスを作成したにもかかわらず、検索性能(速度) が向上しません。

原因 インデックスのアルゴリズムや検索条件の指定方法によっては、検索にイン デックスが利用されません。たとえば、多くの DBMS では、後方一致検索 ではインデックスが利用されません。

対応 EXPLAIN 文を用いてインデックスが利用されているかを確認しながら、イ ンデックスが機能するような SQL 文に修正します。

参照 11.1.3 項、コラム「高速化の効果を測ろう」(p.333)

付録 B

B

11-2　バックアップを復元しても最新状態に戻らない

症状 DBMS が故障したため、最新のバックアップデータを用いてデータベースを復元しました。しかし、故障直前の状態ではなく、少し過去の状態で復元されてしまいます。

原因 最後にバックアップを実行した時刻から障害が発生した時刻までに行った変更は、バックアップに記録されていないため復元できません。

対応 バックアップの復元後、別途保管しているログを用いて、最後のバックアップ後に実行されたすべての SQL 命令を再実行します（ロールフォワード）。

参照 11.3.4 項

付録 C
特訓ドリル

SQLは、手を動かして何度も練習するのが上達への近道です。
特に第8章までに扱ったDMLは、さまざまな状況に応じたSQL文を
書いて実行することでより一層理解が深まるでしょう。
第12章で学んだデータベース設計についても、
読むだけでなく実際に自分の頭と手を動かして
実例に取り組む経験がとても大切です。
この特訓ドリルでは、3つの題材によるSQLドリル、
正規化ドリル、DB設計を体験する総合問題を準備しました。
繰り返し練習して、実力と自信を付けていきましょう。

contents

付録
C

C.1 { SQL ドリル

このドリルでは、銀行口座・商店・RPG の 3 つを題材に、それぞれ約 70 問ずつの問題を掲載しています。それぞれの題材には、使用するテーブル構成（列名、型、制約、備考）が示されています。それらのテーブルをもとに、問題に指示された SQL 文を作成してください。SQL 文以外の解答を求める問題もあります。なお、制約は第 10 章で学ぶ内容です。「PKEY」は主キー制約、「NOT NULL」は NOT NULL 制約、「FKEY」は外部キー制約を表します。

> それぞれの題材のテーブルに入っているデータは、dokoQL で確認してみてね。

C.1.1 銀行口座データベース

＊QRコードから設問データを
　確認できます。

「口座」テーブル…現在有効な口座を管理するテーブル

列名	型	制約	備考
口座番号	CHAR(7)	PKEY	
名義	VARCHAR(40)	NOT NULL	姓名の間は全角スペース
種別	CHAR(1)	NOT NULL	1: 普通 2: 当座 3: 別段
残高	INTEGER	NOT NULL	0 以上とする
更新日	DATE		

「廃止口座」テーブル…すでに解約された口座を管理するテーブル

列名	型	制約	備考
口座番号	CHAR(7)	PKEY	
名義	VARCHAR(40)	NOT NULL	姓名の間は全角スペース
種別	CHAR(1)	NOT NULL	1: 普通 2: 当座 3: 別段
解約時残高	INTEGER	NOT NULL	0 以上とする
解約日	DATE		

『取引』テーブル…日付ごとに口座の入出金を記録するテーブル

列名	型	制約	備考
取引番号	INTEGER	PKEY	取引の連番
取引事由 ID	INTEGER	FKEY	取引内容のコード値
日付	DATE	NOT NULL	取引のあった日付
口座番号	CHAR(7)	NOT NULL	取引のあった口座
入金額	INTEGER		預け入れの金額
出金額	INTEGER		引き出しの金額

『取引事由』テーブル…取引事由の一覧を管理するテーブル

列名	型	制約	備考
取引事由 ID	INTEGER	PKEY	
取引事由名	VARCHAR(20)	NOT NULL	

chapter 2　基本文法と四大命令

1.　口座テーブルのすべてのデータを「*」を用いずに抽出する。

2.　口座テーブルのすべての口座番号を抽出する。

3.　口座テーブルのすべての口座番号と残高を抽出する。

4.　口座テーブルのすべてのデータを「*」を用いて抽出する。

5.　口座テーブルのすべての名義を「ＸＸＸＸＸ」に更新する。

6.　口座テーブルのすべての残高を 99999999、更新日を「2024-03-01」に更新する。

7.　口座テーブルに次の 3 つのデータを 1 回の実行ごとに 1 つずつ登録する。

列名	データ 1	データ 2	データ 3
口座番号	0642191	1039410	1239855
名義	アオキ　ハルカ	キノシタ　リュウジ	タカシナ　ミツル
種別	1	1	2
残高	3640551	259017	6509773
更新日	2024-03-13	2023-11-30	指定なし

8.　口座テーブルのすべてのデータを削除する。

chapter 3　操作する行の絞り込み

9.　口座テーブルから、口座番号が「0037651」のデータを抽出する。

10.　口座テーブルから、残高が 0 より大きいデータを抽出する。

11.　口座テーブルから、口座番号が「1000000」番より前のデータを抽出する。

12. 口座テーブルから、更新日が 2023 年以前のデータを抽出する。

13. 口座テーブルから、残高が 100 万円以上のデータを抽出する。

14. 口座テーブルから、種別が「普通」ではないデータを抽出する。

15. 口座テーブルから、更新日が登録されていないデータを抽出する。

16. 口座テーブルから、「ハシ」を含む名義のデータを抽出する。

17. 口座テーブルから、更新日が 2024 年 1 月の日付であるデータを抽出する。ただし、記述する条件式は 1 つであること。

18. 口座テーブルから、種別が「当座」または「別段」のデータを抽出する。ただし、記述する条件式は 1 つであること。

19. 口座テーブルから、名義が「サカタ　リョウヘイ」「マツモト　ミワコ」「ハマダ　サトシ」のデータを抽出する。

20. 口座テーブルから、更新日が 2023 年 12 月 30 日から 2024 年 1 月 4 日であるデータを抽出する。

21. 口座テーブルから、残高が 1 万円未満で、更新日が登録されているデータを抽出する。

22. 口座テーブルから、次の条件のいずれかに当てはまるデータを抽出する。
    ・口座番号が「2000000」番台
    ・名義の姓が「エ」から始まる 3 文字で、名が「コ」で終わる

23. 口座テーブル、取引テーブル、取引事由テーブルにおいて主キーの役割を果たしている列名を日本語で解答する。

chapter 4　検索結果の加工

24. 口座テーブルから、口座番号順にすべてのデータを抽出する。ただし、並び替えには列名を指定し、昇順にすること。

25. 口座テーブルから、重複することなく名義を昇順に取得する。

26. 口座テーブルから、残高の大きい順にすべてのデータを抽出する。残高が同額の場合には口座番号の昇順にし、並び替えには列番号を指定すること。

27. 口座テーブルから、更新日を過去の日付順に 10 件抽出する。ただし、更新日の設定がないデータは除くこと。

28. 口座テーブルから、更新日と残高を、残高の小さい順に 11 〜 20 件目のみを抽出する。ただし、残高が 0 円または更新日の設定がないデータは除外し、残高が同額の場合には更新日の新しい順（降順）とする。

29. 口座テーブルと廃止口座テーブルに登録されている口座番号を昇順に抽出する。

30. 口座テーブルに登録されている名義のうち、廃止口座テーブルには存在しない名義を抽出する。重複したデータは除き、降順で並べること。

31. 口座テーブルと廃止口座テーブルの両方に登録されている名義を昇順に抽出する。

32. 口座テーブルと廃止口座テーブルに登録されている口座番号と残高を取得する。ただし、口座テーブルは残高が 0 のもの、廃止口座テーブルは解約時残高が 0 でないものを対象とし、結果は口座番号順に表示する。

33. 口座テーブルと廃止口座テーブルに登録されている口座番号と名義を取得する。結果は名義の昇順に並べ、その口座の状況がわかるように、有効な口座には「○」を、廃止した口座には「×」を付記すること。

34. 口座テーブルから、残高が 100 万円以上の口座番号と残高を抽出する。ただし、残高は千円単位で表記し、見出しを「千円単位の残高」とする。

35. 口座テーブルに次の 3 つのデータを 1 回の実行ごとに 1 つずつ登録する。ただし、キャンペーンにより登録時に残高を 3,000 円プラスする。

列名	データ 1	データ 2	データ 3
口座番号	0652281	1026413	2239710
名義	タカギ　ノブオ	マツモト　サワコ	ササキ　シゲノリ
種別	1	1	1
残高	100000	300000	1000000
更新日	2024-04-01	2024-04-02	2024-04-03

36. 35 の問題で登録したデータについて、キャンペーンの価格が間違っていたことが判明した。該当するデータの残高それぞれから 3,000 円を差し引き、あらためて残高の 0.3% を上乗せした金額になるよう更新する。

37. 口座テーブルから、更新日が 2022 年以前のデータを対象に、口座番号、更新日、通帳期限日を抽出する。通帳期限日は、更新日の 180 日後とする。

38. 口座テーブルから、種別が「別段」のデータについて、口座番号と名義を抽出する。ただし、名義の前に「カ)」を付記すること。

39. 口座テーブルから、登録されている種別を重複なく取得する。見出しは「種別コード」と「種別名」とし、種別名には日本語名を表記する。

40. 口座テーブルから、口座番号、名義、残高ランクを抽出する。残高ランクは、残高が 10 万円未満を「C」、10 万円以上 100 万円未満を「B」、それ以外を「A」とする。

41. 口座テーブルから、口座番号、名義、残高の文字数を抽出する。ただし、名義の姓名の間の全角スペースは除外すること。

42. 口座テーブルから、名義の 1 〜 5 文字目に「カワ」が含まれるデータを抽出する。

43. 口座テーブルから、残高の桁数が 4 桁以上で、1,000 円未満の端数がないデータを抽出する。ただし、どちらの条件も文字数を求める関数を使って判定すること。

44. 口座テーブルから、口座番号、残高、利息を残高の降順に抽出する。利息は、残高に普通預金利息 0.02% を掛けて求め、1 円未満を切り捨てること。

45. 口座テーブルから、口座番号、残高、残高別利息を抽出する。残高別利息は、残高が 50 万円未満なら 0.01%、50 万円以上 200 万円未満なら 0.02%、200 万円以上なら 0.03% として計算し、1 円未満を切り捨てる。結果は、残高別利息の降順、口座番号の昇順に並べること。

46. 口座テーブルに以下にある 3 つのデータを 1 回の実行ごとに 1 つずつ登録する。ただし、更新日は現在の日付を求める関数を利用して指定すること。

列名	データ 1	データ 2	データ 3
口座番号	0351262	1015513	1739298
名義	イトカワ　ダイ	アキツ　ジュンジ	ホシノ　サトミ
種別	2	1	1
残高	635110	88463	704610
更新日	現在の日付	現在の日付	現在の日付

47. 口座テーブルから更新日が 2024 年以降のデータを抽出する。その際、更新日は「2024 年 01 月 01 日」のような形式で抽出すること。

48. 口座テーブルから更新日を抽出する。更新日が登録されていない場合は、「設定なし」と表記すること。

chapter 6　集計とグループ化

49. 口座テーブルから、残高の合計、最大、最小、平均、登録データ件数を求める。

50. 口座テーブルから、種別が「普通」以外、残高が 100 万円以上、更新日が 2023 年以前のデータ件数を求める。

51. 口座テーブルから、更新日が登録されていないデータ件数を求める。ただし、条件式は用いないこと。

52. 口座テーブルから、名義の最大値と最小値を求める。

53. 口座テーブルから、最も新しい更新日と最も古い更新日を求める。

54. 口座テーブルから、種別ごとの残高の合計、最大、最小、平均、および登録されているデータ件数を求める。

55. 口座テーブルから、口座番号の下 1 桁目が同じ数字であるものを同じグループとし、それぞれのデータ件数を求める。ただし、件数の多い順に並べること。

56. 口座テーブルから、更新日の年ごとの残高の合計、最大、最小、平均、登録データ件数を求める。ただし、更新日の登録がないデータは、「XXXX 年」として集計する。

57. 口座テーブルから、種別ごとの残高の合計とデータ件数を求める。ただし、合計が 300 万円以下のものは除外する。

58. 口座テーブルから、名義の 1 文字目が同じグループごとに、データ件数と名義文字数の平均を求める。ただし、件数が 10 件以上、または文字数の平均が 5 文字より多いものを抽出の対象とする。なお、名義の全角スペースは文字数に含めない。

chapter 7　副問い合わせ

59. 次の口座について、取引日の取引結果を口座テーブルの残高に反映する。更新には、SET句にて取引テーブルを副問い合わせする UPDATE 文を用いること。

・口座番号：0351333、取引日：2024-01-11

60. 次の口座について、現在の残高と、取引日に発生した取引による入出金額それぞれの合計金額を取得する。選択列リストに、取引テーブルを副問い合わせする SELECT 文を用いること。

・口座番号：1115600、取引日：2023-12-28

61. これまで 1 回の取引で 100 万円以上の入金があった口座について、口座番号、名義、残高を取得する。ただし、WHERE 句で IN 演算子を利用した副問い合わせを用いること。

62. 取引テーブルの日付よりも未来の更新日を持つ口座テーブルのデータを抽出する。ただし、WHERE 句で ALL 演算子を利用した副問い合わせを用いること。

63. 次の口座について、入金と出金の両方が発生した日付を抽出する。また、これまでの入金と出金それぞれの最大額もあわせて抽出する。FROM 句で副問い合わせを用いること。

・口座番号：3104451

64. 次の口座について解約の申し出があった。副問い合わせを使って口座テーブルから廃止口座テーブルにデータを登録する。また、口座テーブルの該当データを削除する。ただし、データの整合性を保つことについては考慮しなくてよい。

・口座番号：2761055

chapter 8　複数テーブルの結合

65. 次の口座について、これまでの取引の記録を取引テーブルから抽出する。抽出する項目は口座番号、日付、取引事由名、取引金額とする。口座番号ごとに取引番号順で表示し、取引事由名については取引事由テーブルから日本語名を取得する。取引金額には、取引に応じて入金額か出金額のいずれか適切なほうを表示すること。

・口座番号：0311240、1234161、2750902

66. 次の口座について、口座情報（口座番号、名義、残高）とこれまでの取引情報（日付、入金額、出金額）を抽出する。取引の古い順に表示すること。

・口座番号：0887132

67. 2022 年 3 月 1 日に取引のあった口座番号を取得する。併せて、口座テーブルより名義と残高も表示すること。ただし、解約された口座については抽出しない。

68. 問題 67 では、すでに解約された口座については、該当の日付に取引があったにもかかわらず抽出されなかった。解約された口座ももれなく抽出されるよう、SQL 文を変更する。なお、解約口座については、名義に「解約済み」、残高に 0 を表示すること。

69. 取引テーブルのデータを抽出する。取引事由は「取引事由ID：取引事由名」の形式で表示し、これまでに発生しなかった取引事由についても併せて記載されるようにすること。

70. 取引テーブルと取引事由テーブルから、取引事由を重複なく抽出する。結果には、取引事由 ID と取引事由名を表示する。なお、取引事由テーブルに存在しない事由で取引されている可能性、および取引の実績のない事由が存在する可能性を考慮すること。

71. 問題 66 について、取引事由名についても表示するよう、SQL 文を変更する。取引事由名は取引情報に表示する（日付、取引事由名、入金額、出金額）。

72. 現在の残高が 500 万円以上の口座について、2024 年以降に 1 回の取引で 100 万円以上の金額が入出金された実績を抽出する。抽出する項目は、口座番号、名義、残高、取引の日付、取引事由 ID、入金額、出金額とする。ただし副問い合わせは用いないこと。

73. 問題 72 で作成した SQL 文について、結合相手に副問い合わせを利用するよう変更する。

74. 取引テーブルから、同一の口座で同じ日に 3 回以上取引された実績のある口座番号とその回数を抽出する。併せて、口座テーブルから名義を表示すること。

75. この銀行では、口座テーブルの名寄せを行うことになった。同じ名義で複数の口座番号を持つ顧客について、次の項目を取得する。

・名義、口座番号、種別、残高、更新日

結果は名義のアイウエオ順、口座番号の小さい順に並べること。

C.1.2 商店データベース

※ QR コードから設問データを確認できます。

「商品」テーブル…販売している商品を管理するテーブル

列名	型	制約	備考
商品コード	CHAR(5)	PKEY	英字 1 桁＋数字 4 桁
商品名	VARCHAR(50)	NOT NULL	
単価	INTEGER	NOT NULL	
商品区分	CHAR(1)	NOT NULL	1: 衣類 2: 靴 3: 雑貨 9: 未分類
関連商品コード	CHAR(5)		関連する商品の商品コード

「廃番商品」テーブル…販売を取り止めた商品を管理するテーブル

列名	型	制約	備考
商品コード	CHAR(5)	PKEY	英字 1 桁＋数字 4 桁
商品名	VARCHAR(50)	NOT NULL	
単価	INTEGER	NOT NULL	
商品区分	CHAR(1)	NOT NULL	1: 衣類 2: 靴 3: 雑貨 9: 未分類
廃番日	DATE	NOT NULL	
売上個数	INTEGER	NOT NULL	廃番までの売上個数

「注文」テーブル…注文の内容を登録したテーブル

列名	型	制約	備考
注文日	DATE	PKEY	
注文番号	CHAR(12)	PKEY	日付 8 桁＋連番 4 桁
注文枝番	INTEGER	PKEY	注文の内訳番号
商品コード	CHAR(5)	NOT NULL	英字 1 桁＋数字 4 桁
数量	INTEGER	NOT NULL	
クーポン割引料	INTEGER		割引する金額（ないときは NULL）

chapter 2　基本文法と四大命令

1.　商品テーブルのすべてのデータを「*」を用いずに抽出する。
2.　商品テーブルのすべての商品名を抽出する。
3.　注文テーブルのすべてのデータを「*」を用いて抽出する。
4.　注文テーブルのすべての注文番号、注文枝番、商品コードを抽出する。
5.　商品テーブルに次の 3 つのデータを 1 回の実行ごとに 1 つずつ追加する。

列名	データ 1	データ 2	データ 3
商品コード	W0461	S0331	A0582
商品名	冬のあったかコート	春のさわやかコート	秋のシックなコート
単価	12800	6800	9800
商品区分	1	1	1

chapter 3　操作する行の絞り込み

6.　商品テーブルから、商品コードが「W1252」のデータを抽出する。
7.　商品コードが「S0023」の商品について、商品テーブルの単価を 500 円に変更する。
8.　商品テーブルから、単価が千円以下の商品データを抽出する。
9.　商品テーブルから、単価が 5 万円以上の商品データを抽出する。
10.　注文テーブルから、2024 年以降の注文データを抽出する。
11.　注文テーブルから、2023 年 11 月以前の注文データを抽出する。
12.　商品テーブルから、「衣類」でない商品データを抽出する。
13.　注文テーブルから、クーポン割引を利用していない注文データを抽出する。
14.　商品テーブルから、商品コードが「N」で始まる商品を削除する。
15.　商品テーブルから、商品名に「コート」が含まれる商品について、商品コード、商品名、単価を抽出する。
16.　「靴」または「雑貨」もしくは「未分類」の商品について、商品コード、商品区分を抽出する。ただし、記述する条件式は 1 つであること。

付録
C

17. 商品テーブルから、商品コードが「A0100」〜「A0500」に当てはまる商品データを抽出する。記述する条件式は1つであること。

18. 注文テーブルから、商品コードが「N0501」「N1021」「N0223」のいずれかを注文した注文データを抽出する。

19. 商品テーブルから、「雑貨」で商品名に「水玉」が含まれる商品データを抽出する。

20. 商品テーブルから、商品名に「軽い」または「ゆるふわ」のどちらかが含まれる商品データを抽出する。

21. 商品テーブルから、「衣類」で単価が3千円以下、または「雑貨」で単位が1万円以上の商品データを抽出する。

22. 注文テーブルから、2024年3月中に、一度の注文で数量3個以上の注文があった商品コードを抽出する。

23. 注文テーブルから、一度の注文で数量10個以上を注文したか、クーポン割引を利用した注文データを抽出する。

24. 商品テーブルと注文テーブルそれぞれについて、主キーの役割を果たしている列名を日本語で解答する。

chapter 4 　検索結果の加工

25. 商品区分「衣類」の商品について、商品コードの降順に商品コードと商品名を取得する。

26. 注文テーブルから、主キーの昇順に2024年3月以降の注文を取得する。取得する項目は、注文日、注文番号、注文枝番、商品コード、数量とする。

27. 注文テーブルから、これまでに注文のあった商品コードを抽出する。重複は除外し、商品コードの昇順に抽出すること。

28. 注文テーブルから、注文のあった日付を新しい順に10行抽出する（同一日付が複数回登場してもよい）。

29. 商品テーブルから、単価の低い順に並べて6〜20行目に当たる商品データを抽出する。同一の単価の場合は、商品区分、商品コードの昇順に並ぶように抽出すること。

30. 廃番商品テーブルから、2022年12月に廃番されたものと、売上個数が100を超えるものを併せて抽出する。売上個数の多い順に並べること。

31. 商品テーブルから、これまでに注文されたことのない商品コードを昇順に抽出する。

32. 商品テーブルから、これまでに注文された実績のある商品コードを降順に抽出する。

33. 商品区分が「未分類」で、単価が千円以下と1万円を超える商品について、商品コード、商品名、単価を抽出する。単価の低い順に並べ、同額の場合は商品コードの昇順とする。

34. 商品テーブルの商品区分「未分類」の商品について、商品コード、単価、キャンペーン価格を取得する。キャンペーン価格は単価の 5% 引きであり、1 円未満の端数は考慮しなくてよい。また、商品コード順に並べること。

35. 注文日が 2024 年 3 月 12 〜 14 日で、同じ商品を 2 個以上注文し、すでにクーポン割引を利用している注文について、さらに 300 円を割り引きすることになった。該当データのクーポン割引料を更新する。

36. 注文番号「202402250126」について、商品コード「W0156」の注文数を 1 つ減らす。

37. 注文テーブルから、注文番号「202310010001」〜「202310319999」の注文データを抽出する。注文番号と枝番は、「-」(ハイフン)でつなげて 1 つの項目として抽出する。

38. 商品テーブルから、商品区分を重複なく取得する。見出しは「区分」と「区分名」とし、区分名には日本語名を表記する。

39. 商品テーブルから、商品コード、商品名、単価、販売価格ランク、商品区分を抽出する。販売価格ランクは、3 千円未満を「S」、3 千円以上 1 万円未満を「M」、1 万円以上を「L」とする。また、商品区分はコードと日本語名称を「:」(コロン)で連結して表記する。単価の昇順に並べ、同額の場合は商品コードの昇順とする。

40. 商品テーブルから、商品名が 10 文字を超過する商品名とその文字数を抽出する。文字数の昇順に並べること。

41. 注文テーブルから、注文日と注文番号を抽出する。注文番号は日付の部分を取り除き、4桁の連番部分だけを表記すること。

42. 商品テーブルについて、商品コードの 1 文字目が「M」の商品の商品コードを「E」で始まるよう更新する。

43. 注文番号の連番部分が「1000」〜「2000」の注文番号を抽出する。連番部分 4 桁を昇順で抽出すること。

44. 商品コード「S1990」の廃番日を、関数を使って本日の日付に修正する。

45. 1 万円以上の商品を取得する。ただし、30 % 値下げしたときの単価を、商品コード、商品名、現在の単価と併せて取得する。値下げ後の単価の見出しは、「値下げした単価」とし、1 円未満は切り捨てること。

chapter 6　集計とグループ化

46. これまでに注文された数量の合計を求める。

47. 注文日順に、注文日ごとの数量の合計を求める。

48. 商品区分順に、商品区分ごとの単価の最小額と最高額を求める。

49. 商品コードごとに、これまで注文された数量の合計を商品コード順に求める。

50. これまでに最もよく売れた商品を 10 位まで抽出する。商品コードと販売した数量を数量の多い順に並べ、数量が同じ商品については、商品コードの昇順にすること。

51. これまでに売れた数量が 5 個未満の商品コードとその数量を抽出する。

付録

C

52. これまでにクーポン割引をした注文件数と、割引額の合計を求める。ただし、WHERE 句による絞り込み条件は指定しないこと。

53. 月ごとの注文件数を求める。抽出する列の名前は「年月」と「注文件数」とし、年月列の内容は「202401」のような形式で、日付の新しい順で抽出すること。なお、1 件の注文には、必ず注文枝番「1」の注文明細が含まれることが保証されている。

54. 注文テーブルから、「Z」から始まる商品コードのうち、これまでに売れた数量が 100 個以上の商品コードを抽出する。

chapter 7　副問い合わせ

55. 商品コード「S0604」の商品について、商品コード、商品名、単価、これまでに販売した数量を抽出する。ただし、抽出には、選択列リストにて注文テーブルを副問い合わせする SELECT 文を用いること。

56. 次の注文について、商品コードを間違って登録したことがわかった。商品テーブルより条件に合致する商品コードを取得し、該当の注文テーブルを更新する。ただし、注文テーブルの更新には、SET 句にて商品テーブルを副問い合わせする UPDATE 文を用いること。
・注文日：2024-03-15　注文番号：202403150014　注文枝番：1
・正しい商品の条件：商品区分が「靴」で、商品名に「ブーツ」「雨」「安心」を含む。

57. 商品名に「あったか」が含まれる商品が売れた日付とその商品コードを過去の日付順に抽出する。ただし、WHERE 句で IN 演算子を利用した副問い合わせを用いること。

58. 商品ごとにそれぞれ平均販売数量を求め、どの商品の平均販売数量よりも多い数が売れた商品を探し、その商品コードと販売数量を抽出する。ただし、ALL 演算子を利用した副問い合わせを用いること。

59. クーポン割引を利用して販売した商品コード「W0746」の商品について、その販売数量と、商品 1 個あたりの平均割引額を抽出する。列名は「割引による販売数」と「平均割引額」とし、1 円未満は切り捨てる。抽出には FROM 句で副問い合わせを利用すること。

60. 次の注文について、内容を追加したいという依頼があった。追加分の注文を注文テーブルに登録する。使用する注文枝番は、該当の注文番号を副問い合わせにて参照し、1 を加算した番号を採番する。なお、登録の SQL 文は注文ごとに 1 つずつ作成すること。
・注文日：2024-03-21、注文番号：202403210080
　商品コード：S1003、数量：1、クーポン割引：なし
・注文日：2024-03-22、注文番号：202403220901
　商品コード：A0052、数量：2、クーポン割引：500 円

61. 注文番号「202401130115」について、注文番号、注文枝番、商品コード、商品名、数量を注文番号および注文枝番の順に抽出する。商品名は商品テーブルより取得すること。

62. 廃番となった商品コード「A0009」について、廃番日より後に注文された注文情報(注文日、注文番号、注文枝番、数量、注文金額)を抽出する。注文金額は単価と数量より算出する。

63. 商品コード「S0604」について、商品情報(商品コード、商品名、単価)とこれまでの注文情報(注文日、注文番号、数量)、さらに単価と数量から売上金額を求める。注文のあった順に表示すること。

64. 2022年8月に注文のあった商品コードを抽出する。結果には、商品名も表示する。すでに廃番となっている商品に関しては考慮しなくてよい(結果に含まれなくてよい)。

65. 問題64では、すでに廃番となっている商品は抽出されなかった。廃番となった商品ももれなく抽出されるよう、SQL文を変更する。なお、廃番商品の商品名には「廃番」と表示すること。

66. 商品区分「雑貨」の商品について、注文日、商品コード、商品名、数量を抽出する。商品については、「商品コード：商品名」の形式で表示する。ただし、注文のなかった「雑貨」商品についてももれなく抽出し、数量は0とすること。

67. 問題66について、注文のあった「雑貨」商品がすでに廃番になっている可能性も考慮して抽出する。廃番になった商品は、「商品コード：(廃番済み)」のように表示する。

68. 注文番号「202304030010」について、注文日、注文番号、注文枝番、商品コード、商品名、単価、数量、注文金額を抽出する。注文金額は単価と数量より算出し、その総額からクーポン割引料を差し引いたものとする。また、商品が廃番になっている場合は、廃番商品テーブルから必要な情報を取得すること。

69. 商品コードが「B」で始まる商品について、商品テーブルから商品コード、商品名、単価を、注文テーブルからこれまでに売り上げた個数をそれぞれ抽出する。併せて、単価と個数からこれまでの総売上金額を計算する(クーポン割引は考慮しなくてよい)。商品コード順に表示すること。

70. 現在販売中の商品について、関連している商品のあるものを抽出する。商品コード、商品名、関連商品コード、関連商品名を記載すること。

付録

C

※QRコードから設問データを
確認できます。

「パーティー」テーブル…主人公のパーティーを管理するテーブル

列名	型	制約	備考
ID	CHAR(3)	PKEY	英字1桁＋数字2桁
名称	VARCHAR(20)	NOT NULL	
職業コード	CHAR(2)	NOT NULL	01: 勇者　10: 戦士　11: 武道家 20: 魔法使い　21: 学者
HP	INTEGER	NOT NULL	
MP	INTEGER	NOT NULL	
状態コード	CHAR(2)	NOT NULL	00: 異常なし　01: 眠り　02: 毒 03: 沈黙　04: 混乱　09: 気絶

「イベントテーブル」…発生イベントを管理するテーブル

列名	型	制約	備考
イベント番号	INTEGER	PKEY	
イベント名称	VARCHAR(50)	NOT NULL	
タイプ	CHAR(1)	NOT NULL	1: 強制　2: フリー　3: 特殊
前提イベント番号	INTEGER		事前にクリアが必要なイベント番号
後続イベント番号	INTEGER		次に発生するイベント番号

「経験イベント」テーブル…経験したイベントを管理するテーブル

※ プレイヤーがイベントに参加するとこのテーブルにデータが追加される。

列名	型	制約	備考
イベント番号	INTEGER	PKEY	
クリア区分	CHAR(1)	NOT NULL	0: プレイ中　1: クリア済
クリア結果	CHAR(1)		結果に応じたランク（A、B、C） ※ 未クリアは NULL
ルート番号	INTEGER		クリアしたイベントの連番 ※ 未クリアは NULL

chapter 2　基本文法と4大命令

1.　主人公のパーティーにいるキャラクターの全データをパーティーテーブルから「*」を用いずに抽出する。

2. パーティーテーブルから、名称、HP、MP を取得する。各見出しは次のように表示すること。
   ・なまえ　・現在の HP　・現在の MP
3. イベントの全データをイベントテーブルから「*」を用いて抽出する。
4. イベントテーブルから、イベント番号とイベント名称を取得する。各見出しは次のように表示すること。
   ・番号　・場面
5. パーティーテーブルに、次の 3 つのデータを 1 回の実行ごとに 1 つずつ追加する。

列名	データ 1	データ 2	データ 3
ID	A01	A02	A03
名称	スガワラ	オーエ	イズミ
職業コード	21	10	20
HP	131	156	84
MP	232	84	190
状態コード	03	00	00

chapter 3　操作する行の絞り込み

6. パーティーテーブルから、ID が「C02」のデータを抽出する。
7. パーティーテーブルの ID「A01」のデータについて、HP を 120 に更新する。
8. パーティーテーブルから、HP が 100 未満のデータについて、ID、名称、HP を抽出する。
9. パーティーテーブルから、MP が 100 以上のデータについて、ID、名称、MP を抽出する。
10. イベントテーブルから、タイプが「特殊」でないデータについて、イベント番号、イベント名称、タイプを抽出する。
11. イベントテーブルから、イベント番号が 5 以下のデータについて、イベント番号とイベント名称を抽出する。
12. イベントテーブルから、イベント番号が 20 を超過しているデータについて、イベント番号とイベント名称を抽出する。
13. イベントテーブルから、別のイベントのクリアを前提としないイベントについて、イベント番号とイベント名称を抽出する。
14. イベントテーブルから、次に発生するイベントが決められているイベントについて、イベント番号、イベント名称、後続イベント番号を抽出する。
15. 名称に「ミ」が含まれるパーティーテーブルのデータについて、状態コードを「眠り」に更新する。
16. HP が 120 〜 160 の範囲にあるパーティーテーブルのデータについて、ID、名称、HP を抽出する。ただし、記述する条件式は 1 つであること。
17. 職業が「勇者」、「戦士」、「武道家」のいずれかであるパーティーテーブルのデータについて、名称と職業コードを抽出する。ただし、記述する条件式は 1 つであること。
18. 状態コードが「異常なし」と「気絶」のどちらでもないパーティーテーブルのデータについ

付録
C

て、名称と状態コードを抽出する。ただし、記述する条件式は1つであること。

19. パーティーテーブルから、HP と MP がともに 100 を超えているデータを抽出する。

20. パーティーテーブルから、ID が「A」で始まり、職業コードの 1 文字目が「2」であるデータを抽出する。

21. イベントテーブルから、タイプが「強制」で、事前にクリアが必要なイベントかつ次に発生するイベントが設定されているデータを抽出する。

22. パーティーテーブルとイベントテーブルそれぞれについて、主キーの役割を果たしている列名を日本語で解答する。

chapter 4　検索結果の加工

23. パーティーテーブルから、パーティーの現在の状態コードを重複なく取得する。

24. パーティーテーブルから、ID と名称を ID の昇順に抽出する。

25. パーティーテーブルから、名称と職業コードを名称の降順に抽出する。

26. パーティーテーブルから、名称、HP、状態コードを、状態コードの昇順かつ HP の高い順(降順)に抽出する。

27. イベントテーブルから、タイプ、イベント番号、イベント名称、前提イベント番号、後続イベント番号を、タイプの昇順かつイベント番号の昇順に抽出する。並び替えには列番号を用いること。

28. パーティーテーブルから、HP の高い順に 3 件抽出する。

29. パーティーテーブルから、MP が 3 番目に高いデータを抽出する。

30. イベントテーブルと経験イベントテーブルから、まだ参加していないイベントの番号を抽出する。イベント番号順に表示すること。

31. イベントテーブルと経験イベントテーブルから、すでにクリアされたイベントのうち、タイプがフリーのイベントの番号を抽出する。集合演算子を用いること。

chapter 5　式と関数

32. パーティーテーブルから、次の形式の結果表を取得する。
・職業区分　・職業コード　・ID　・名称
職業区分は、物理攻撃の得意なもの(職業コードが 1 から始まる)を「S」、魔法攻撃の得意なもの(職業コードが 2 から始まる)を「M」、それ以外を「A」と表示すること。また、職業コード順とすること。

33. アイテム「勇気の鈴」を装備すると、HP が 50 ポイントアップする。このアイテムを装備したときの各キャラクターの HP を適切な列を用いて次の別名で取得する。ただし、このアイテムは「武道家」と「学者」しか装備できない。
・なまえ　・現在の HP　・装備後の HP

34. ID「A01」と「A03」のキャラクターがアイテム「知恵の指輪」を装備し、MP が 20 ポイントアップした。その該当データの MP を更新する。

35. 武道家の技「スッキリパンチ」は、自分の HP を 2 倍したポイントのダメージを敵に与える。この技を使ったときのダメージを適切な列を用いて次の別名で抽出する。

・なまえ　・現在の HP　・予想されるダメージ

36. 現在、主人公のパーティーにいるキャラクターの状況について、適切な列を用いて次の別名で取得する。

・なまえ　・HP と MP　・ステータス

「HP と MP」は HP と MP を「／」でつなげたものとする。ステータスには状態コードを日本語で置き換えたものを表示するが、ステータスに異常がない場合は、何も表示しない。

37. イベントテーブルから、次の形式の結果表を取得する。

・イベント番号　・イベント名称　・タイプ　・発生時期

タイプは日本語で置き換え、発生時期は次の条件に応じて表示する。

・イベント番号が 1 〜 10 なら「序盤」

・イベント番号が 11 〜 17 なら「中盤」

・上記以外なら「終盤」

38. 敵の攻撃「ネームバリュー」は、名前の文字数を 10 倍したポイントのダメージがある。この攻撃を受けたときの各キャラクターの予想ダメージを適切な列を用いて次の別名で取得する。

・なまえ　・現在の HP　・予想ダメージ

39. 敵の攻撃「四苦八苦」を受け、HP または MP が 4 で割り切れるキャラクターは混乱した。該当データの状態コードを更新する。なお、剰余の計算には % 演算子か MOD 関数を用いる。

40. 町の道具屋で売値が 777 のアイテム「女神の祝福」を買ったところ、会員証を持っていたため 30% 割引で購入できた。この際に支払った金額を求める。端数は切り捨て。

41. 戦闘中にアイテム「女神の祝福」を使ったところ、全員の HP と MP がそれまでの値に対して 3 割ほど回復した。該当するデータを更新する。ただし、端数は四捨五入すること。

42. 戦士の技「Step by Step」は、攻撃の回数に応じて自分の HP をべき乗したポイントのダメージを与える。3 回攻撃したときの、各回の攻撃ポイントを適切な列を用いて次の別名で取得する。ただし、1 回目は 0 乗から始まる。

・なまえ　・HP　・攻撃 1 回目　・攻撃 2 回目　・攻撃 3 回目

43. 現在、主人公のパーティーにいるキャラクターの状況について、HP と状態コードからリスクを重み付けし、適切な列を用いて次の別名で取得する。

・なまえ　・HP　・状態コード　・リスク値

リスク値には、次の条件に従った値を算出する。

・HP が 50 以下ならリスク値 3

・HP が 51 以上 100 以下ならリスク値 2

・HP が 101 以上 150 以下ならリスク値 1

・HP がそれ以外ならリスク値 0

・状態コードの値をリスク値に加算

リスクの高い順かつ HP の低い順にキャラクターを表示する。

44. イベントテーブルより、イベントをその番号順に次の形式で取得する。

　　・前提イベント番号　・イベント番号　・後続イベント番号

　　前提または後続イベントがない場合は、それぞれ「前提なし」「後続なし」と表示すること。

chapter 6　集計とグループ化

45. 主人公のパーティーにいるキャラクターの HP と MP について、最大値、最小値、平均値をそれぞれ求める。

46. イベントテーブルから、タイプ別にイベントの数を取得する。ただし、タイプは日本語で表示すること。

47. 経験イベントテーブルから、クリアの結果別にクリアしたイベントの数を取得する。クリア結果順に表示すること。

48. 攻撃魔法「小さな奇跡」は、パーティー全員の MP によって敵の行動が異なる。次の条件に従って、現在のパーティーがこの魔法を使ったときの敵の行動を表示する。

　　・パーティー全員の MP が 500 未満なら

　　　「敵は見とれている！」

　　・パーティー全員の MP が 500 以上 1000 未満なら

　　　「敵は呆然としている！」

　　・パーティー全員の MP が 1000 以上なら

　　　「敵はひれ伏している！」

49. 経験イベントテーブルから、クリアしたイベント数と参加したもののまだクリアしていないイベントの数を次の形式で表示する。

区分	イベント数
クリアした	
参加したがクリアしていない	

50. 職業タイプごとの HP と MP の最大値、最小値、平均値を抽出する。ただし、職業タイプは職業コードの 1 文字目によって分類すること。

51. ID の 1 文字目によってパーティーを分類し、HP の平均が 100 を超えているデータを抽出する。次の項目を抽出すること。

　　・ID による分類　・HP の平均　・MP の平均

52. ある洞窟に存在する「力の扉」は、キャラクターの HP によって開けることのできる扉の数が決まっている。次の条件によってその数が決まるとき、現在のパーティーで開けることのできる扉の合計数を求める。

　　・HP が 100 未満のキャラクター　1 枚

　　・HP が 100 以上 150 未満のキャラクター　2 枚

　　・HP が 150 以上 200 未満のキャラクター　3 枚

　　・HP が 200 以上のキャラクター　5 枚

53. 勇者の現在の HP が、パーティー全員の HP の何％に当たるかを求めたい。適切な列を用いて次の別名で抽出する。ただし、割合は小数点第 2 位を四捨五入し、小数点第 1 位まで求めること。

　　・なまえ　・現在の HP　・パーティーでの割合

54. 魔法使いは回復魔法「みんなからお裾分け」を使って MP を回復した。この魔法は、本人を除くパーティー全員の MP 合計値の 10％をもらうことができる。端数は四捨五入して魔法使いの MP を更新する。なお、魔法使い以外の MP は更新しなくてよいものとする。

55. 経験イベントテーブルから、これまでにクリアしたイベントのうち、タイプが「強制」または「特殊」であるものについて、副問い合わせを用いて次の形式で抽出する。

　　・イベント番号　・クリア結果

56. パーティーテーブルから、パーティー内で最も高い MP を持つキャラクター名とその MP を副問い合わせを用いて抽出する。

57. これまでに着手していないイベントについて、イベント番号とその名称をイベント番号順に副問い合わせを用いて抽出する。

58. これまでに着手していないイベントの数を副問い合わせを用いて抽出する。

59. 5 番目にクリアしたイベントのイベント番号よりも小さい番号を持つすべてのイベントについて、イベント番号とイベント名称を抽出する。

60. これまでにパーティーがクリアしたイベントを前提としているイベントを次の形式で抽出する。

　　・イベント番号　・イベント名称　・前提イベント番号

61. パーティーは、イベント番号「9」のイベントを結果「B」でクリアし、その次に発生するイベントに参加した。これを経験イベントテーブルに記録する。なお、更新と追加の両方を 2 つの SQL 文で記述すること。

62. すでにクリアしたイベントについて、次の形式で抽出する。
    ・ルート番号 ・イベント番号 ・イベント名称 ・クリア結果
    クリアした順番に表示すること。

63. イベントテーブルから、タイプ「強制」のイベントについて、イベント番号とイベント名称、パーティーのクリア区分を抽出する。ただし、これまでに未着手のイベントは考慮しなくてよい。

64. 問題 63 では、着手していないイベントについては抽出されなかった。未着手のイベントについてももれなく抽出できるよう、SQL 文を変更する。なお、クリアしていないイベントについては、クリア区分に「未クリア」と表示する。

65. 次のようなコードテーブルを新しく作成し、職業コードと状態コードを登録した。

「コード」テーブル…さまざまなコード値を管理するテーブル

列名	型	制約	備考
コード種別	INTEGER	PKEY	コード値を区別する 1：職業コード 2：状態コード 3：イベントタイプ 4：クリア結果 　：
コード値	CHAR(2)	PKEY	コード種別ごとのコード値
コード名称	VARCHAR(100)		コード値の日本語名称

このテーブルを使って、現在のパーティーに参加しているキャラクターについて、適切な列を用いて次の別名で ID 順に抽出する。
・ID ・なまえ ・職業 ・状態
なお、職業と状態は日本語名称で表示すること。

66. パーティーテーブルから、現在のパーティーに参加しているキャラクターを次の形式で抽出する。職業はコードテーブルより日本語で表示する。また、現在のパーティーにいない職業についてももれなく取得し、名称の項目に「(仲間になっていない！)」と表示すること。
・ID ・なまえ ・職業

67. 経験イベントテーブルから、参加済みイベントのクリア結果を次の形式で抽出する。クリア結果は「コード値：コード名称」のように表示し、クリア未済のイベントも記載されるよう考慮する。
・イベント番号 ・クリア区分 ・クリア結果
また、まだ記録していないクリア結果のすべてのコード値についても記載する。

68. イベントテーブルから、前提イベントが設定されているイベントについて、次の形式で抽出する。
　　・イベント番号　・イベント名称　・前提イベント番号　・前提イベント名称

69. イベントテーブルから、前提イベントまたは後続イベントが設定されているイベントについて、次の形式で抽出する。
　　・イベント番号　・イベント名称　・前提イベント番号　・前提イベント名称　・後続イベント番号　・後続イベント名称

70. ほかのイベントの前提となっているイベントについて、次の形式で抽出する。イベント番号順とすること。
　　・イベント番号　・イベント名称　・前提イベント数
　　なお、前提イベント数は、そのイベントを前提としているイベントの数を表す。

C.2 正規化ドリル

　このドリルは正規化に関する問題ですから、第12章を学び終えたら挑戦してみてください。基礎問題と総合問題の2つの部に分かれており、基礎問題では、任意の段階の正規化を繰り返し練習することができます。総合問題では、各題材に提示されたユーザービューをもとに、第3正規形まで順に正規化していく練習を行います。

[記法ルール]

　このドリルでは、手軽に繰り返し練習しやすくするために、表形式ではなく、次のルールでテーブルや列、キーを表現します。

テーブル ＝ <u>列</u> ＋ 列 ＋ 列(FK) ＋ （列 ＋ 列）＊ …

<u>列</u>　：主キー	<u>列 ＋ 列</u>　：連結主キー
列(FK)　：外部キー	（列）＊　：繰り返し項目

　この記法を用いる場合、第12章の12.5節で紹介した正規化の流れのうち、非正規系から第2正規形までの変形は以下のように記述します。

非正規形（図12-17、p.380）
入出金行為 ＝ <u>入出金行為ID</u> ＋ 日付 ＋ 利用者ID ＋ 利用者名
　　　　　 ＋ 内容 ＋ （費目ID ＋ 費目名 ＋ 金額）＊

第1正規形（図12-18 いちばん下の2つの表、p.383）
入出金行為 ＝ <u>入出金行為ID</u> ＋ 日付 ＋ 利用者ID ＋ 利用者名 ＋ 内容
入出金明細 ＝ <u>入出金行為ID(FK)</u> ＋ <u>費目ID</u> ＋ 費目名 ＋ 金額

第2正規形（図12-20 いちばん下の2つの表、p.387）
入出金行為 ＝ <u>入出金行為ID</u> ＋ 日付 ＋ 利用者ID ＋ 利用者名 ＋ 内容
入出金明細 ＝ <u>入出金行為ID(FK)</u> ＋ <u>費目ID(FK)</u> ＋ 金額
費目 ＝ <u>費目ID</u> ＋ 費目名
※ 入出金行為テーブルはすでに第2正規形になっているため第1正規形と同じ。

C.2.1 基礎問題

第 2 正規形から第 3 正規形へ

1. **会員** ＝ <u>会員 ID</u> ＋ 会員名 ＋ 所属ジム ID ＋ ジム名

2. **医療機関** ＝ <u>医療機関コード</u> ＋ 医療機関名 ＋ 系列会 ID ＋ 系列会名

3. **スマホアプリ** ＝ <u>アプリ ID</u> ＋ アプリ名 ＋ 紹介文 ＋ 開発者 ID ＋ 開発者名

4. **紙幣** ＝ <u>紙幣番号</u> ＋ 額面 ＋ 種別 ID ＋ 種別名

   ※ 属性の並び順に惑わされないこと。

5. **機械学習モデル** ＝ <u>モデル管理 ID</u> ＋ モデル種別 ID ＋ モデル種別名
   ＋ 学習開始日 ＋ 学習終了日 ＋ 学習用データセット ID
   ＋ 学習用データセット名

   ※ テーブルは2つに分割されるとは限らない。

第 1 正規形から第 2 正規形へ

6. **給与支払** ＝ <u>支払年月</u> ＋ <u>社員 ID</u> ＋ 社員名 ＋ 支払総額

7. **チケット** ＝ <u>上映作品 ID</u> ＋ <u>上映開始日時</u> ＋ 作品名 ＋ シアター番号

8. **導入 DBMS** ＝ <u>DBMS 製品名</u> ＋ <u>導入バージョン</u> ＋ 最新バージョン ＋ 製造元

9. **フライト** ＝ <u>日付</u> ＋ <u>国内定期運行便名</u> ＋ 発地空港コード ＋ 着地空港コード
   ＋ 離陸予定時刻

   ※ 定期運行便とは、原則として毎日定時に2空港間を飛行する運航便であり、重複しない符号が用いられる（ANA643など）。

10. **基礎的地方公共団体** ＝ <u>都道府県番号</u> ＋ <u>市区町村番号</u> ＋ 都道府県名
    ＋ 市区町村名 ＋ 知事名 ＋ 市区町村長名

    ※ 市区町村番号は、各都道府県が独自に採番した番号とする。

非正規形から第 1 正規形へ

11. **外来予約** ＝ <u>予約日時</u> ＋ 担当医師名 ＋ （診察券番号 ＋ 患者名）＊

12. **宛先** ＝ <u>宛先コード</u> ＋ 郵便番号 ＋ 住所 ＋ （宛名 ＋ 敬称）＊

付録
C

13. ダンジョン ＝ <u>ダンジョンID</u> ＋ ダンジョン名 ＋ （登場モンスターID
　　　　　　　　　＋ 登場モンスター名 ＋ 最大ＨＰ）＊

14. レシート ＝ <u>レジ番号</u> ＋ <u>レシート連番</u> ＋ <u>発行日</u> ＋ （商品番号
　　　　　　　　＋ 商品名 ＋ 価格）＊

　　※ レシート連番は毎日0時にリセットされるものとする。

　　※ すでに複合主キーが存在する場合も原則どおりに正規化する。

15. サブスク契約 ＝ <u>契約番号</u> ＋ 契約者ID ＋ 契約者名 ＋ 契約日
　　　　　　　　　＋ （プランID ＋ プラン名 ＋ 月額単価）＊
　　　　　　　　　＋ （割引オプションID ＋ 割引オプション名）＊

16. 交換用レンズ ＝ <u>レンズ型番</u> ＋ レンズ名称 ＋ 焦点距離 ＋ Ｆ値
　　　　　　　　　＋ （対応カメラ型番 ＋ 対応カメラ機種名 ＋ （製造工場ID
　　　　　　　　　＋ 工場名）＊）＊ ＋ （製造工場ID ＋ 工場名）＊

　　※ 正規化は1回の作業で完了するとは限らない。

C.2.2 総合問題

　下記の［各題材とユーザービュー］にある6つの題材それぞれについて、次の手順に従ってテーブル設計を行ってください。

ステップ1
　ユーザービューから読み取れる情報を抽出して、まずは非正規形のテーブルを作成してください。その際、必要があれば人工キーを導入してください。

ステップ2
　ステップ1で導いた非正規形のテーブルを第1正規形に正規化してください。

ステップ3
　ステップ2で導いた第1正規形のテーブルについて、第2正規形、第3正規形へと順に正規化してください。

［参考］

　複数の題材をまとめて正規化しようとせず、題材ごとに1ステップずつ着実に実施しましょう。また、各ステップを終了した時点で、設計に誤りがないか、ほかに検討の余地がないかを確認しましょう。

　なお、解答例でも、題材ごとに各ステップ終了時点での設計状態を掲出してあります。

[各題材とユーザービュー]

題材 (1) 書籍リスト

	A	B	C	D	E	F	G	H
1								
2		ISBN	タイトル	定価（円）	発売日	出版社名	著者名	
3		9784295999991	スッキリわかる マンモスの倒し方	1500	2018/01/04	株式会社 ミヤビリンク	湊雄輔	
4		9784295999992	スッキリわかる カレーの食べ歩き	1800	2020/03/13	株式会社 ミヤビリンク	松田光太	
5		9784295017936	スッキリわかる Java入門 第4版	2700	2023/11/06	株式会社 インプレス	中山 清喬 国本 大悟	
6								

題材 (2) タイムライン

ミヤビリンク @miyabilink

ML ミヤビリンク @miyabilink
2024/04/04 09:35:05
「スッキリモデラー」新バージョンのご案内

ML ミヤビリンク編集部 @miyabi_publisher
2024/03/28 11:11:12
「スッキリわかるマンモスの倒し方」第 2 版発売のお知らせ

ML ミヤビリンクカレー部 @miyabi_curry
2024/03/21 12:35:02
本日のランチは神田神保町のムエタイカレー！

題材 (3) 職務経歴書

職務経歴書

2024 年 3 月 20 日現在
立花 いずみ

■要約

株式会社ミヤビリンクに入社後、データ技術本部にてシステム開発に従事し、要件定義から設計、テスト、保守運用を担当。約 5 名規模のプロジェクトリーダーとしてマネジメントを経験。

■職務経歴

・期間: 2018 年 04 月〜現在

企業名	株式会社ミヤビリンク
事業内容	システム開発・運用管理、コンサルティング

業務内容	
2022 年 01 月〜現在	データモデリング用ソフトウェア開発
2020 年 04 月〜 2021 年 12 月	経理支援システム開発
2018 年 04 月〜 2020 年 03 月	契約書管理システム保守

題材 (4) 不動産物件

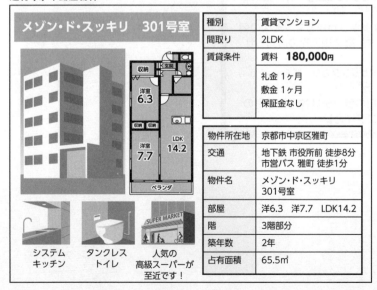

メゾン・ド・スッキリ　301号室

システムキッチン

タンクレストイレ

人気の高級スーパーが至近です！

種別	賃貸マンション
間取り	2LDK
賃貸条件	賃料 **180,000円**
	礼金 1ヶ月 敷金 1ヶ月 保証金なし

物件所在地	京都市中京区雅町
交通	地下鉄 市役所前 徒歩8分 市営バス 雅町 徒歩1分
物件名	メゾン・ド・スッキリ 301号室
部屋	洋6.3　洋7.7　LDK14.2
階	3階部分
築年数	2年
占有面積	65.5㎡

題材 (5) 路線図

京都市営地下鉄路線図(部分)

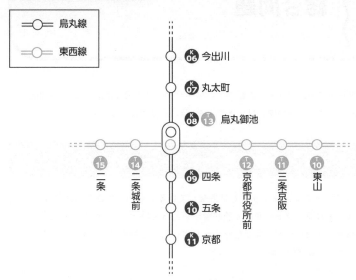

題材 (6) 時刻表

烏丸線	K 08	烏丸御池駅	1	京都・竹田・近鉄奈良方面	

平日		土曜・休日
32　54	5	32　54
9　<u>24</u>　36　49　58	6	9　24　37　<u>48</u>　57
<u>7</u>　16　<u>22</u>　<u>30</u>　37　44　51　57	7	7　<u>16</u>　25　34　44　53
:	:	:
1　11　22　33　44　55	23	1　11　22　33　44　55

備考
赤字：急行・近鉄奈良行き　　<u>下線</u>：普通・新田辺行き　　黒字：普通・竹田行き

C.3 総合問題

この問題はデータベース設計に関する出題です。データベースの設計は第12章で学ぶ内容ですから、もしまだ読み終えていない場合は、まず第12章に取り組んでみてください。

C.3.1 ヘアサロン予約管理データベースの作成

ヘアサロン・フレアは、5名のスタイリストで営業している会員制の小さなヘアサロンです。このヘアサロンでは、表計算ソフトを使って予約管理を行っています。しかし、繁忙期には手入力によるミスが相次いだため、予約管理をシステム化したいと考えています。データベースを用いて、このお店が抱える課題を解決しましょう。

1. 概念の整理

データベースにどのようなテーブルを準備すべきかを検討するために、まずは業務で取り扱っている情報の概念を整理します。次の業務ルールから概念設計を行い、ER図を作成してください。

ヘアサロン・フレアの予約管理業務ルール

1. お客様は、初回の来店時に会員登録を行う。
2. お客様に氏名、電話番号、メールアドレスを会員登録用紙に記入してもらい、氏名を書き写した会員カードをその場で渡す。会員カードには、一意な会員番号があらかじめ印字されている。
3. その日の営業終了後に、新しい会員情報を会員シートに入力する。
4. 予約は、電話または来店時に受け付ける。会員番号、氏名、電話番号、希望の日時、メニュー、担当スタイリストを予約シートに入力する。
5. 会員は、カットとパーマなど、複数のメニューを組み合わせて予約することができる。
6. メニューシートからお客様が希望するメニューの所要時間を合計し、予約シートに入力する。予約状況が手書きされたカレンダーでスタイリストの空き状況を確認し、予約を受け付ける。
7. メニューシートからお客様が希望するメニューの料金を合計し、予約シートに入力する。
8. すべての項目が入力できたら、予約受付シートを印刷し、予約ファイルに綴じておく。
9. メニューには一意なメニューコードが割り当てられ、それぞれの料金が設定されている。料

金は、担当するスタイリストによって異なる。

2. ユーザービューからのエンティティ導出

次に、サロンで業務に利用している表計算ソフトの内容から準備すべきテーブルを検討します。次の4つのシートを見て、エンティティを定義してください。ただし、各エンティティは第3正規形まで正規化を進めるものとし、各エンティティ間のリレーションシップや外部キーを記述する必要はありません。

予約シート

予約番号	3	2	3
受付日時	2024-09-06 16:28	2024-09-26 12:42	2024-09-30 10:30
会員番号	2	4	8
氏名	荒木和子	風間由美子	斉藤美紀
電話番号	09001234567	09001234567	09001234567
初回			
予約日	2024-10-01	2024-10-01	2024-10-01
開始時刻	17:00	10:00	15:00
メニュー	C、R	C	C、P、R
所要時間	90分	30分	150分
担当スタイリスト	秋葉ちか	井上博之	山田雄介
合計金額	21,600	10,000	26,400
備考			

会員シート

会員番号	氏名	電話番号	メールアドレス	入会日
0001	吉田康子	09001234567	yoshida@example.com	2006-04-10
0002	荒木和子	09001234567	araki@example.com	2018-08-11
0003	下田正一	09001234567	shimoda@example.com	2019-04-12
0004	風間由美子	09001234567		2019-06-13
0005	秋山美奈	09001234567	akiyama@example.com	2021-01-14
0006	木下博之	09001234567	kinoshita@example.com	2021-04-15
0007	広瀬正隆			2022-09-16
0008	斉藤美紀	09001234567	saitou@example.com	2024-04-17

付録
C

メニューシート

メニューコード	C	P	R	T
メニュー名	カット	パーマ	カラー	トリートメント
所要時間	30分	60分	60分	30分
ランク	A	A	A	A
料金	12,000	18,000	9,600	14,400
ランク	B	B	B	B
料金	10,000	15,000	8,000	12,000
ランク	C	C	C	C
料金	8,000	12,000	6,400	9,600

スタイリストシート

スタイリスト番号	氏名	入社日	ランク	肩書
01	秋葉ちか	2004-04-01	A	チーフスタイリスト
02	佐藤茜	2006-06-01	B	トップスタイリスト
03	井上博之	2009-01-08	B	トップスタイリスト
04	小島正	2016-05-02	C	スタイリスト
05	山田雄介	2021-04-01	C	スタイリスト
06	市川紀子	2024-06-10		

3. 論理設計の完成

　業務ルールから導いた概念設計に、表計算ソフトから導いたエンティティの情報を取り込み、論理設計を完成させます。「1. 概念の整理」で作成した ER 図をベースに、「2. ユーザービューからのエンティティ導出」で定義したエンティティの情報を組み込んで、ER 図を完成させてください。

4. 物理設計の完成

　「3. 論理設計の完成」で完成させた ER 図に基づいて、物理設計を行います。次の図を参考に、各エンティティの定義書を作成してください。

物理設計図

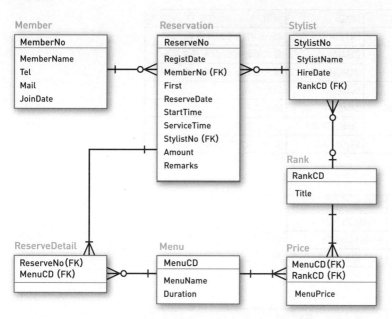

定義書には、次の例のようにエンティティ名（論理および物理名）、属性名（論理および物理名）、制約、データ型、型の長さ、初期値を記載します。

エンティティ定義書の例

| エンティティ名（論理） | 会員 |
| エンティティ名（物理） | Member |

| No | 属性 | | 制約 | | | データ型 | | 初期値 | 備考 |
	論理名	物理名	PK	FK	NN	型名	長さ		
1	会員番号	MemberNo	○		○	CHAR	4		4桁の数字
2	氏名	MemberName			○	VARCHAR	20		
3	電話番号	Tel				CHAR	11		
⋮									

なお、この予約管理データベースで利用するDBMS製品では、次のようなデータ型や制約、関数を使用することができるものとします。

データ型

種別	型名	説明
数値	INTEGER	4byte の符号あり整数
文字列	CHAR(n)	最大桁数 n の固定長文字列
	VARCHAR(n)	最大桁数 n の可変長文字列
日付と時刻	DATE	日付のみ
	TIME	時刻のみ
	TIMESTAMP	日付と時刻
論理値	BOOLEAN	'0' または '1' のみを格納

制約

表記	制約名
PK	PRIMARY KEY
FK	FOREIGN KEY
NN	NOT NULL

関数

関数名	説明
CURRENT_DATE	現在の日付を取得する
CURRENT_TIMESTAMP	現在の日時を取得する

5. DDL の作成

「4. 物理設計の完成」で作成したエンティティ定義書に従って、各テーブルを定義する SQL 文を作成してください。

C.3.2 | 予約管理データベースの利用

予約管理データベースで利用するテーブルを定義することができました。これまで表計算ソフトで扱っていたデータを、作成したテーブルに登録します。そして、データベースからさまざまな情報を読み取るための SQL 文を準備しましょう。

6. データの登録

「2. ユーザービューからのエンティティ導出」で参考にした、表計算ソフトの各シートに記録しているデータを適切なテーブルに登録するための SQL 文を作成してください。なお、データ

を登録するテーブルの順番に注意してください。

7. データの利用

次の情報を得るための SQL 文を作成してください。

1. サロンに勤務しているスタイリストの氏名、肩書を取得する。肩書がない場合は「アシスタント」と表示すること。

2. スタイリストごとのメニュー料金を調べたい。出力する項目はスタイリスト名、メニュー名、料金とし、ランク、スタイリスト番号、メニュー名の順に並べること。

3. 現在予約中の予約番号、担当スタイリスト名、メニュー名、各メニューの所要時間および料金を取得する。

4. 上記 3 で作成した SQL 文を副問い合わせとして使用し、予約ごとに、予約番号、担当スタイリスト名、全体での合計時間および合計金額を取得する。予約番号の順に並べること。

5. 次のような新しい予約が入ったので、この予約を**自動コミットせずに**登録する。次の設問に進むまでコミットしないこと。

予約番号	4
受付日時	2024-10-01 10:03
会員番号	6
氏名	木下博之
電話番号	09001234567
初回	
予約日	2024-10-01
開始時刻	11:30
メニュー	C、R
所要時間	90 分
担当スタイリスト	山田雄介
合計金額	13,400
備考	

6. 上記 5 で登録した予約テーブルの所要時間および金額の値が正しいことを確認したい。もし間違っていた場合は、トランザクションを取り消して正しい値を登録し直してからコミットする。

7. スタイリストの予約状況を調べたい。出力する項目は予約日、担当スタイリスト番号、スタイリスト名、開始時刻、終了時刻とし、予約日、スタイリスト番号の順に並べること。また、予約の入っていないスタイリストについても表示すること。

なお、`TIME 型 + CAST(INTEGER 型 || 'minutes' AS interval)` と記述することで、分単位での時間計算が可能であるものとする。

```
/* 現在時刻の15分後を求める例 */
SELECT CURRENT_TIME + CAST(15 || 'minutes' AS interval)
```
現在時刻を求める関数

8. 上記 7 で作成した SQL 文を変更して、開始時刻については、時間の部分のみを表示するよう修正する。たとえば開始時刻が 11 時 30 分の場合は、「11」を表示する。

なお、`EXTRACT(hour from TIME 型)` と記述することで、時間部分の抽出が可能であるものとする。

9. 次のようなレイアウトで予約スケジュール表を作成したい（表の内容は一例）。

予約日	担当者	10 時台	11 時台	12 時台	13 時台	14 時台	15 時台	16 時台	17 時台	18 時台
2024.10.1	秋葉ちか								18:30	
2024.10.1	井上博之			12:30						
	市川紀子									

   ⋮

- 各行タイトルの時刻で予約があれば、その欄に終了時刻を表示する。終了時刻の表示書式は問わない。
- 予約のない時間帯は空欄とする。
- 予約日、スタイリスト番号の順に並べる。
- 1 人のスタイリストに対して 1 日で複数の予約がある場合、出力される行は複数になってよい。
- 上記 8 で作成した SQL 文を副問い合わせとして使用して、予約のないスタイリストについても表示する。表示順は予約のあるスタイリストよりも後ろとする。

10. 上記 9 で作成したスケジュール表は 1 人のスタイリストが 1 日で複数の予約を持っている場合、複数行として出力されてしまう。集計関数を使って、1 人のスタイリストに対する同日の予約は 1 つの行に表示されるよう改良する。

C.4 解答例について

C.4.1 解答例を入手する

付録 C「特訓ドリル」の解答例は、教育研修現場で利用される可能性を考慮し、本書の紙面や dokoQL には収録していません。解答例は、下記の方法によって入手してください。

解答例の入手方法

解答例は下記の本書 Web ページからダウンロードしてください。
データは PDF 形式（印刷可）です。

https://book.impress.co.jp/books/1123101107

※ダウンロードにあたっては、次の点を確認してください。
・ご自身で購入した本書がお手元に必要です。
・読者会員システム「CLUB Impress」への登録が必要です。
・提供期間は、本書発売より5年間です。

> dokoQLから解答例は入手できないけれど、SQLドリル（p.450）で使うテーブルやデータの確認は可能です。必要に応じて利用してくださいね。

C.4.2 解答例の捉え方

SQL 文や正規化、テーブル設計に関する問題の正解は、その性質上、ただ1つとは限りません。組み立て方やアプローチによって、適切な解答は複数存在する可能性があります。

自分の頭や手を使って導き出した回答が「正解」と言えるかどうか、解答例と比較して検討したり、同僚や友人とそれぞれの回答を持ち寄って議論したりする過程もまた、SQL やテーブル設計のスキルを磨く1つの機会となるでしょう。

付録 D

SQL による
データ分析

湊くんと朝香さんがSQLを学んでしばらくした頃、
いずみさんに再会した2人は、ある人物に出会います。
その人の導く先には、SQLがつなぐ新しい世界がありました。
さあ、2人とともに、次なる扉を開いてみましょう。

contents

付録
D

D.1 SQLでデータ分析をしよう

D.1.1 データ分析とは

いずみさん、お久しぶりです！ 先輩が教えてくれたSQLと
データベース、今もちゃんと使ってますよ。そうだ、これ見て
ください。私が作ったんです。

あらまあ、これ、睡眠日誌？

はい！ あれから、身の回りにあるいろんなものをER図にし
たりDBで管理したりするのが楽しくなっちゃって…。

　朝香さんは、家計簿を題材にして、SQLとデータベースについて学んだの
をきっかけに、さまざまなデータの管理に興味を持ったようです。次のテー
ブルD-1は、朝香さんが毎日の睡眠を記録したデータの一部です。

テーブル D-1　朝香さんの睡眠記録テーブル（一部）

記録日	起床時刻	就寝時刻	朝の気分	コメント
2024-08-01	6.0	22.5	5	目覚ましなしでスッキリ爽快
2024-08-02	6.5	23.5	4	
2024-08-03	8.5	21.0	1	まだ寝たい…
2024-08-04	6.0	22.0	3	あせって起きたら日曜だった
2024-08-05	6.0		4	

※ 時刻は、24時間を0.0～24.0に対応させた小数。たとえば、6.5は「6時30分」を、13.75は「13時45分」を意味
している。

へぇ、毎朝6時に起きるなんて早起きだな〜。それにしても几帳面だよなぁ。こんなの毎日記録したって別にいいことなんてないだろ？　ボクは絶対ムリ。

コラ雄輔！　あゆみちゃん、ごめんなさいね。このテーブル、私にはすごい「お宝」に見えるわ。

データベースではなくとも、エクセルなどの表計算ソフトを使って、朝香さんのように身の回りのデータを集めたり管理したりしている人もいるかもしれません。そのように収集したデータには、次の重要な法則があります。

データの価値

データが集まると、個々のデータが持つ価値とはまた別の新たな価値が生まれる。

たとえば、さきほどの睡眠記録からは、朝香さんの生活パターンについて、平日はだいたい朝6時から6時30分の間に起きる習慣が読み取れます。これは、5日分のデータを見たからわかるのであって、ある1日だけのデータを取り出しても同じことは言えません。

なるほど、確かに金曜はたいてい夜更かししていて、土曜の朝はスッキリ起きられないんです。自分でも気づいてなかった法則に今、気づきました。

このように、一見するとただの記録の集積にすぎないものを解析し、一定の価値ある法則を見つけ出す行為をデータ分析（data analysis）といいます。近年では、膨大なデータを数学や統計学の理論に基づいて高度に分析し、未来の予測などに役立てる応用も活発に行われていて、人工知能のコア技術ともなっています。

付録
D

そうか、データってAIにも関係あるんだ！　データ分析、やってみたいけど、SQLでできるのかな？

私もやってみたい！　でも、SQLで価値ある法則を探し出すなんて、すごく難しいんじゃないかしら？

　データ分析は、それだけで何十冊もの本が出版されるほど、幅広く奥深い分野です。高度な数学理論を駆使した研究などもあり、今すぐそのすべてを理解するのは残念ながら難しいでしょう。

　しかし、広く深いデータ分析の世界だからこそ、「すぐに使える基礎的で楽しい分野」も存在します。この付録では、SQLに入門したばかりの私たちが楽しめる、データ分析の入口を体験してみましょう。

あ、そうそう、ちょうどよかった。彼は同期の工藤くん。データに埋もれた真実見抜く、名探偵さんよ。

だから、その恥ずかしい紹介はやめろって。工藤慎平、データサイエンティストさ。

D.2 基本統計量

D.2.1 平均値

> 分析の入口といえば、やっぱり基本統計量かな。2人とも、「平均」はわかるよね？

平均値（average）の算出は、データ分析の世界でも最も基礎的で代表的な分析手法の1つです。朝香さんの睡眠記録を見て、湊くんが「朝6時に起きている」と判断できたのは、無意識に「起床時刻を平均するとだいたい6時くらい」と計算したからかもしれません。

SQLを用いてテーブルに格納されたデータの平均値を求める方法は、すでに集計関数として学んでいます（6.2.2項）。

リストD-1 起床時刻の平均を求める

```
01  SELECT AVG(起床時刻) AS 平均起床時刻 FROM 睡眠記録
```

リストD-1の結果表

平均起床時刻
6.6

> すっかり忘れてたけど…ありましたね、AVG関数。でも、こんな簡単な計算がデータ分析なんですか？

> もちろん。「この5日間を平均するとだいたい6時36分頃に起きている」のがわかったんだ。シンプルだけど、立派な分析さ。

データ分析の世界では、平均値以外にも、表D-1に挙げた値がよく使われます。これらは**基本統計量**と総称され、さまざまな分析や処理の基礎として、広く用いられます。

表 D-1　代表的な基本統計量

値	意味
平均値	データの総量をデータの個数で割った値
最大値	データの中で最も大きな値
最小値	データの中で最も小さな値
最頻値	データの中に最もたくさん現れた値
中央値	データを大きさで並べたときに真ん中になる値
分散	データにどの程度のばらつきがあるかを表す値
標準偏差	

平均値がAVG関数で簡単に求められたように、これらの基本統計量のうち最大値と最小値もそれぞれMAX関数、MIN関数で求められます。

D.2.2　最頻値と中央値

平均値はそれなりに便利だけど、ときに「人をだましてしまう」んだ。たとえば、そうだなあ…日本の平均給与は458万円とか、今朝のニュースで言っていたなあ。

458万円！？　みんな、そんなにもらってるんですか！？　新入社員のボクにしてみたら、夢のような金額ですよ。

国税庁が発表している資料によれば、日本の給与所得者の平均給与は458万円です（2021年度）。しかし、街ですれ違う人たちが、みんなだいたい年に458万円ももらっていると考えると、少し意外に感じるかもしれません。

この「意外に感じる謎」を解くために、年収の分布を図で確認してみてほしい。

図D-1は、横軸が給与額、縦軸はその年収を得ている人数を表しています。このようなグラフを**ヒストグラム**といいます。

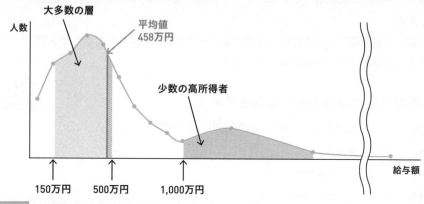

図D-1　給与所得者の分布（2021年度）

　この図から、私たちの身近にいる大多数の人たちは、おおよそ150万円から500万円を得ていることがわかります。特に年収250〜350万円の人が多く、458万円以上もらっている人（斜線の部分）は決して多くないことも読み取れるでしょう。

　しかし、世の中には1,000万円を超える年収を得ている高所得者も存在します。そして、それら少数の高所得者の影響で、全体的な平均給与は458万円まで引き上げられてしまいます。その結果、「平均値」は大多数の層の右端の値となり、私たちの感覚とはズレてしまうのです。

平均値の罠

データ中に少数の飛び抜けて高い値や低い値があると、その影響を大きく受けてしまう。

年収とか体重とか、すぐに「平均」と自分を比較したくなっちゃうけど、注意が必要なんですね。

私たちの肌感覚にもっと近い値を得たい場合は、平均値ではなく最頻値（mode）を使います。この値はその名のとおり、「最も頻繁に表れる値」であり、今回用いた統計でいえば、グラフの最も高い点のある350万円が該当します。

　SQLで最頻値を求めるには、登場するデータの頻度を集計したうえで並び替え、最も頻度が高い値を取り出します。

リストD-2 起床時刻の最頻値を求める

```
01  SELECT 起床時刻, COUNT(起床時刻) AS 頻度
02    FROM 睡眠記録
03  GROUP BY 起床時刻
04  ORDER BY 頻度 DESC
05  FETCH FIRST 1 ROW ONLY
```

リストD-2の結果表

起床時刻	頻度
6.0	38

　なお、データに含まれる飛び抜けて高い値や低い値を外れ値といいますが、最頻値は、外れ値による悪影響を受けづらい指標ともいえます。一方で、最頻値にも弱点がないわけではありません。頻繁に表れる値が複数あるケースや、そもそもデータの数が少ないケースでは、正しくデータの性質を表現できません。

　そこで、平均値の罠を回避するためのもう1つの指標が、中央値（median）です。中央値は、N個のデータを大きさ順に並べたとき、真ん中（N/2番目）に登場する値です。

たとえば、うちの開発部で残業時間が多い順に並べたとして、ちょうど真ん中にくる人の残業時間だね。

開発部は残業が多いからなぁ…。ちなみに、データの数が偶数の場合は、中央付近の2つのデータの平均を中央値とするんだ。

SQLで中央値を求めるには、データの個数を集計したうえで、ソートした
データのN/2個目を抽出する方法が定番ですが、データ数が偶数の場合に対
応しようとすると複雑になってしまいます。そこで、PERCENTILE_CONTと
いう特殊な集計関数を利用する方法もあります。

リストD-3 起床時刻の中央値を求める

```
01  SELECT PERCENTILE_CONT(0.5) WITHIN GROUP (ORDER BY 起床時刻)
02      FROM 睡眠記録
```

なお、中央値にも、データ全体の変化が反映されにくいなどの弱点があり、
どんな場合でも中央値が有効というわけではありません。

> 分析の目的とデータの特性を考慮して、適切な手段を選ぶのが
> データ分析の第一歩なのさ。

D.2.3 分散

ここまで紹介した平均値・中央値・最頻値といった統計量は、特に代表値
といわれます。しかし、これらの値だけを見ていると、データの性質を見落
としてしまう可能性があります。そこで、代表値とは少し特性の異なる基本
統計量に、分散（variance）があります。これは、各データがどのくらい散
らばっているかを表す指標で、平均値が同じデータでも、分散は異なってい
るケースもよくあります。

分散は、次の式で求められます。

$$分散 = \frac{\{(各データ) - (平均)\}^2 \text{ の和}}{データの数}$$

図D-2 分散の算出式

DBMSによっては、MAX関数やAVG関数などと同様に利用できる、
VARIANCEという専用の関数が用意されているものもあります。しかし、そ
のような関数がない場合は、少々複雑なSQL文を記述する必要があります。

リストD-4 起床時刻の分散を求める

```
01  /* (1) 平均を求める */
02  SELECT AVG(起床時刻) FROM 睡眠記録;
03  /* (2) 平均を使って分散を求める */
04  SELECT AVG(POWER(起床時刻 - 【 (1) の平均値 】, 2)) FROM 睡眠記録;
```
(1) で求めた平均値をここに指定する

ちなみにリストD-4は、第7章で学んだ副問い合わせを使えば
1つのSQL文で書けるのよ。

一応、分散は求められたけど…これで何がわかるんですか？

　たとえば、次の表D-2は、ある2人の起床時間の記録です。平均はどちら
も同じ6時00分ですが、彼らの朝の風景はまったく異なる様子が想像できる
でしょう。

表 D-2 平均と分散の例

平均＝ 6.0　分散＝ 0.0

起床時刻	メモ
6.0	今日もスッキリ
6.0	今日もスッキリ
6.0	今日もスッキリ
6.0	今日もスッキリ
6.0	今日もスッキリ

平均＝ 6.0　分散＝ 0.5

起床時刻	メモ
6.0	
5.0	なぜか早起き
7.0	寝坊だー！！
6.5	眠い…
5.5	隣の犬がうるさい

「代表値」と「分散」の両方から見ると、データの特性がより
掴めるだろう。

D.3 {欠損値の処理

D.3.1 欠損値と穴埋め

工藤先輩、ボク、統計が楽しくなってきました！　もっと分析について教えてください！

そうかい？　それじゃ、「穴埋め」について紹介しようか！

　私たちは本書を通して、現実世界におけるデータを秩序立ててデータベースに格納するためのさまざまなしくみや設計方法を学びました。たとえば、エンティティを整理するためのER図や、必要な情報をもれなく登録するためのNOT NULL制約などがありましたね。

　しかし、私たちが暮らす世界は残念ながらそこまで理路整然とはしておらず、そもそも収集したデータが「完全な姿」をしているのは極めてまれです。実際には、ある行の一部のデータが抜け落ちていたり（欠損値といいます）、誤差などで一部が異常な値になっていたり、「不完全な姿」をしているのが一般的です。

でも、データが抜け落ちてたら困るんじゃないですか？

もちろん。だから僕たち分析家は「下準備」をしっかりやるんだ。

データ分析においては、たとえデータが揃っていたとしても、いきなり分析を行いません。目的に沿った分析が実現できるよう、図D-3のようなステップを踏みます。

図 D-3 分析の手順

分析の成否を大きく分けるのが、前処理（pre-processing）です。いくつかの専門的な手法が存在しますが、最も基礎的かつ重要なのが、欠損値の処理です。

前処理の必要性

分析に用いる現実世界のデータは、通常、多くの欠損を含んでいる。そのため、適切な前処理を施さなければ目的に沿った分析結果を得るのは難しい。

欠損値をどう処理するか、そのアプローチは大きく2つに分けられます。

① **欠損値を含む行をまるごと捨て、分析に利用しない。**
② **欠損値の部分を別の値で埋めて、分析に利用する。**

②の方法を「欠損値の穴埋め」といい、いくつかの具体的な方法が知られています。

D.3.2 固定値や平均値による穴埋め

まず何といってもシンプルなのが、固定値による穴埋めだ。

固定値による穴埋めとは、私たちが決めた固定の値を使って、欠損値を置き換える方法です。たとえば、起床時刻が記録されていなかった日を「6時に起きたことにする」なら、次のSQL文で実現できます。

リストD-5 記録のない日は6時起床とする

```
01  UPDATE 睡眠記録 SET 起床時刻 = 6.0
02    WHERE 起床時刻 IS NULL
```

こんなに単純に穴埋めしちゃって、大丈夫なんですか？

朝香さん同様の心配を感じる人もいるかもしれません。しかし、欠損値の数がデータの総量に比べて十分に少なく、適切に推測される固定値を用いるなら、最終的な結果に対する悪影響も軽微と考えられます。

どんなにがんばっても、「記録されなかった本当の起床時刻」で埋めるのは不可能だ。だったら、手軽かつ素早く、そこそこ妥当な分析結果が得られる方法で十分な場合もあるんだ。

固定値での穴埋めがなじまない場合、「欠損値以外のデータでの平均値」を利用するケースもあります。たとえば、朝香さんの睡眠記録の場合、「起床時刻がきちんと記録されてNULLでない日の平均値」で穴埋めをします。SQL文では、副問い合わせを用いて次のように対応できるでしょう。

リストD-6 記録のない日は平均値で穴埋めする

```
01  UPDATE 睡眠記録
02    SET 起床時刻 = (SELECT AVG(起床時刻) FROM 睡眠記録
03                        WHERE 起床時刻 IS NOT NULL)
04    WHERE 起床時刻 IS NULL
```

付録
D

なるほど、平均値ならよさそうな気もします。けど、もうちょっとちゃんとした値じゃないとダメなときもありそうだなー、なんて思ったりして…。

ははは、すごい子たちだな、立花！ それじゃあ最後にとっておきを紹介して締めくくりとしよう。

特に連続性のあるデータに対して有効なアプローチとして、「移動平均による穴埋め」があります。

移動平均…？ 平均と何が違うんですか？

全部の平均じゃなくて、「ある限られた区間」の平均なんだよ。

テーブルD-1（p.486）によれば、8月5日の就寝時刻が欠損しています。これについて、たとえば「欠損した日の過去3日間の平均値」を利用するのが、移動平均（moving average）による穴埋めです。

一般的な平均値は、あるデータの集まりに対して1つだけ求まるのでしたね（図D-4）。

一般的な平均

8/1	6.0	22.5
8/2	6.5	23.5
8/3	8.5	21.0
8/4	6.0	22.0
8/5	6.1	

➡ 複数のデータから求める1つの平均値

図 D-4 一般的な平均は1つの値として求まる

それに対して移動平均は、各データに対して1つずつ求まる値です。なぜなら、基準とするデータを定めたうえで、そのデータの周辺に存在するある個数分のデータの平均を求める値だからです（図D-5）。

移動平均（過去3日間）

8/1	6.0	22.5	8/1を基準 →	7/29～31を範囲とした平均値
8/2	6.5	23.5	8/2を基準 →	7/30～8/1を範囲とした平均値
8/3	8.5	21.0	8/3を基準 →	7/31～8/2を範囲とした平均値
8/4	6.0	22.0	8/4を基準 →	8/1～3を範囲とした平均値
8/5	6.1		8/5を基準 →	8/2～4を範囲とした平均値

図 D-5　移動平均は行ごとに求まる

移動平均による穴埋めは、固定値や一般的な平均値による穴埋めと異なり、欠損しているデータの近くにあるデータを使って穴埋めすべき値を推定するため、より精度の高い穴埋めが可能になります。

SQLを使って、移動平均のように「ある行を基準として前後の行から集計する」には、ウィンドウ関数（windows function）と呼ばれる高度な命令群を利用するのが一般的です。ウィンドウ関数は、範囲を限定して集計する働きをします（図D-6）。

テーブル全行で集計するのではなく、基準行近くのある範囲だけを窓枠で制限するイメージよ

図D-6　ウィンドウ関数は集計の範囲を窓枠で制限する

専門的な命令であるため、本書では例示のみにとどめますが（次ページのリストD-7）、SQLにも高度なデータ分析を実現する機能が存在することを知っておくと、遠くない未来、役立つ日も来るでしょう。

リスト D-7 記録のない日は移動平均で穴埋めする

```
01  SELECT 記録日, 就寝時刻,
02         COALESCE(就寝時刻,
03             (AVG(就寝時刻) OVER (                    各行の平均を求める
04                 ORDER BY 記録日
05                 ROWS BETWEEN 3 PRECEDING AND 1 PRECEDING))
06             ) AS 補正就寝時刻
                                              ただし各行の過去3行分に範囲を
07  FROM 睡眠記録                                絞って集計する
```

なお、移動平均のほかには線形補間（linier interpolation）など、欠損値近辺の情報を使ったアプローチはいろいろあるよ。

D.4 まだまだ広がるデータ分析の世界

D.4.1 より高度な分析を実現する技術

　ここまで紹介してきたように、SQLでもある程度のデータ分析は可能です。しかし、より本格的な分析には、データウェアハウスやBIツールと呼ばれる専用のシステムを用います。

　さらに高度で自由度の高い分析を必要とするケースや、独自の方法で「法則性を導き出す」場合、プログラミング言語を使って専用の分析処理を開発します。

　プログラミング！？　私、習ったばかりだけどJavaなら少しできます！

　それは素敵だね。データ分析やAI開発の世界では、Pythonっていう言語を使うことが多いけど、Javaを知っているならきっと楽勝さ。

　この付録で紹介した内容に加え、データ分析のテクニックや理論、それを応用したAI開発技法である機械学習（machine learning）については、姉妹書『スッキリわかるPythonによる機械学習入門』で解説しています。Pythonプログラミングは未経験の人も、『スッキリわかるPython入門』からステップアップすれば、楽しく読み進められるでしょう。

　データサイエンスにも興味が湧いたら、ぜひ一緒に旅に出よう！

付録 E
練習問題の解答

問題1-1の解答

(A) ファイル　　(B) データベース管理システム　または　DBMS
(C) SQL文　　　(D) リレーショナルデータベース　または　RDB
(E) 「列、カラム、フィールド」のいずれか　　(F) 「行、レコード」のいずれか

問題1-2の解答

銀行ATMシステム	→	口座、預金取引
切符予約システム	→	列車、座席
WEBサイト検索システム	→	WEBサイトのURL、検索用キーワード
ネットゲーム	→	プレイヤー、アイテム
SNS	→	投稿（トーク）、フォロワー

※ 上記以外にも正解は無数に存在します。

問題1-3の解答

```
1. SELECT * FROM 家計簿 WHERE 入金額 = 50000
2. DELETE FROM 家計簿 WHERE 出金額 > 4000
3. UPDATE 家計簿
     SET メモ= 'カフェラテを購入'
   WHERE 日付 = '2024-02-03'
```

chapter 2　基本文法と4大命令

問題2-1の解答

(A) SELECT　　(B) UPDATE　　(C) DELETE　　(D) INSERT
(E) FROM　　　(F) FROM　　　(G) INTO　　　(H) WHERE

問題2-2の解答

(1) INTEGER型　　(2) VARCHAR型　　(3) DATE型

(4) DECIMAL型　　(5) TIME型　　(6) INTEGER型　　(7) CHAR型

問題2-3の解答

1. `SELECT` コード，地域，都道府県名，県庁所在地，面積
   `FROM` 都道府県
2. `SELECT * FROM` 都道府県
3. `SELECT` 地域 `AS area`, 都道府県名 `AS pref FROM` 都道府県

問題2-4の解答

1. `INSERT INTO` 都道府県(コード，地域，都道府県名，面積)
   `VALUES` ('26', '近畿', '京都', 4613)
2. `INSERT INTO` 都道府県
   `VALUES` ('37', '四国', '香川', '高松', 1876)
3. `INSERT INTO` 都道府県(コード，都道府県名，県庁所在地)
   `VALUES` ('40', '福岡', '福岡')

問題2-5の解答

1. `UPDATE` 都道府県 `SET` 県庁所在地 = '京都'
   `WHERE` コード = '26'
2. `UPDATE` 都道府県 `SET` 地域 = '九州', 面積 = 4976
   `WHERE` コード = '40'

問題2-6の解答

`DELETE FROM` 都道府県 `WHERE` コード = '26'

問題3-1の解答

1. SELECT * FROM 気象観測 WHERE 月 = 6

2. SELECT * FROM 気象観測 WHERE 月 <> 6

3. SELECT * FROM 気象観測 WHERE 降水量 < 100

4. SELECT * FROM 気象観測 WHERE 降水量 > 200

5. SELECT * FROM 気象観測 WHERE 最高気温 >= 30

6. SELECT * FROM 気象観測 WHERE 最低気温 <= 0

7. /* INを使う場合 */

   SELECT * FROM 気象観測 WHERE 月 IN (3, 5, 7)

   /* ORを使う場合 */

   SELECT * FROM 気象観測

   WHERE 月 = 3 OR 月 = 5 OR 月 = 7

8. /* NOT INを使う場合 */

   SELECT * FROM 気象観測 WHERE 月 NOT IN (3, 5, 7)

   /* ANDを使う場合 */

   SELECT * FROM 気象観測

   WHERE 月 <> 3 AND 月 <> 5 AND 月 <> 7

9. SELECT * FROM 気象観測

   WHERE 降水量 <= 100 AND 湿度 < 50

10. SELECT * FROM 気象観測

    WHERE 最低気温 < 5 OR 最高気温 > 35

11. /* BETWEENを使う場合 */

    SELECT * FROM 気象観測

    WHERE 湿度 BETWEEN 60 AND 79

    /* ANDを使う場合 */

    SELECT * FROM 気象観測

    WHERE 湿度 >= 60 AND 湿度 <= 79

12. SELECT * FROM 気象観測

```
WHERE 降水量 IS NULL OR 最高気温 IS NULL
   OR 最低気温 IS NULL OR 湿度 IS NULL
```

問題3-2の解答

1. `SELECT 都道府県名 FROM 都道府県`
   `WHERE 都道府県名 LIKE '%川'`
2. `SELECT 都道府県名 FROM 都道府県`
   `WHERE 都道府県名 LIKE '%島%'`
3. `SELECT 都道府県名 FROM 都道府県`
   `WHERE 都道府県名 LIKE '愛%'`
4. `SELECT * FROM 都道府県`
   `WHERE 都道府県名 = 県庁所在地`
5. `SELECT * FROM 都道府県`
   `WHERE 都道府県名 <> 県庁所在地`

問題3-3 の解答

1. `SELECT * FROM 成績表`
2. `/* 学籍番号S001の学生 */`
   `INSERT INTO 成績表`
   `VALUES ('S001', '織田 信長', 77, 55, 80, 75, 93, NULL);`
   `/* 学籍番号A002の学生 */`
   `INSERT INTO 成績表`
   `VALUES ('A002', '豊臣 秀吉', 64, 69, 70, 0, 59, NULL);`
   `/* 学籍番号E003の学生 */`
   `INSERT INTO 成績表`
   `VALUES ('E003', '徳川 家康', 80, 83, 85, 90, 79, NULL);`
3. `UPDATE 成績表 SET 法学 = 85, 哲学 = 67`
   `WHERE 学籍番号 = 'S001'`
4. `UPDATE 成績表 SET 外国語 = 81`
   `WHERE 学籍番号 IN ('A002', 'E003')`

付録
E

5. (1) UPDATE 成績表 SET 総合成績 = 'A'
        WHERE 法学 >= 80 AND 経済学 >= 80 AND 哲学 >= 80
           AND 情報理論 >= 80 AND 外国語 >= 80
    (2) UPDATE 成績表 SET 総合成績 = 'B'
        WHERE (法学 >= 80 OR 外国語 >= 80)
           AND (経済学 >= 80 OR 哲学 >= 80)
           AND 総合成績 IS NULL
    (3) UPDATE 成績表 SET 総合成績 = 'D'
        WHERE 法学 < 50 AND 経済学 < 50 AND 哲学 < 50
           AND 情報理論 < 50 AND 外国語 < 50
           AND 総合成績 IS NULL
    (4) UPDATE 成績表 SET 総合成績 = 'C'
        WHERE 総合成績 IS NULL
6. DELETE FROM 成績表
   WHERE 法学 = 0
      OR 経済学 = 0
      OR 哲学 = 0
      OR 情報理論 = 0
      OR 外国語 = 0

BS43d

問題3-4の解答

1. 月   2. コード   3. 学籍番号

chapter 4 | 検索結果の加工

問題4-1の解答

1. SELECT * FROM 注文履歴 ORDER BY 注文番号, 注文枝番
2. SELECT DISTINCT 商品名 FROM 注文履歴
   WHERE 日付 >= '2024-01-01' AND 日付 <= '2024-01-31'
   ORDER BY 商品名

3. SELECT 注文番号, 注文枝番, 注文金額 FROM 注文履歴

    WHERE 分類 = '1' ORDER BY 注文金額

    OFFSET 1 ROW FETCH NEXT 3 ROWS ONLY

4. SELECT 日付, 商品名, 単価, 数量, 注文金額 FROM 注文履歴

    WHERE 分類 = '3' AND 数量 >= 2 ORDER BY 日付, 数量 DESC

5. SELECT DISTINCT 分類, 商品名, サイズ, 単価

    FROM 注文履歴 WHERE 分類 = '1'

    UNION

SELECT DISTINCT 分類, 商品名, NULL, 単価

    FROM 注文履歴 WHERE 分類 = '2'

    UNION

SELECT DISTINCT 分類, 商品名, NULL, 単価

    FROM 注文履歴 WHERE 分類 = '3'

    ORDER BY 1, 2

※ 2および5の実行結果は、照合順序の指定により並び順が変化する可能性がある。

問題4-2の解答

1. SELECT 値 FROM 奇数 UNION SELECT 値 FROM 偶数

2. SELECT 値 FROM 整数 EXCEPT SELECT 値 FROM 偶数

3. SELECT 値 FROM 整数 INTERSECT SELECT 値 FROM 偶数

4. SELECT 値 FROM 奇数 INTERSECT SELECT 値 FROM 偶数

---

chapter 5 | 式と関数

問題5-1の解答

1. (A) UPDATE 試験結果

        SET 午後1 = (80*4) - (86+68+91)

        WHERE 受験者ID = 'SW1046'

   (B) UPDATE 試験結果

        SET 論述 = (68*4) - (65+53+70)

```
                WHERE 受験者ID = 'SW1350'
    (C)   UPDATE 試験結果
            SET 午前 = (56*4) - (59+56+36)
            WHERE 受験者ID = 'SW1877'


2.  SELECT 受験者ID AS 合格者ID
    FROM 試験結果
    WHERE 午前 >= 60
      AND 午後1 + 午後2 >= 120
      AND 0.3 * (午前 + 午後1 + 午後2) <= 論述
```

問題5-2の解答

```
1. UPDATE 回答者
   SET 国名 = CASE SUBSTRING(TRIM(メールアドレス),
                        LENGTH(TRIM(メールアドレス))-1, 2)
           WHEN 'jp' THEN '日本'
           WHEN 'uk' THEN 'イギリス'
           WHEN 'cn' THEN '中国'
           WHEN 'fr' THEN 'フランス'
           WHEN 'vn' THEN 'ベトナム' END


2. SELECT TRIM(メールアドレス) AS メールアドレス,
      CASE WHEN 年齢 >= 20 AND 年齢 < 30 THEN '20代'
           WHEN 年齢 >= 30 AND 年齢 < 40 THEN '30代'
           WHEN 年齢 >= 40 AND 年齢 < 50 THEN '40代'
           WHEN 年齢 >= 50 AND 年齢 < 60 THEN '50代' END
        || ':' ||
      CASE 住居 WHEN 'D' THEN '戸建て'
      WHEN 'C' THEN '集合住宅' END AS 属性
   FROM 回答者
```

問題5-3の解答

1. ```
   UPDATE 受注
       SET 文字数 = LENGTH(REPLACE(文字,' ', ''))
   ```

2. ```
   SELECT 受注日, 受注ID, 文字数,
           CASE COALESCE(書体コード, '1')
               WHEN '1' THEN 'ブロック体'
               WHEN '2' THEN '筆記体'
               WHEN '3' THEN '草書体' END AS 書体名,
           CASE COALESCE(書体コード, '1')
               WHEN '1' THEN 100
               WHEN '2' THEN 150
               WHEN '3' THEN 200 END AS 単価,
           CASE WHEN 文字数 > 10 THEN 500
               ELSE 0 END AS 特別加工料
       FROM 受注 ORDER BY 受注日, 受注ID
   ```

3. ```
   UPDATE 受注
       SET 文字 = REPLACE(文字, ' ', '★')
       WHERE 受注ID = '113'
   ```

chapter 6 | 集計とグループ化

問題6-1の解答

1. ```
   SELECT SUM(降水量), AVG(最高気温), AVG(最低気温)
       FROM 都市別気象観測
   ```
2. ```
   SELECT SUM(降水量), AVG(最高気温), AVG(最低気温)
       FROM 都市別気象観測
       WHERE 都市名 = '東京'
   ```
   ```

3. SELECT 都市名, AVG(降水量), MIN(最高気温), MAX(最低気温)

   FROM 都市別気象観測

   GROUP BY 都市名

4. SELECT 月, AVG(降水量), AVG(最高気温), AVG(最低気温)

   FROM 都市別気象観測

   GROUP BY 月

5. SELECT 都市名, MAX(最高気温)

   FROM 都市別気象観測

   GROUP BY 都市名

   HAVING MAX(最高気温) >= 38

6. SELECT 都市名, MIN(最低気温)

   FROM 都市別気象観測

   GROUP BY 都市名

   HAVING MIN(最低気温) <= -10

問題6-2の解答

1. SELECT COUNT(*) AS 社員数

   FROM 入退室管理

   WHERE 退室 IS NULL

2. SELECT 社員名, COUNT(*) AS 入室回数

   FROM 入退室管理

   GROUP BY 社員名

   ORDER BY 2 DESC

3. SELECT CASE 事由区分 WHEN '1' THEN 'メンテナンス'

                     WHEN '2' THEN 'リリース作業'

                     WHEN '3' THEN '障害対応'

                     WHEN '9' THEN 'その他'

       END AS 事由,

       COUNT(*) AS 入室回数

   FROM 入退室管理

```
         GROUP BY 事由区分
  4. SELECT 社員名, COUNT(*) AS 入室回数
       FROM 入退室管理
     GROUP BY 社員名
     HAVING COUNT(*) > 10
  5. SELECT 日付, COUNT(社員名) AS 対応社員数
       FROM 入退室管理
      WHERE 事由区分 = '3'
     GROUP BY 日付
```

問題6-3の解答

2と5

※ 列ごとの結果の行数が異なる（結果表がデコボコになる）ため。GROUP BY句によって、2は商品名で、5は商品名に加えて商品区分でグループ化する必要がある。

---

chapter 7 | 副問い合わせ

問題7-1の解答

(A) 単一行副問い合わせ　(B) SELECT　(C) SET

(D) n　(E) 1　(F) 複数行副問い合わせ

(G)(H)「IN、NOT IN、ANY、ALL」のいずれか　※ 各欄に異なる語句

(I) FROM　(J) 表　(K) INSERT

問題7-2の解答

1.

副問い合わせで取得できるデータ

SUM (レンタル日数)
3

全体で取得できるデータ

金額
25200

2.

副問い合わせで取得できるデータ

車種コード
S01
E01
S02

全体で取得できるデータ

車種コード	車種名
E01	エコカー
S01	軽自動車
S02	ハッチバック

3.

副問い合わせで取得できるデータ

車種コード	日数
S02	6
S01	3
E01	3

全体で取得できるデータ

合計日数	車種数
12	3

問題7-3の解答

```
1. INSERT INTO 頭数集計
   SELECT 飼育県, COUNT(個体識別番号)
     FROM 個体識別
    GROUP BY 飼育県


2. SELECT 飼育県 AS 都道府県名, 個体識別番号,
       CASE 雌雄コード WHEN '1' THEN '雄'
                      WHEN '2' THEN '雌' END AS 雌雄
     FROM 個体識別
    WHERE 飼育県 IN (SELECT 飼育県 FROM 頭数集計
                     ORDER BY 頭数 DESC
                     OFFSET 0 ROWS FETCH NEXT 3 ROWS ONLY)


3. SELECT 個体識別番号,
       CASE 品種コード WHEN '01' THEN '乳用種'
                      WHEN '02' THEN '肉用種'
```

WHEN '03' THEN '交雑種' END AS 品種,

　　出生日, 母牛番号

　FROM 個体識別

　WHERE 母牛番号 IN (SELECT 個体識別番号 FROM 個体識別

　　　　WHERE 品種コード = '01')

chapter 8 ｜ 複数テーブルの結合

問題8-1の解答

1.

A1	A2	B1	B2
1	3	1	2

2.

A1	A2	B1	B2
2	4	1	2

3.

A1	A2	B1	B2
2	4	1	2
NULL	NULL	3	NULL

4.

A.A1	C.A2	B1	B2
1	3	1	2

問題8-2の解答

1. SELECT 社員番号, S.名前 AS 名前, B.名前 AS 部署名

　　FROM 社員 AS S

　　JOIN 部署 AS B

　　　ON S.部署ID = B.部署ID

2. SELECT S1.社員番号, S1.名前 AS 名前, S2.名前 AS 上司名

```
    FROM 社員 AS S1
    LEFT JOIN 社員 AS S2    -- 上司がいない場合もあるため外部結合
      ON S1.上司ID = S2.社員番号
3. SELECT 社員番号, S.名前 AS 名前,
        B.名前 AS 部署名, K.名前 AS 勤務地
   FROM 社員 AS S
   JOIN 部署 AS B
     ON S.部署ID = B.部署ID
   JOIN 支店 AS K
     ON S.勤務地ID = K.支店ID
4. SELECT 支店ID AS 支店コード, K.名前 AS 支店名,
        S.名前 AS 支店長名, T.社員数
   FROM 支店 AS K
   JOIN 社員 AS S
     ON K.支店長ID = S.社員番号
   JOIN (SELECT COUNT(*) AS 社員数, 勤務地ID
           FROM 社員 GROUP BY 勤務地ID) AS T
     ON K.支店ID = T.勤務地ID
5. SELECT S1.社員番号 AS 社員番号, S1.名前 AS 名前,
        K1.名前 AS 本人勤務地, K2.名前 AS 上司勤務地
   FROM 社員 AS S1
   JOIN 社員 AS S2
     ON S1.上司ID = S2.社員番号
    AND S1.勤務地ID <> S2.勤務地ID
   JOIN 支店 AS K1
     ON S1.勤務地ID = K1.支店ID
   JOIN 支店 AS K2
     ON S2.勤務地ID = K2.支店ID
```

問題9-1の解答

(A) トランザクション　　(B) コミット　　(C) 原子性　　(D) 分離性
(E) トランザクション分離レベル（単に「分離レベル」も可）

問題9-2の解答

1.

・受注テーブルに行を追加した直後に処理が中断すると、在庫が減らないままになってしまう。
・受注テーブルに行を追加した直後に処理が中断しても、出荷管理プログラムによって商品が出荷されてしまう。

2.

先頭行に `BEGIN;` を、次の行に `SET TRANSACTION ISOLATION LEVEL READ COMMITTED;` を、最終行に `COMMIT;` を追加する（分離レベルは READ UNCOMMITTED 以外であればよい）。

問題9-3の解答

ア．〇　BEGINとCOMMITで囲まれているためトランザクションとして扱われる。

イ．×　トランザクションとして扱われるため、(2) のSQL文でエラーが発生した場合、(1) の処理はキャンセルされる。

ウ．×　受注統計テーブルにまだ行が1つも存在しなかった場合、各UPDATE文は「0行を更新して正常終了」するためエラーにはならず、トランザクションはコミットされる。

エ．〇　ロールバックによって受注統計テーブルに対する各UPDATE文はキャンセルされるため、データは更新されない。

オ．×　このトランザクションはREAD UNCOMMITTED分離レベルで動作しているため、(1) のSQL文の副問い合わせ部分は、直後にキャンセルされる

付録
E

かもしれない受注の行もカウントしてしまう可能性がある（ダーティー
リード）。

カ.○ このトランザクションはREAD UNCOMMITTED分離レベルで動作して
いるため、（1）で検索したときの受注テーブルの行数と、（2）で検索
したときの受注テーブルの行数が異なる可能性があり、統計結果の整合性
が崩れる可能性がある（ファントムリード）。

キ.× このSQL文はLOCK TABLEなどで明示的な表ロックを取得していない
ため、受注統計テーブル全体はロックされない。

ク.○ このSQL文は、LOCK TABLEやSELECT～FOR UPDATEなどで明示的
な排他ロックを取得していない。従って、（2）のSQL文まで実行されて
いる段階で、READ UNCOMMITTED分離レベルで動作するほかのトラ
ンザクションが行を読み取ると、統計実施日のみ古い情報が取得できて
しまう可能性がある。

ケ.× SERIALIZABLEは、互いに影響を及ぼす可能性のある同時実行を厳しく
制限するため、READ UNCOMMITTEDより同時に実行できるトランザク
ション数が減り、一般的にはパフォーマンスが低下する。

chapter 10 テーブルの作成

問題10-1の解答

イ、ウ、キ

問題10-2の解答

```
01  CREATE TABLE 学部 (
02    ID    CHAR(1)      PRIMARY KEY,
03    名前   VARCHAR(20)  UNIQUE NOT NULL,
04    備考   VARCHAR(100) DEFAULT '特になし' NOT NULL
05  )
```

問題10-3の解答

```
01  CREATE TABLE 学生 (
02    学籍番号   CHAR(8)      PRIMARY KEY,
03    名前       VARCHAR(30) NOT NULL,
04    生年月日   DATE         NOT NULL,
05    血液型     CHAR(2)      CHECK (
06      血液型 IN ('A', 'B', 'O', 'AB') OR
07      血液型 IS NULL
08    ),
09    学部ID     CHAR(1)      REFERENCES 学部(ID)
10  )
```

問題10-4の解答

次の中から2つを回答していれば正解とします。

- 学生テーブルで利用している学部について、学部テーブルから削除する。
- 学生テーブルで利用している学部について、学部テーブルでID列を更新する。
- 学生テーブルに行を追加する際、学部IDとして、学部テーブルのID列に存在しない値を利用する。
- 学生テーブルの行を更新する際、学部IDとして、学部テーブルのID列に存在しない値を利用する。

問題10-5の解答

```
01  BEGIN;
02  UPDATE 学生 SET 学部ID = 'K'
03   WHERE 学部ID = 'R';
04  DELETE FROM 学部
05   WHERE ID = 'R';
06   COMMIT;
```

処理のポイントは次の2つです。

・原子性を確保するために、トランザクションを使う。
・外部キー制約違反とならないために、「学生の所属変更」→「学部の削除」の
　順で処理する。

chapter 11 | さまざまな支援機能

問題11-1の解答

(A) ACID特性　　　　(B) 制約　　　　(C) 永続性
(D) ログファイル　　(E) ロールフォワード

問題11-2の解答

1. 名前（検索に利用されるため）
　 学部ID（結合に利用されるため）

2.

```
01  CREATE VIEW 学部名付き学生 AS
02  SELECT S.学籍番号, S.名前, S.生年月日, S.血液型,
03      S.学部ID, B.名前 AS 学部名
04  FROM 学生 AS S
05  JOIN 学部 AS B
06    ON S.学部ID = B.ID
```

3.

```
01  INSERT INTO 学生
02    (学籍番号, 名前, 生年月日, 血液型, 学部ID, 登録順)
03  VALUES
04    ('B1101022', '古島 進', '2004-02-12', 'A', 'K',
05    (SELECT NEXTVAL('ISTD'))
06    )
```

chapter 12 | テーブルの設計

問題12-1の解答

1. 第1正規形

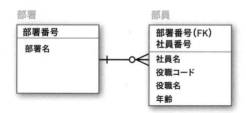

2. 第2正規形

3. 第3正規形

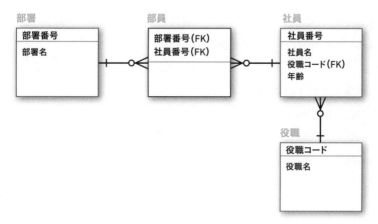

付録
E

設問1、2ともに、以下のリストを参照してください。

```
01  -- 部署テーブルの作成
02  CREATE TABLE dept (
03    deptno    CHAR(2)     PRIMARY KEY,
04    deptname  VARCHAR(40) UNIQUE NOT NULL
05  );
06  -- 役職テーブルの作成
07  CREATE TABLE pos (
08    poscode   CHAR(1)     PRIMARY KEY,
09    posname   VARCHAR(20) UNIQUE NOT NULL
10  );
11  -- 社員テーブルの作成
12  CREATE TABLE emp (
13    empno     CHAR(5)     PRIMARY KEY,
14    empname   VARCHAR(40) NOT NULL,
15    poscode   CHAR(1)     NOT NULL REFERENCES pos(poscode),
16    age       INTEGER     CHECK(age >= 0)
17  );
18  -- 部員テーブルの作成
19  CREATE TABLE member (
20    deptno    CHAR(2)     NOT NULL REFERENCES dept(deptno),
21    empno     CHAR(5)     NOT NULL REFERENCES emp(empno),
22    PRIMARY KEY(deptno, empno)
23  );
```

1.名刺

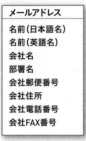

名刺

メールアドレス
名前(日本語名)
名前(英語名)
会社名
部署名
会社郵便番号
会社住所
会社電話番号
会社FAX番号

※ テーブル名は「社員」「従業員」などでも正解とします。

2.見積書

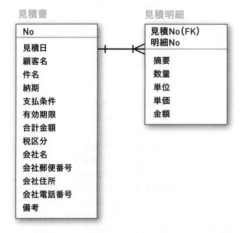

見積書

No
見積日
顧客名
件名
納期
支払条件
有効期限
合計金額
税区分
会社名
会社郵便番号
会社住所
会社電話番号
備考

見積明細

見積No(FK) 明細No
摘要
数量
単位
単価
金額

※ ユーザービューには「No」という項目が2つありますが、それぞれ主キーとなるテーブルが異なることに注意してください。

※ 見積書の「合計金額」と見積明細の「金額」は、ほかの列から算出可能と推測できるため、除外しても正解とします。一方で、「ほかの列から算出できる推測が真に正しいと断言できない」「後から検討して外すのは容易だが、その逆は見落とす可能性がある」などの理由から、この段階では読み取れる項目を可能な限り列挙し、できるだけ項目を削除しない方針を採用する場合もあります。

付録 E

■著者略歴

中山清喬 (なかやま・きよたか)

株式会社フレアリンク代表取締役。IBM 内の先進技術部隊に所属しシステム構築現場を数多く支援。退職後も研究開発・技術適用支援・教育研修・執筆講演・コンサルティング等を通じ、「技術を味方につける経営」を支援。現役プログラマ。講義スタイルは「ふんわりスパルタ」。

飯田理恵子 (いいだ・りえこ)

経営学部 情報管理学科卒。長年、大手金融グループの基幹系システムの開発と保守に SE として携わる。現在は株式会社フレアリンクにて、ソフトウェア開発、コンテンツ制作、経営企画などを通して技術の伝達を支援中。

■イラストレーター略歴

高田ゲンキ (たかた・げんき)

イラストレーター／漫画家。1976 年生。神奈川県出身、ベルリン在住。一児の父。制作活動の傍ら、フリーランスの働き方を書籍・ブログ・YouTube 等で発信中。
ブログ【Genki Wi-Fi】https://genki-wifi.net
YouTube【Genki Studio】https://www.youtube.com/c/takatagenki

STAFF
編集　　　　　　　　　小宮雄介
　　　　　　　　　　　片元 諭
DTP 制作　　　　　　　SeaGrape
カバー・本文デザイン　　米倉英弘 (細山田デザイン事務所)
編集長　　　　　　　　玉巻秀雄

本書のご感想をぜひお寄せください

https://book.impress.co.jp/books/1123101107

読者登録サービス
CLUB impress

アンケート回答者の中から、抽選で図書カード（1,000円分）
などを毎月プレゼント。
当選者の発表は賞品の発送をもって代えさせていただきます。
※プレゼントの賞品は変更になる場合があります。

■商品に関する問い合わせ先

このたびは弊社商品をご購入いただきありがとうございます。本書の内容などに関するお問い
合わせは、下記のURLまたは二次元バーコードにある問い合わせフォームからお送りください。

https://book.impress.co.jp/info/

上記フォームがご利用いただけない場合のメールでの問い合わせ先
info@impress.co.jp

※お問い合わせの際は、書名、ISBN、お名前、お電話番号、メールアドレス に加えて、「該当する
ページ」と「具体的なご質問内容」「お使いの動作環境」を必ずご明記ください。なお、本書の範囲
を超えるご質問にはお答えできないのでご了承ください。

●電話やFAX でのご質問には対応しておりません。また、封書でのお問い合わせは回答までに日数をい
ただく場合があります。あらかじめご了承ください。
●インプレスブックスの本書情報ページ https://book.impress.co.jp/books/1123101107 では、本書
のサポート情報や正誤表・訂正情報などを提供しています。あわせてご確認ください。
●本書の奥付に記載されている初版発行日から4年が経過した場合、もしくは本書で紹介している製品や
サービスについて提供会社によるサポートが終了した場合はご質問にお答えできない場合があります。

■落丁・乱丁本などの問い合わせ先
FAX　03-6837-5023
service@impress.co.jp
※古書店で購入された商品はお取り替えできません。

**スッキリわかるSQL入門 第4版
ドリル256問付き！**

2024年 2月 1日　初版発行
2024年 5月11日　第1版第2刷発行

著　者　中山 清喬、飯田 理恵子

監　修　株式会社フレアリンク

発行人　高橋 隆志

発行所　株式会社インプレス
　　　　〒101-0051　東京都千代田区神田神保町一丁目105番地
　　　　ホームページ　https://book.impress.co.jp/

印刷所　日経印刷株式会社

ISBN978-4-295-01846-9 C3055

Printed in Japan